# GO MATH!

## ¡VIVAN LAS MATEMÁTICAS!

### Volumen 1

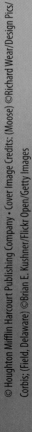

© Houghton Mifflin Harcourt Publishing Company • Cover Image Credits: (Moose) ©Richard Wear/Design Pics/
Corbis; (Field, Delaware) ©Brian E. Kushner/Flickr Open/Getty Images

Houghton
Mifflin
Harcourt

# GO MATH!

## ¡VIVAN LAS MATEMÁTICAS!

Printed in the U.S.A.

ISBN 978-1-328-99514-8

3 4 5 6 7 8 9 10  0877  24 23 22 21 20 19

4500746698        A B C D E F G

Estimados estudiantes y familiares:

Bienvenidos a **Go Math! ¡Vivan las matemáticas!** para 3.er grado. En este estimulante programa de matemáticas, encontrarán actividades prácticas y problemas de la vida diaria que tendrán que resolver. Y lo mejor de todo es que podrán escribir sus ideas y respuestas directamente en el libro. El hecho de que puedan escribir y dibujar en las páginas, les ayudará a percibir más detalladamente lo que están aprendiendo y las matemáticas serán fáciles de entender.

También deseamos compartir con ustedes algo muy importante: se ha usado papel reciclado en la impresión de este libro. Queremos que sepan que al participar en el programa **Go Math! ¡Vivan las matemáticas!** ustedes estarán ayudando a proteger el medio ambiente.

Atentamente,
Los autores

Hecho en los Estados Unidos
Impreso en papel reciclado

# GO MATH!

## ¡VIVAN LAS MATEMÁTICAS!

# Autores

**Juli K. Dixon, Ph.D.**
Professor, Mathematics Education
University of Central Florida
Orlando, Florida

**Edward B. Burger, Ph.D.**
President, Southwestern University
Georgetown, Texas

**Steven J. Leinwand**
Principal Research Analyst
American Institutes for
 Research (AIR)
Washington, D.C.

## Colaboradora

**Rena Petrello**
Professor, Mathematics
Moorpark College
Moorpark, California

**Matthew R. Larson, Ph.D.**
K-12 Curriculum Specialist for
 Mathematics
Lincoln Public Schools
Lincoln, Nebraska

**Martha E. Sandoval-Martinez**
Math Instructor
El Camino College
Torrance, California

## Consultores de English Language Learners

**Elizabeth Jiménez**
CEO, GEMAS Consulting
Professional Expert on English
 Learner Education
Bilingual Education and
 Dual Language
Pomona, California

# VOLUMEN 1
# Operaciones con números enteros

**La gran idea** Desarrollar una comprensión conceptual de operaciones y datos con números enteros. Usar estrategias para la suma y la resta hasta 1,000 y la multiplicación y división hasta 100.

## La gran idea

### APRENDE EN LÍNEA

¡Aprende en línea! Tus lecciones de matemáticas son interactivas. Usa *i*Tools, Modelos matemáticos animados y el Glosario multimedia.

### Presentación del Capítulo 1

En este capítulo, vas a explorar y descubrir las respuestas a las siguientes **Preguntas esenciales:**

• ¿Cómo puedes sumar y restar números enteros y decidir si una respuesta es razonable?

• ¿Cómo sabes si una estimación estará cerca de una respuesta exacta?

• ¿Cuándo reagrupas para sumar o restar números enteros?

• ¿Cómo puedes decidir qué estrategia usar para sumar o restar?

### Presentación del Capítulo 2

En este capítulo, vas a explorar y descubrir las respuestas a las siguientes **Preguntas esenciales:**

• ¿Cómo puedes representar e interpretar información?

• ¿Cuáles son algunas maneras de organizar los datos para que sean fáciles de usar?

• ¿Cómo te puede ayudar el análisis de datos en gráficas a resolver problemas?

### Presentación del Capítulo 3

En este capítulo, vas a explorar y a descubrir las respuestas a las siguientes **Preguntas esenciales:**

- ¿Cómo puedes usar la multiplicación para averiguar cuántos hay en total?
- ¿Qué modelos te pueden ayudar a multiplicar?
- ¿Cómo te puede ayudar contar salteado a multiplicar?
- ¿Cómo te pueden ayudar las propiedades de la multiplicación a hallar los productos?
- ¿Qué clase de problemas se pueden resolver con la multiplicación?

## Práctica y tarea

Repaso de la lección y Repaso en espiral en cada lección

### Presentación del Capítulo 4

En este capítulo, vas a explorar y a descubrir las respuestas a las siguientes **Preguntas esenciales:**

- ¿Qué estrategias puedes usar para multiplicar?
- ¿Cómo se relacionan los patrones y la multiplicación?
- ¿Cómo te pueden ayudar las propiedades de la multiplicación a hallar los productos?
- ¿Qué clase de problemas se pueden resolver con la multiplicación?

### Presentación del Capítulo 5

En este capítulo, vas a explorar y descubrir las respuestas a las siguientes **Preguntas esenciales:**

• ¿Cómo puedes usar las operaciones de multiplicación, el valor posicional y las propiedades para resolver problemas de multiplicación?

• ¿Cómo se relacionan los patrones y la multiplicación?

• ¿Cómo te pueden ayudar las propiedades de la multiplicación a hallar productos?

• ¿Qué clase de problemas se pueden resolver con la multiplicación?

### Presentación del Capítulo 6

En este capítulo, explorarás y descubrirás las respuestas a las siguientes **Preguntas esenciales:**

• ¿Cómo puedes usar las operaciones de multiplicación, el valor posicional y las propiedades para resolver problemas de multiplicación?

• ¿Cómo se relacionan los patrones y la multiplicación?

• ¿Cómo te pueden ayudar las propiedades de la multiplicación a hallar productos?

• ¿Qué clase de problemas se pueden resolver con la multiplicación?

**Presentación del Capítulo 7**

En este capítulo, explorarás y descubrirás las respuestas a las siguientes **Preguntas esenciales:**

• ¿Qué estrategias puedes usar para dividir?

• ¿Cómo puedes usar una operación de multiplicación relacionada para dividir?

• ¿Cómo puedes dividir usando factores?

• ¿Qué clase de problemas se pueden resolver con la división?

## 7 Estrategias y operaciones de división 363

## VOLUMEN 2
# Fracciones

**LA GRAN IDEA** Desarrollar una comprensión conceptual sobre las fracciones y sobre conceptos de fracciones, incluyendo comparaciones y equivalencias de fracciones.

**En el mundo Proyecto** Las monedas en los Estados Unidos. . . . . . . . . **440**

## La gran idea

**APRENDE EN LÍNEA**

¡Aprende en línea! Tus lecciones de matemáticas son interactivas. Usa *i*Tools, Modelos matemáticos animados y el Glosario multimedia.

### Presentación del Capítulo 8

En este capítulo, vas a explorar y descubrir las respuestas a las siguientes **Preguntas esenciales:**

• ¿Cómo puedes usar fracciones para describir cuánto o cuántos?

• ¿Por qué necesitas tener partes iguales en una fracción?

• ¿Cómo puedes resolver problemas con fracciones?

### Presentación del Capítulo 9

En este capítulo, explorarás y descubrirás las respuestas a las siguientes **Preguntas esenciales:**

• ¿Cómo puedes comparar fracciones?

• ¿Qué modelos te pueden ayudar a comparar y ordenar fracciones?

• ¿Cómo puedes usar el tamaño de las partes como ayuda para comparar y ordenar fracciones?

• ¿Cómo puedes hallar fracciones equivalentes?

### Presentación del Capítulo 10

En este capítulo, explorarás y descubrirás las respuestas a las siguientes **Preguntas esenciales**:

- ¿Cómo puedes decir la hora y usar medidas para describir el tamaño de algo?
- ¿Cómo puedes decir la hora y hallar el tiempo transcurrido, la hora de comienzo o la hora de finalización de un suceso?
- ¿Cómo puedes medir la longitud de un objeto a la media pulgada o al cuarto de pulgada más próximo?

### Presentación del Capítulo 11

En este capítulo, explorarás y descubrirás las respuestas a las siguientes **Preguntas esenciales**:

- ¿Cómo puedes resolver problemas de perímetro y de area?
- ¿Cómo puedes hallar el perímetro?
- ¿Cómo puedes hallar el área?
- ¿Qué podrías necesitar para estimar o medir el perímetro y el área?

# Medición

**La gran idea** Desarrollar una comprensión conceptual de la medición, que incluye medidas de tiempo (la hora), lineales y de volumen. Desarrollar conceptos de área y perímetro.

# Geometría

**LA GRAN IDEA** Describir, analizar y comparar figuras bidimensionales. Desarrollar una comprensión conceptual de la división de las figuras en áreas iguales y escribir dichas áreas como una fracción.

## La gran idea

### APRENDE EN LÍNEA

¡Aprende en línea! Tus lecciones de matemáticas son interactivas. Usa *i*Tools, Modelos matemáticos animados y el Glosario multimedia.

### Presentación del Capítulo 12

En este capítulo, explorarás y descubrirás las respuestas a las siguientes **Preguntas esenciales:**

• ¿Cuáles son algunas maneras de describir y clasificar figuras bidimensionales?

• ¿Cómo puedes describir los ángulos y los lados de los polígonos?

• ¿Cómo puedes usar los lados y los ángulos para describir los cuadriláteros y los triángulos?

• ¿Cómo puedes usar las propiedades de las figuras para clasificarlas?

• ¿Cómo puedes dividir las figuras en partes iguales y usar fracciones unitarias para describir las partes?

**Entrenador personal en matemáticas**
Evaluación e intervención en línea

# Operaciones con números enteros

**LA GRAN IDEA** Desarrollar una comprensión conceptual de operaciones y datos con números enteros. Usar estrategias para la suma y la resta hasta 1,000 y la multiplicación y división hasta 100.

Algunas muñecas Baby Abuelita cantan rimas y canciones de cuna en español.

# Invención de juguetes

Los muñecos de la foto se llaman Abuelitos. Algunos de ellos son muñecos de abuelos y abuelas que se inventaron para cantar canciones de cuna. Tanto ellos como los muñecos de nietos tienen cajas de música dentro. Cuando les aprietas la mano, ¡comienzan a cantar!

## Para comenzar

ESCRIBE ▸ *Matemáticas*

Supón que trabajas en una tienda de juguetes con un compañero. Quieren pedir una cantidad de muñecos suficiente para llenar dos estantes de la tienda. Cada estante mide 72 pulgadas de longitud. ¿Con cuántos envases de muñecos se llenarán los dos estantes? Usa los Datos importantes como ayuda.

### Datos importantes

- Cada muñeco Abuelito viene en una caja de 8 pulgadas de ancho.
- En 1 envase hay 4 cajas.
- Abuelita Rosa canta 6 canciones.
- Abuelito Pancho canta 4 canciones.
- Javier canta 5 canciones.
- Baby Andrea y Baby Tita cantan 5 canciones cada una.
- Baby Mimi reproduce música, pero no canta.

**8 pulg**

Completado por _____

# Capítulo 1

# Suma y resta hasta 1,000

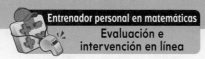
**Entrenador personal en matemáticas**
Evaluación e
intervención en línea

## ✓ Muestra lo que sabes

Comprueba si comprendes las destrezas importantes.

Nombre _____

▶ **Pensar en la suma para restar**  Escribe los números que faltan.

**1.**  $9 - 4 = $ ▦

Piensa: $4 + $ ▦ $ = 9$

$4 + $ _____ $ = 9$

Entonces, $9 - 4 = $ _____ .

**2.**  $13 - 7 = $ ▦

Piensa: $7 + $ ▦ $ = 13$

$7 + $ _____ $ = 13$

Entonces, $13 - 7 = $ _____ .

**3.**  $17 - 9 = $ ▦

Piensa: $9 + $ ▦ $ = 17$

$9 + $ _____ $ = 17$

Entonces,
$17 - 9 = $ _____ .

▶ **Operaciones de suma**  Halla la suma.

**4.**  $\begin{array}{r} 4 \\ + 3 \\ \hline \end{array}$

**5.**  $\begin{array}{r} 2 \\ + 7 \\ \hline \end{array}$

**6.**  $\begin{array}{r} 8 \\ + 6 \\ \hline \end{array}$

**7.**  $\begin{array}{r} 9 \\ + 4 \\ \hline \end{array}$

**8.**  $\begin{array}{r} 7 \\ + 9 \\ \hline \end{array}$

▶ **Operaciones de resta**  Halla la diferencia.

**9.**  $\begin{array}{r} 8 \\ - 5 \\ \hline \end{array}$

**10.**  $\begin{array}{r} 11 \\ - 2 \\ \hline \end{array}$

**11.**  $\begin{array}{r} 10 \\ - 6 \\ \hline \end{array}$

**12.**  $\begin{array}{r} 18 \\ - 9 \\ \hline \end{array}$

**13.**  $\begin{array}{r} 15 \\ - 7 \\ \hline \end{array}$

El perrito de Manuel se comió parte de su tarea. Ahora
faltan dos dígitos del ejercicio de matemáticas. Piensa
como un detective matemático y ayúdalo a descubrir los
dígitos que faltan. ¿Qué dígitos faltan?

# Desarrollo del vocabulario

▶ **Visualízalo**

**Clasifica las palabras de repaso marcadas con ✓ en el diagrama de Venn.**

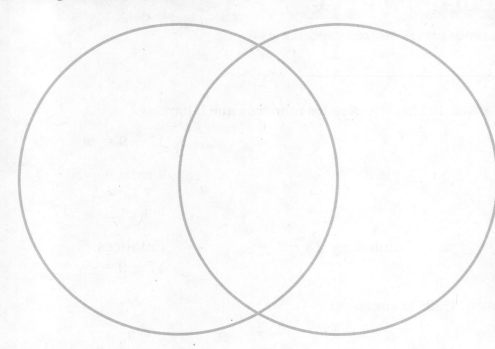

**Palabras de la suma**      **Palabras de la resta**

### Palabras de repaso

- ✓ centenas
- ✓ decenas
- ✓ diferencia
-   impar
-   par
- ✓ reagrupar
- ✓ restar
- ✓ suma
- ✓ sumar
- ✓ unidades

### Palabras nuevas

- estimación
- números compatibles
- patrón
- propiedad asociativa de la suma
- propiedad conmutativa de la suma
- propiedad de identidad de la suma
- redondear

▶ **Comprende el vocabulario**

**Completa las oraciones con palabras nuevas.**

1. Un número cercano a un número exacto se denomina _____.

2. Puedes _____ un número a la decena o centena más próxima para hallar un número que indica *alrededor* de cuánto o de cuántos.

3. Los _____ son números fáciles de calcular mentalmente.

4. La _____ establece que se pueden sumar dos o más números en cualquier orden y se obtiene el mismo resultado.

• **Libro interactivo del estudiante**
• **Glosario multimedia**

# Vocabulario del Capítulo 1

**diferencia**

difference

13

**estimación**

estimate

20

**números compatibles**

compatible numbers

49

**patrón**

Pattern

57

**propiedad asociativa de la suma**

Associative Property of Addition

64

**propiedad conmutativa de la suma**

Commutative Property of Addition

66

**propiedad de identidad de la suma**

Identity Property of Addition

68

**redondear**

round

72

Calcular aproximadamente cuántos hay o cuánto será el total.

La respuesta a un problema de resta.

$-$    $=$

Ejemplo: $6 - 3 = 3$

diferencia

Conjunto ordenado de números u objetos en el cual el orden te ayuda a predecir qué vendrá.

Ejemplos: 2, 4, 6, 8, 10, 2, 4, 6, 8, 10

Números con los cuales es fácil calcular mentalmente.

Propiedad que establece que puedes sumar dos o más números en cualquier orden y obtener la misma suma.

Ejemplo: $6 + 7 = 7 + 6$

Propiedad que establece que puedes agrupar sumandos de diferentes maneras y aun así obtener la misma suma.

Ejemplo: $(2 + 3) + 4 = 2 + (3 + 4)$

Reemplazar un número con otro número que indica aproximadamente cuántos o cuánto hay.

Ejemplo:

$$
\begin{array}{rcr}
42 & \longrightarrow & 40 \\
+16 & \longrightarrow & +20 \\
\hline
58 & & 60
\end{array}
$$

Propiedad que establece que cuando sumas cero a un número, el resultado es ese número.

Ejemplo: $17 + 0 = 17$

**Juego**

# Visita a Nueva York

## Recuadro de palabras

- diferencia
- estimación
- números compatibles
- patrón
- propiedad asociativa de la suma
- propiedad conmutativa de la suma
- propiedad de identidad de la suma
- redondear

Para 2 a 4 jugadores

## Materiales

- 1 cubo interconectable rojo
- 1 cubo interconectable azul
- 1 cubo interconectable verde
- 1 cubo interconectable amarillo
- 1 cubo numerado
- Tarjetas de pistas

## Instrucciones

1. Cada jugador coloca un cubo interconectable en la SALIDA.
2. Si caes en una de las siguientes casillas:

   **Casilla verde** Sigue las instrucciones de la casilla.

   **Casilla azul** Redondea el número a la centena más próxima. Si lo redondeas bien, avanza 1 casilla.

   **Casilla roja** El jugador que está a tu derecha saca una Tarjeta de pista y te lee la pregunta. Si respondes correctamente, avanza 1 casilla. Coloca la Tarjeta de pista debajo del montón.

3. Ganará la partida el primer jugador que alcance la LLEGADA.

# Juego

## SALIDA

Visitas el edificio Empire State. Avanza 1 casilla.

New York, NY

149

PISTA

Te pierdes en Central Park. Pierdes 1 turno.

PISTA

Visitas la Estatua de la Libertad. Vuelve a jugar.

285

PISTA

424

# LLEGADA

**PISTA**

777

Visitas el Museo Americano de Historia Natural. Avanza 1 casilla.

**PISTA**

Miras un espectáculo de Broadway. Cambia posiciones con otro jugador.

BROADWAY

**PISTA**

Escuchas un recital en Madison Square Garden. Retrocede 1 casilla.

BOLETO
BOLETO

561

**PISTA**

# Escríbelo

## Reflexiona

**Elige una idea. Escribe sobre ella.**

- Dibuja dos maneras de sumar números de 3 dígitos y explícalas. Haz tu dibujo en una hoja aparte.
- Elena y Jan redondearon 469 a la centena más próxima. ¿Cuál es la solución correcta? Explica cómo lo sabes.
- *Solución de Elena:* 470, porque 469 está más cerca de 470 que de 460 en una recta numérica.
- *Solución de Jan:* 500, 469 está más cerca de 500 que de 400 porque el dígito de las decenas es 6.
- Explica la propiedad asociativa de la suma para que la pueda entender un niño más pequeño.

Nombre _____

# Patrones numéricos

**Pregunta esencial** ¿Cómo puedes usar las propiedades de la suma para explicar los patrones de la tabla de suma?

**Objetivo de aprendizaje** Hallarás y describirás patrones numéricos en una tabla de suma usando propiedades.

## 🔑 Soluciona el problema

*Manos a la obra*

Un **patrón** es un conjunto ordenado de números u objetos. El orden te ayuda a predecir qué viene a continuación.

Puedes usar la tabla de suma para explorar patrones.

| +  | 0  | 1  | 2  | 3  | 4  | 5  | 6  | 7  | 8  | 9  | 10 |
|----|----|----|----|----|----|----|----|----|----|----|----|
| 0  | 0  | 1  | 2  | 3  | 4  | 5  | 6  | 7  | 8  | 9  | 10 |
| 1  | 1  | 2  | 3  | 4  | 5  | 6  | 7  | 8  | 9  | 10 | 11 |
| 2  | 2  | 3  | 4  | 5  | 6  | 7  | 8  | 9  | 10 | 11 | 12 |
| 3  | 3  | 4  | 5  | 6  | 7  | 8  | 9  | 10 | 11 | 12 | 13 |
| 4  | 4  | 5  | 6  | 7  | 8  | 9  | 10 | 11 | 12 | 13 | 14 |
| 5  | 5  | 6  | 7  | 8  | 9  | 10 | 11 | 12 | 13 | 14 | 15 |
| 6  | 6  | 7  | 8  | 9  | 10 | 11 | 12 | 13 | 14 | 15 | 16 |
| 7  | 7  | 8  | 9  | 10 | 11 | 12 | 13 | 14 | 15 | 16 | 17 |
| 8  | 8  | 9  | 10 | 11 | 12 | 13 | 14 | 15 | 16 | 17 | 18 |
| 9  | 9  | 10 | 11 | 12 | 13 | 14 | 15 | 16 | 17 | 18 | 19 |
| 10 | 10 | 11 | 12 | 13 | 14 | 15 | 16 | 17 | 18 | 19 | 20 |

## 🔑 Actividad 1

**Materiales** ■ crayones de color anaranjado y verde

• Mira a lo ancho de todas las hileras y a lo largo de todas las columnas. ¿Qué patrón observas?

_____

_____

• Sombrea con anaranjado la hilera y la columna correspondientes al sumando 0. Compara las casillas sombreadas con la hilera amarilla y la columna azul. ¿Qué patrón observas?

_____

¿Qué pasa cuando sumas 0 a un número?

_____

• Sombrea con verde la hilera y la columna correspondientes al sumando 1. ¿Qué patrón observas?

_____

¿Qué pasa cuando sumas 1 a un número?

_____

_____

_____

La **propiedad de identidad de la suma** establece que la suma de cualquier número y cero da como resultado ese número.

$$7 + 0 = 7$$

**Charla matemática**

**PRÁCTICAS Y PROCESOS MATEMÁTICOS ⑦**

**Busca un patrón**
¿Qué otros patrones puedes hallar en la tabla de suma?

## Actividad 2

**Materiales** ■ crayón anaranjado

- Sombrea con anaranjado todas las sumas de 5. ¿Qué patrón observas?

_____

_____

- Escribe dos enunciados de suma para cada suma de 5. Las dos primeras sirven de ejemplo para comenzar.

5 + 0 = _____   y   0 + 5 = _____

_____ + _____ = _____   y   _____ + _____ = _____

_____ + _____ = _____   y   _____ + _____ = _____

- ¿Qué patrón observas?

_____

_____

## Actividad 3

**Materiales** ■ crayones de color anaranjado y verde

- Sombrea con anaranjado una diagonal de izquierda a derecha. Comienza en una casilla correspondiente a 1. ¿Qué patrón observas?

_____

- Sombrea con verde una diagonal de izquierda a derecha. Comienza en una casilla correspondiente a 2. ¿Qué patrón observas?

_____

- Escribe enunciados de suma para las casillas sombreadas. Escribe *par* o *impar* debajo de cada sumando.

| + | 0 | 1 | 2 | 3 | 4 | 5 | 6 | 7 | 8 | 9 | 10 |
|---|---|---|---|---|---|---|---|---|---|---|----|
| **0** | 0 | 1 | 2 | 3 | 4 | 5 | 6 | 7 | 8 | 9 | 10 |
| **1** | 1 | 2 | 3 | 4 | 5 | 6 | 7 | 8 | 9 | 10 | 11 |
| **2** | 2 | 3 | 4 | 5 | 6 | 7 | 8 | 9 | 10 | 11 | 12 |
| **3** | 3 | 4 | 5 | 6 | 7 | 8 | 9 | 10 | 11 | 12 | 13 |
| **4** | 4 | 5 | 6 | 7 | 8 | 9 | 10 | 11 | 12 | 13 | 14 |
| **5** | 5 | 6 | 7 | 8 | 9 | 10 | 11 | 12 | 13 | 14 | 15 |
| **6** | 6 | 7 | 8 | 9 | 10 | 11 | 12 | 13 | 14 | 15 | 16 |
| **7** | 7 | 8 | 9 | 10 | 11 | 12 | 13 | 14 | 15 | 16 | 17 |
| **8** | 8 | 9 | 10 | 11 | 12 | 13 | 14 | 15 | 16 | 17 | 18 |
| **9** | 9 | 10 | 11 | 12 | 13 | 14 | 15 | 16 | 17 | 18 | 19 |
| **10** | 10 | 11 | 12 | 13 | 14 | 15 | 16 | 17 | 18 | 19 | 20 |

La **propiedad conmutativa de la suma** establece que se pueden sumar dos o más números en cualquier orden y se obtiene el mismo resultado.

$$3 + 4 = 4 + 3$$
$$7 = 7$$

### Recuerda

Los números pares terminan en 0, 2, 4, 6 u 8. Los números impares terminan en 1, 3, 5, 7 o 9.

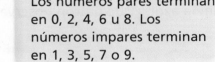

**Charla matemática**

PRÁCTICAS Y PROCESOS MATEMÁTICOS ⑥

Describe cómo sabes cuando la suma de dos números será impar.

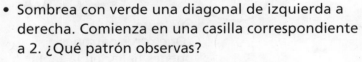

_____ + _____ = 6      _____ + _____ = 7      _____ + _____ = 8

↑       ↑       ↑        ↑       ↑       ↑        ↑       ↑       ↑

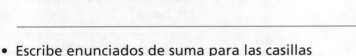

_____ + _____ = par      _____ + _____ = impar      _____ + _____ = par

## Comparte y muestra

**Usa la tabla de suma de la página 6 para resolver los ejercicios 1 a 9.**

**1.** Completa los enunciados de suma para mostrar la propiedad conmutativa de la suma.

$3 +$ _____ $=$ _____          $4 +$ _____ $=$ _____

**Halla la suma. Luego usa la propiedad conmutativa de la suma y escribe el enunciado de suma relacionado.**

> **Charla matemática**
>
> **PRÁCTICAS Y PROCESOS MATEMÁTICOS ②**
>
> **Razona de forma abstracta**
> Explica por qué puedes aplicar la propiedad conmutativa de la suma para escribir un enunciado de suma relacionado.

✓ **2.** $8 + 5 =$ _____

_____ $+$ _____ $=$ _____

**3.** $7 + 9 =$ _____

_____ $+$ _____ $=$ _____

**4.** $10 + 4 =$ _____

_____ $+$ _____ $=$ _____

**¿Es la suma par o impar? Escribe *par* o *impar*.**

**5.** $8 + 1$ _____

**6.** $3 + 9$ _____

✓ **7.** $4 + 8$ _____

## Resolución de problemas • Aplicaciones

**8.** **PIENSA MÁS** Vuelve a mirar las diagonales sombreadas de la Actividad 2. ¿Por qué en la diagonal anaranjada se muestran solo números impares? Explícalo.

_____

_____

**9.** **MÁS AL DETALLE** Halla la suma de $15 + 0$. Luego escribe el nombre de la propiedad que usaste para hallar la suma.

_____

**10.** **PIENSA MÁS** Elige los enunciados de suma en los que se ve la propiedad conmutativa de la suma. Marca todas las respuestas que correspondan.

Ⓐ $27 + 4 = 31$

Ⓒ $27 + 0 = 0 + 27$

Ⓑ $27 + 4 = 4 + 27$

Ⓓ $27 + (4 + 0) = (27 + 4) + 0$

## ¿Tiene sentido?

11. **PRÁCTICAS Y PROCESOS MATEMÁTICOS ③ Argumenta** ¿De qué niño el enunciado tiene sentido? ¿De qué niño el enunciado no tiene sentido? Explica tu razonamiento.

La suma de un número impar y un número impar es impar.

La suma de un número par y un número par es par.

**Trabajo de Joey**

$$impar + impar = impar$$
$$5 + 7$$

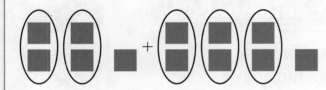

Puedo encerrar en un círculo pares de fichas en cada sumando y sobra 1 en cada sumando. Entonces, la suma será impar.

_____

_____

_____

**Trabajo de Kayley**

$$par + par = par$$
$$4 + 6$$

Puedo encerrar en un círculo pares de fichas y no sobra ninguna ficha. Entonces, la suma es par.

_____

_____

_____

- Corrige el enunciado que no tiene sentido.

_____

Nombre _____

# Patrones numéricos

**Objetivo de aprendizaje** Hallarás y describirás patrones numéricos en una tabla de suma usando propiedades.

**Halla la suma. Luego usa la propiedad conmutativa de la suma y escribe el enunciado de suma relacionado.**

**1.** 9 + 2 = __11__

___2__ + __9__ = __11__

**3.** 3 + 10 = ____

____ + ____ = ____

**5.** 8 + 9 = ____

____ + ____ = ____

**2.** 4 + 7 = ____

____ + ____ = ____

**4.** 6 + 7 = ____

____ + ____ = ____

**6.** 0 + 4 = ____

____ + ____ = ____

**¿Es la suma par o impar? Escribe *par* o *impar*.**

**7.** 5 + 2 _____

**8.** 6 + 4 _____

**9.** 1 + 0 _____

**10.** 5 + 5 _____

**11.** 3 + 8 _____

**12.** 7 + 7 _____

## Resolución de problemas  En el mundo

**13.** Ada escribe 10 + 8 = 18 en la pizarra. María quiere usar la propiedad conmutativa de la suma para volver a escribir el enunciado de suma de Ada. ¿Qué enunciado numérico debe escribir María?

_____

_____

_____

**14.** Jackson dice que tiene un número impar de carros de juguete. Tiene 6 carros en un estante y 8 carros en otro estante. ¿Tiene razón? Explícalo.

_____

_____

_____

**15.** **ESCRIBE** ▸*Matemáticas* Escribe las definiciones de la Propiedad de identidad de la suma y la Propiedad conmutativa de la suma. Usa la tabla de suma para dar ejemplos de cada una.

_____

## Repaso de la lección

**1.** Marvella escribe el problema 5 + 6. ¿La suma es par o impar?

_____

**2.** ¿En qué enunciado numérico relacionado se muestra la propiedad conmutativa de la suma?

$$3 + 9 = 12$$

_____

## Repaso en espiral

**3.** Amber tiene 2 monedas de 25¢, 1 moneda de 10¢ y 3 monedas de 1¢. ¿Cuánto dinero tiene Amber?

_____

_____

**4.** Josh estima la altura de su escritorio. ¿Cuál podría ser una estimación razonable?

_____

_____

**Usa la gráfica de barras para responder las preguntas 5 y 6.**

**5.** ¿Quién leyó la mayor cantidad de libros?

_____

**6.** ¿Quién leyó 3 libros más que Bob?

_____

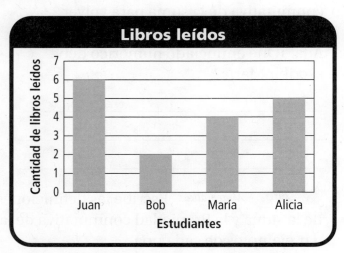

**Libros leídos**

**PRACTICA MÁS CON EL**
**Entrenador personal en matemáticas**

Nombre _____

# Redondear a la decena o centena más próxima

**Pregunta esencial** ¿Cómo puedes redondear números?

**Objetivo de aprendizaje** Usarás rectas numéricas y la comprensión del valor posicional para redondear números de 2 y 3 dígitos a la decena o centena más próxima.

## 🔑 Soluciona el problema · En el mundo

Al **redondear** un número, hallas un número que te indica *alrededor* de cuánto o de cuántos.

El bate de béisbol de Mara mide 32 pulgadas de longitud. ¿Cuál es su longitud redondeada a la decena de pulgadas más próxima?

🔑 **De una manera** Usa una recta numérica para redondear.

**A** Redondea 32 a la decena más próxima.

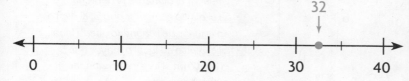

Halla entre qué decenas está el número.

32 está entre _____ y _____.

32 está más cerca de _____ que de _____.

32 redondeado a la decena más próxima es _____.

Entonces, la longitud del bate de Mara redondeada a la decena de pulgadas más próxima es _____ pulgadas.

**B** Redondea 174 a la centena más próxima.

Halla entre qué centenas está el número.

174 está entre _____ y _____.

174 está más cerca de _____ que de _____.

Entonces, 174 redondeado a la centena más próxima es _____.

**Charla matemática**

PRÁCTICAS Y PROCESOS MATEMÁTICOS ①

**Analiza relaciones** ¿En qué se parecen redondear a la decena más próxima a redondear a la centena más próxima?

**¡Inténtalo!** Redondea 718 a la decena y a la centena más próxima. Ubica y rotula 718 en las rectas numéricas.

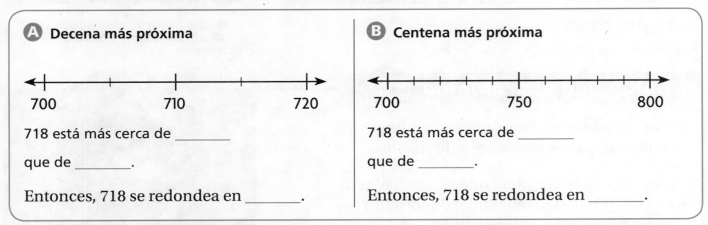

**A** Decena más próxima

700   710   720

718 está más cerca de _____

que de _____.

Entonces, 718 se redondea en _____.

**B** Centena más próxima

700   750   800

718 está más cerca de _____

que de _____.

Entonces, 718 se redondea en _____.

---

## De otra manera  Usa el valor posicional.

**A** Redondea 63 a la decena más próxima.

**Piensa:** El dígito en el lugar de las unidades indica si el número está más cerca de 60 o de 70.

63
↑

3 ◯ 5

Entonces, el dígito de las decenas queda igual. Escribe 6 en el lugar de las decenas.

Escribe cero en el lugar de las unidades.

Entonces, 63 redondeado a la decena más

próxima es _____.

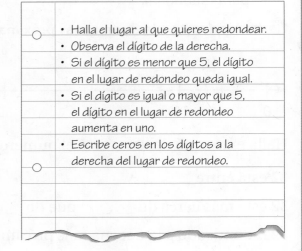

- Halla el lugar al que quieres redondear.
- Observa el dígito de la derecha.
- Si el dígito es menor que 5, el dígito en el lugar de redondeo queda igual.
- Si el dígito es igual o mayor que 5, el dígito en el lugar de redondeo aumenta en uno.
- Escribe ceros en los dígitos a la derecha del lugar de redondeo.

**B** Redondea 457 a la centena más próxima.

**Piensa:** El dígito en el lugar de las decenas indica si el número está más cerca de 400 o de 500.

457
↑

5 ◯ 5

Entonces, el dígito de las centenas aumenta en uno. Escribe 5 en el lugar de las centenas.

Escribe cero en el lugar de las decenas y de las unidades.

Entonces, 457 redondeado a la centena más

próxima es _____.

**Charla matemática**

PRÁCTICAS Y PROCESOS MATEMÁTICOS ⑥

**Haz conexiones** Explica en qué se parecen usar el valor posicional y usar una recta numérica.

Nombre _____

**Ubica y rotula 46 en la recta numérica.**
**Redondea a la decena más próxima.**

**Charla matemática** PRÁCTICAS Y PROCESOS MATEMÁTICOS ②

**Razona** ¿Cuál es el mayor número que se redondea en 50 al redondearlo a la decena más próxima? ¿Cuál es el menor número? Explícalo.

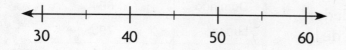

1. 46 está entre _____ y _____.

2. 46 está más cerca de _____ que de _____.

3. 46 redondeado a la decena más próxima es _____.

**Redondea a la decena más próxima.**

4. 19 _____   5. 66 _____   ✓ 6. 51 _____

**Redondea a la centena más próxima.**

✓ 7. 463 _____   8. 202 _____   9. 658 _____

## Por tu cuenta

**Ubica y rotula 548 en la recta numérica.**
**Redondea a la centena más próxima.**

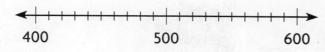

10. 548 está entre _____ y _____.

11. 548 está más cerca de _____ que de _____.

12. 548 redondeado a la centena más próxima es _____.

13. **MÁS AL DETALLE** En una compañía de software hay 372 trabajadores. En una compañía de madera hay 483 trabajadores. Cuando redondeas a la centena más próxima, ¿qué compañía tiene 400 trabajadores?

_____

## Resolución de problemas • Aplicaciones En el mundo

**Usa la tabla para resolver los problemas 14 a 16.**

**14.** ¿En qué día fueron alrededor de 900 visitantes a la exposición de las jirafas?

_____

**15.** *MÁS AL DETALLE* ¿En qué dos días fueron alrededor de 400 visitantes por día a la exposición de las jirafas?

_____

**16.** *MÁS AL DETALLE* ¿En qué dos días fueron alrededor de 800 visitantes por día a la exposición de las jirafas?

_____

| Visitantes a la exposición de las jirafas | |
|---|---|
| **Día** | **Cantidad de visitantes** |
| Domingo | 894 |
| Lunes | 793 |
| Martes | 438 |
| Miércoles | 362 |
| Jueves | 839 |
| Viernes | 725 |
| Sábado | 598 |

**17.** *PRÁCTICAS Y PROCESOS MATEMÁTICOS* ❸ **Argumenta** Camilo dijo que 555 redondeado a la decena más próxima es 600. ¿Cuál es el error de Camilo? Explícalo.

_____

_____

_____

**ESCRIBE** ▸ *Matemáticas* • **Muestra tu trabajo**

**18.** *PIENSA MÁS* Escribe cinco números que se redondeen en 360 al redondearlos a la decena más próxima.

_____

_____

**19.** *PIENSA MÁS* Elige los números que se redondeen a 100. Elige todos los que correspondan.

(A) 38      (C) 109

(B) 162      (D) 83

# Redondear a la decena
# o centena más próxima

**Objetivo de aprendizaje** Usarás rectas numéricas y la comprensión del valor posicional para redondear números de 2 y 3 dígitos a la decena o centena más próxima.

**Ubica y rotula 739 en la recta numérica.
Redondea a la centena más próxima.**

600        700        800        900

**1.** 739 está entre __700__ y __800__.

**2.** 739 está más cerca de _____ que de _____.

**3.** 739 redondeado a la centena más próxima es _____.

**Redondea a la decena y a la centena más próxima.**

**4.** 66 _____

**5.** 829 _____

**6.** 572 _____

_____

_____

_____

**7.** 209 _____

**8.** 663 _____

**9.** 949 _____

## Resolución de problemas

**10.** Los elefantes bebés pesan 435 libras. ¿Cuál es su peso redondeado a la centena de libra más próxima?

_____

**11.** Jayce vendió 218 vasos de limonada en su puesto de limonada. ¿Cuánto es 218 redondeado a la decena más próxima?

_____

**12.** **ESCRIBE** *Matemáticas* Describe cómo redondear 678 a la centena más próxima.

_____

_____

## Repaso de la lección

**1.** Un día, 758 personas visitaron la Casa de los Monos en el zoológico. ¿Cuánto es 758 redondeado a la centena más próxima?

_____

**2.** Sami pidió 132 vestidos para su tienda. ¿Cuánto es 132 redondeado a la decena más próxima?

_____

## Repaso en espiral

**3.** ¿Qué propiedad describe el enunciado numérico?

$$6 + 0 = 6$$

_____

**4.** Esta suma, ¿es par o impar?

$$2 + 6$$

_____

**5.** ¿Qué nombre describe a esta figura?

**6.** ¿Qué palabra describe las partes iguales de la figura?

_____

PRACTICA MÁS CON EL
Entrenador personal
en matemáticas

Nombre _____

# Estimar sumas

**Pregunta esencial** ¿Cómo puedes usar el redondeo y los números compatibles para estimar sumas?

## 🔑 Soluciona el problema

En la tabla se muestra la cantidad de perros que fueron al parque para perros Pine Lake durante los meses de verano. ¿Alrededor de cuántos perros fueron al parque en junio y agosto?

Puedes estimar para hallar *alrededor* de cuánto o de cuántos. Una **estimación** es un número cercano a una cantidad exacta.

| Parque para perros Pine Lake | |
|---|---|
| **Mes** | **Cantidad de perros** |
| Junio | 432 |
| Julio | 317 |
| Agosto | 489 |

## 🔒 De una manera  Usa números compatibles.

Los **números compatibles** son números fáciles de calcular mentalmente y están cercanos a los números reales.

$$
\begin{array}{cc}
432 & \rightarrow & 425 \\
+\,489 & \rightarrow & +\,475 \\
\end{array}
$$

**Charla matemática**

PRÁCTICAS Y PROCESOS MATEMÁTICOS ②

**Razona de forma cuantitativa** ¿Será la suma de los números compatibles 425 y 475 mayor que o menor que la suma exacta?

Entonces, alrededor de _____ perros fueron al parque Pine Lake en junio y agosto.

1. ¿Qué otros números compatibles podrías haber usado?

_____

2. ¿Alrededor de cuántos perros fueron al parque en julio y agosto? ¿Qué números compatibles podrías usar para estimar?

_____

## 🔒 De otra manera Usa el valor posicional para redondear.

432 + 489 = ⬛

Primero, halla el lugar al que quieres redondear. Redondea ambos números al mismo lugar. El mayor valor posicional de 432 y 489 es el de las centenas. Entonces, redondea a la centena más próxima.

> **Recuerda**
>
> Al redondear un número, hallas un número que indica *alrededor* de cuánto o de cuántos.

**PASO 1** Redondea 432 a la centena más próxima.

- Observa el dígito a la derecha del lugar de las centenas.

- Como 3 < 5, el dígito 4 queda igual.

- Escribe cero en el lugar de las decenas y de las unidades.

$$4\,3\,2$$
$$\uparrow$$

$$\begin{array}{r} 4\,3\,2 \\ +\,4\,8\,9 \end{array} \rightarrow \begin{array}{r} \phantom{000} \\ +\phantom{000} \end{array}$$

**PASO 2** Redondea 489 a la centena más próxima.

- Observa el dígito a la derecha del lugar de las centenas.

- Como 8 > 5, el dígito 4 aumenta en uno.

- Escribe cero en el lugar de las decenas y de las unidades.

$$4\,8\,9$$
$$\uparrow$$

$$\begin{array}{r} 4\,3\,2 \\ +\,4\,8\,9 \end{array} \begin{array}{c} \rightarrow \\ \rightarrow \end{array} \begin{array}{r} 4\,0\,0 \\ +\phantom{000} \end{array}$$

**PASO 3** Halla la suma de los números redondeados.

$$\begin{array}{r} 4\,3\,2 \\ +\,4\,8\,9 \end{array} \begin{array}{c} \rightarrow \\ \rightarrow \end{array} \begin{array}{r} 4\,0\,0 \\ +\,5\,0\,0 \end{array}$$

Entonces, 432 + 489 es alrededor de _____.

**Charla matemática**

PRÁCTICAS Y PROCESOS MATEMÁTICOS ②

**Razona** ¿Cómo un número redondeado a la decena más próxima puede ser mayor que el mismo número redondeado a la centena más cercana?

---

**¡Inténtalo!** Estima la suma.

**A** Usa números compatibles.

$$\begin{array}{r} 47 \\ +23 \end{array} \begin{array}{c} \rightarrow \\ \rightarrow \end{array} \begin{array}{r} \phantom{00} \\ +25 \end{array}$$

**B** Usa el redondeo.

$$\begin{array}{r} 304 \\ +494 \end{array} \begin{array}{c} \rightarrow \\ \rightarrow \end{array} \begin{array}{r} 300 \\ +\phantom{000} \end{array}$$

Nombre _____

## Comparte y muestra

1. Usa números compatibles para completar
   el ejercicio. Luego estima la suma.

   $$428 \rightarrow \quad\quad$$
   $$+286 \rightarrow +\quad\quad$$

**Charla matemática**

PRÁCTICAS Y PROCESOS MATEMÁTICOS ①

Evalúa ¿Qué otros números compatibles podrías usar para 428 y 286?

**Usa números compatibles o el redondeo para estimar la suma.**

2. $65$
   $+23$     $+$ ____

☑ 3. $421$
   $+218$     $+$ ____

☑ 4. $369$
   $+480$     $+$ ____

## Por tu cuenta

**Usa números compatibles o el redondeo para estimar la suma.**

5. $19$
   $+54$     $+$ ____

6. $39$
   $+42$     $+$ ____

7. $327$
   $+581$     $+$ ____

8. Seth compró un par de zapatos por $48 y un abrigo por $64. Explica cómo puedes estimar para calcular la cantidad total que gastó por los zapatos y el abrigo.

_____

_____

9. Elena recorrió 255 millas la semana pasada y 342 millas esta semana. ¿Cerca de cuántas millas recorrió Elena durante las dos semanas redondeado a la centena más próxima?

_____

10. **MÁS AL DETALLE** Hay 187 estudiantes de kindergarten, 203 estudiantes de primer grado y 382 estudiantes de segundo grado. ¿Aproximadamente cuántos estudiantes hay en los tres grados redondeado a la decena más próxima? ¿Cómo cambia la respuesta si redondeas cada número a la centena más cercana?

_____

# Resolución de problemas • Aplicaciones

**Usa la tabla para resolver los problemas 11 a 13.**

| Mes | Tazones para mascotas | Bolsas de alimento para mascotas |
|---|---|---|
| Junio | 91 | 419 |
| Julio | 57 | 370 |
| Agosto | 76 | 228 |

**Artículos para mascotas vendidos por Danilo**

11. **PRÁCTICAS Y PROCESOS MATEMÁTICOS ②** **Razona** ¿Alrededor de cuántos tazones para mascotas se vendieron en total en junio y julio?

_____

_____

12. **MÁS AL DETALLE** ¿Estimas que hubo más tazones para mascotas vendidos en junio o en julio y agosto combinados? Explícalo.

_____

_____

13. **PIENSA MÁS** Danilo estimó que la venta mensual de tazones para mascotas y bolsas de alimento más baja fue de alrededor de 300. ¿Qué mes tuvo las ventas más bajas? Explícalo.

_____

_____

_____

14. **PIENSA MÁS** Escribe cada enunciado numérico en el recuadro, debajo de la mejor estimación de la suma.

$263 + 189 =$ ■  $305 + 72 =$ ■  $195 + 238 =$ ■  $215 + 289 =$ ■

| 400 | 500 |
|---|---|
|  |  |
|  |  |

## Estimar sumas

**Objetivo de aprendizaje** Usarás números compatibles y el redondeo para estimar sumas.

**Usa números compatibles o el redondeo para estimar la suma.**

1.  $\begin{array}{r} 198 \\ + 727 \end{array}$  $\begin{array}{r} 200 \\ + 725 \\ \hline 925 \end{array}$

2.  $\begin{array}{r} 87 \\ + 34 \end{array}$  $\begin{array}{r} \underline{\phantom{000}} \\ + \underline{\phantom{000}} \end{array}$

3.  $\begin{array}{r} 222 \\ + 203 \end{array}$  $\begin{array}{r} \underline{\phantom{000}} \\ + \underline{\phantom{000}} \end{array}$

4.  $\begin{array}{r} 52 \\ + 39 \end{array}$  $\begin{array}{r} \underline{\phantom{000}} \\ + \underline{\phantom{000}} \end{array}$

5.  $\begin{array}{r} 256 \\ + 321 \end{array}$  $\begin{array}{r} \underline{\phantom{000}} \\ + \underline{\phantom{000}} \end{array}$

6.  $\begin{array}{r} 302 \\ + 412 \end{array}$  $\begin{array}{r} \underline{\phantom{000}} \\ + \underline{\phantom{000}} \end{array}$

7.  $325 + 458$

_____ + _____ = _____

8.  $620 + 107$

_____ + _____ = _____

### Resolución de problemas  En el mundo

9.  Stephanie leyó 72 páginas el domingo y 83 páginas el lunes. ¿Alrededor de cuántas páginas leyó Stephanie durante los dos días?

_____

10. Matt recorrió 345 millas en bicicleta el mes pasado. Este mes recorrió 107 millas. En total, ¿alrededor de cuántas millas recorrió Matt en bicicleta el mes pasado y este mes?

_____

11. **ESCRIBE** *Matemáticas* Explica cómo estimar 368 + 231 de dos maneras diferentes.

_____

_____

## Repaso de la lección

**1.** La familia McBride recorrió 317 millas en un día y 289 millas el día siguiente. ¿Cuántas millas estimas que manejó la familia McBride en esos dos días?

_____

_____

**2.** La semana pasada, Ryan contó 63 aves en su jardín trasero. Esta semana, contó 71 aves en su jardín trasero. ¿Alrededor de cuántas aves contó Ryan en total?

_____

_____

## Repaso en espiral

**3.** ¿Qué nombre describe a esta figura?

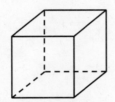

_____

**4.** Esta suma, ¿es par o impar?

$$6 + 7$$

_____

**5.** ¿Cuánto es 503 redondeado a la centena más próxima?

_____

**6.** ¿Cuánto es 645 redondeado a la decena más próxima?

_____

PRACTICA MÁS CON EL
**Entrenador personal**
en matemáticas

Nombre _____

# Estrategias de cálculo mental para sumar

**Pregunta esencial** ¿Qué estrategias de cálculo mental puedes usar para hallar sumas?

**Objetivo de aprendizaje** Usarás estrategias de cálculo mental para hallar sumas.

## 🔑 Soluciona el problema  En el mundo

En la tabla se muestra cuántos músicos hay en cada sección de una orquesta sinfónica. ¿Cuántos músicos tocan instrumentos de cuerda o instrumentos de viento de madera?

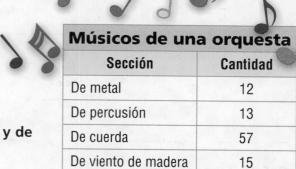

| Músicos de una orquesta | |
|---|---|
| Sección | Cantidad |
| De metal | 12 |
| De percusión | 13 |
| De cuerda | 57 |
| De viento de madera | 15 |

**De una manera** Cuenta de diez en diez y de uno en uno para hallar 57 + 15.

**A** Cuenta hacia adelante hasta la decena más próxima. Luego cuenta.

**Piensa:** 3 + ■ = 15

+ 3        + 10        + 2

57   60              70  72

57 + 15 = _____

Entonces, hay _____ músicos que tocan instrumentos de cuerda o instrumentos de viento de madera.

**B** Cuenta de diez en diez. Luego cuenta de uno en uno.

**Piensa:** 10 + 5 = 15

+ 10              + 5

57              67        72

### Idea matemática
Cuenta hacia adelante a partir del sumando mayor, 57.

**¡Inténtalo!** Halla 43 + 28. Dibuja saltos y rotula la recta numérica para mostrar tu razonamiento.

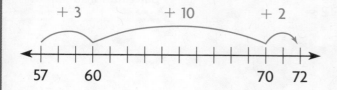

Entonces, 43 + 28 = _____ .

**Charla matemática**

PRÁCTICAS Y PROCESOS MATEMÁTICOS ④

**Usa diagramas** Explica de qué otra manera podrías dibujar los saltos.

# 🔓 De otras maneras

**A** Usa números compatibles para hallar 178 + 227.

**PASO 1** Descompón los sumandos para convertirlos en números compatibles.

> **Piensa:** 178 = 175 + 3        175 y 225 son números
> 227 = 225 + 2        compatibles.

---

**PASO 2** Halla las sumas.

$$178 \rightarrow 175 + 3$$
$$+227 \rightarrow 225 + 2$$
$$\underline{\phantom{000}} + \underline{\phantom{000}}$$

---

**PASO 3** Suma los totales.

_____ + _____ = _____

Entonces, 178 + 227 = _____.

**Charla matemática**

PRÁCTICAS Y PROCESOS MATEMÁTICOS ①

**Describe** otra manera de usar números amigos para hallar la suma.

**B** Usa números amigos y ajusta para hallar 38 + 56.

**PASO 1** Convierte un sumando en un número amigo.

38 + 2 = _____

> **Piensa:** Suma a 38 lo necesario para convertirlo en un número con 0 unidades.

---

**PASO 2** Como sumaste 2 a 38, debes restar 2 de 56.

56 − 2 = _____

---

**PASO 3** Halla la suma.

_____ + _____ = _____

Entonces, 38 + 56 = _____.

---

# Comparte y muestra

1. Cuenta de diez en diez y de uno en uno para hallar 63 + 27. Dibuja saltos y rotula la recta numérica para mostrar tu razonamiento.

   **Piensa:** Cuenta a partir de 63.

   ◄─────┼──────────────────────────────────────►

   63

   63 + 27 = _____

**2.** Usa números compatibles para hallar 26 + 53.

Piensa: 26 = 25 + 1
53 = 50 + 3      26 + 53 = _____

**PRÁCTICAS Y PROCESOS MATEMÁTICOS** ⑧

**Generaliza** Explica cuándo es más fácil usar números compatibles para resolver un problema.

**Cuenta de decena en decena y de unidad en unidad para hallar la suma. Usa la recta numérica para mostrar tu razonamiento.**

✓ **3.** 34 + 18 = _____

←———————————————————→

✓ **4.** 22 + 49 = _____

←———————————————————→

**Por tu cuenta**

**Usa el cálculo mental para hallar la suma. Dibuja o describe la estrategia que uses.**

**5.** 116 + 203 = _____

**6.** 18 + 57 = _____

**7.** **PRÁCTICAS Y PROCESOS MATEMÁTICOS** ⑥ **Explica un método** El viernes asistieron 376 personas al concierto escolar. El sábado asistieron 427 personas. El domingo asistieron 254 personas. Explica cómo puedes usar el cálculo mental para hallar en qué dos noches asistieron más personas al concierto.

_____

_____

_____

**8.** **MÁS AL DETALLE** En la orquesta de la escuela hay 14 niñas más que niños. Hay 19 niños. ¿Cuántos estudiantes hay en la orquesta escolar?

_____

## Resolución de problemas • Aplicaciones

**Usa la tabla para los ejercicios 9 a 12**

9. **PRÁCTICAS Y PROCESOS MATEMÁTICOS ❶ Analiza** ¿Cuántas niñas asistieron a la escuela el lunes y el martes?

_____

10. **¿Cuál es la pregunta?** La respuesta es 201 estudiantes.

_____

_____

11. **PIENSA MÁS** ¿Cuántos estudiantes asistieron a la escuela el martes y el miércoles? Explica cómo hallaste la respuesta.

_____

_____

_____

_____

12. **MÁS AL DETALLE** ¿En qué día asistieron más estudiantes?

_____

13. **PIENSA MÁS** El lunes, 46 niños y 38 niñas compraron su almuerzo en la escuela. ¿Cuántos estudiantes compraron el almuerzo? Explica una manera de resolverlo.

_____

_____

### Asistencia de la Escuela Harrison

| Día | Niños | Niñas |
|---|---|---|
| Lunes | 92 | 104 |
| Martes | 101 | 96 |
| Miércoles | 105 | 93 |
| Jueves | 99 | 102 |
| Viernes | 97 | 103 |

# Estrategias de cálculo mental para sumar

**Objetivo de aprendizaje** Usarás estrategias de cálculo mental para hallar sumas.

**Cuenta de diez en diez y de uno en uno para hallar la suma. Usa la recta numérica para mostrar tu razonamiento.**

**1.** $29 + 14 =$ ___43___

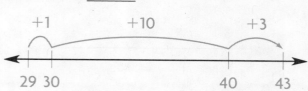

+1    +10    +3

29 30         40    43

**2.** $36 + 28 =$ _____

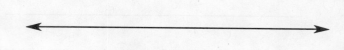

**Usa el cálculo mental para hallar la suma. Dibuja o describe la estrategia que uses.**

**3.** $52 + 19 =$ _____

**4.** $122 + 306 =$ _____

## Resolución de problemas

**5.** Shelley tardó 17 minutos en lavar los platos y 38 minutos en limpiar su recámara. **Explica** cómo puedes usar el cálculo mental para hallar cuánto tiempo dedicó Shelley a ambas tareas.

_____

_____

_____

**6.** Marty tardó 42 minutos en escribir el informe de un libro. Luego tardó 18 minutos en corregir su informe. **Explica** cómo puedes usar el cálculo mental para hallar cuánto tiempo dedicó Marty a su informe del libro.

_____

_____

_____

**7.** ESCRIBE ▸*Matemáticas* ¿Qué método prefieres usar para hallar las sumas al contar de diez en diez y de uno en uno usando números compatibles o números amigos y ajusta? Explica por qué.

_____

## Repaso de la lección

1. Sylvia gastó 36¢ en un lápiz y 55¢ en un anotador. Usa el cálculo mental para hallar cuánto gastó en total.

   _____

2. Will tardó 24 minutos en armar un avión de juguete. Luego tardó 48 minutos en pintarlo. ¿Cuánto tiempo dedicó Will al avión de juguete?

   _____

## Repaso en espiral

3. ¿Qué nombre describe a esta figura?

   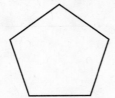

   _____

4. ¿Qué palabra describe las partes iguales de la figura?

   _____

5. Tammy escribió el problema 5 + 6. ¿Es el resultado de la suma par o impar?

   _____

   _____

6. Greg contó 83 carros y 38 camionetas en el estacionamiento del centro comercial. Estima el número total de carros y camionetas que contó Greg.

   _____

   _____

PRACTICA MÁS CON EL
Entrenador personal
en matemáticas

# Usar propiedades para sumar

**Pregunta esencial** ¿Cómo puedes sumar más de dos sumandos?

**Objetivo de aprendizaje** Usarás la propiedad conmutativa y la propiedad asociativa de la suma para sumar más de dos sumandos

RELACIONA  Has aprendido la propiedad conmutativa de la suma. Se pueden sumar dos o más números en cualquier orden y se obtiene la misma suma.

$$16 + 9 = 9 + 16$$

La **propiedad asociativa de la suma** establece que al agrupar los sumandos de diferentes maneras se obtiene la misma suma. Se la conoce también como la propiedad de agrupación.

$$(16 + 7) + 23 = 16 + (7 + 23)$$

> **Idea matemática**
> Puedes cambiar el orden o la agrupación de los sumandos para hacer combinaciones fáciles de sumar.

> • ¿Estará la suma más cerca de 90 o de 100?
> _____

## Soluciona el problema En el mundo

La Sra. Gómez vendió 23 pepinos, 38 tomates y 42 pimientos en el mercado agrícola. ¿Cuántas verduras vendió en total?

Halla 23 + 38 + 42.

 **Busca una manera fácil de sumar.**

**PASO 1** Alinea los números según el valor posicional.

```
  2 3
  3 8
+ 4 2
─────
```

**PASO 2** Agrupa las unidades para que sean fáciles de sumar.

**Piensa:** Forma una decena.

```
    ¹
  2 3
  3 8  ⎤
+ 4 2  ⎦ 10
─────
    3
```

**PASO 3** Agrupa las decenas para que sean fáciles de sumar.

**Piensa:** Forma dobles.

```
      ¹
5 ⎡ 5 ⎡ 2 3
  ⎣   ⎣ 3 8
       + 4 2
      ───────
      1 0 3
```

23 + 38 + 42 = _____

Entonces, la Sra. Gómez vendió _____ verduras en total.

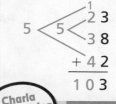
**Charla matemática**

**PRÁCTICAS Y PROCESOS MATEMÁTICOS** ②

**Razonamiento abstracto**
Explica cómo agrupar los dígitos para que sean fáciles de sumar.

## 🟡 Ejemplo  Usa propiedades para hallar 36 + 37 + 51.

**PASO 1** Alinea los números según el valor posicional.

**PASO 2** Cambia la agrupación.

Piensa: Sumar primero 37 + 51 sería fácil porque no es necesario reagrupar.

**PASO 3** Suma.

$$
\begin{array}{r} 3\,6 \\ 3\,7 \\ +\,5\,1 \end{array}
$$

$$
\left.\begin{array}{r} 3\,6 \\ 3\,7 \\ +\,5\,1 \end{array}\right\} 88
$$

$$
\begin{array}{r} 3\,6 \\ +\,8\,8 \end{array}
$$

Entonces, 36 + 37 + 51 = _____ .

---

**¡Inténtalo!**  Usa propiedades para sumar.

**A** Halla 11 + 16 + 19 + 14.

Piensa: Usa la propiedad conmutativa de la suma para cambiar el orden.

$$
\begin{array}{r} 1\,1 \\ 1\,6 \\ 1\,9 \\ +\,1\,4 \end{array}
\rightarrow
\begin{array}{r} 1\,1 \\ 1\,9 \\ 1\,6 \\ +\,1\,4 \end{array}
$$
> 10
> 10

**B** Halla 17 + (33 + 45).

Piensa: Usa la propiedad asociativa de la suma para cambiar la agrupación.

$$
\left.\begin{array}{r} 1\,7 \\ 3\,3 \\ +\,4\,5 \end{array}\right\} 50
$$

$$
\rightarrow
\begin{array}{r} 5\,0 \\ +\,4\,5 \end{array}
$$

---

## Comparte y muestra  MATH BOARD

**Charla matemática**

PRÁCTICAS Y PROCESOS MATEMÁTICOS ⑥

Explica ¿En qué se parecen y en qué se diferencian la propiedad conmutativa de la suma y la propiedad asociativa de la suma?

1. Halla la suma. Escribe la propiedad de la suma que usaste.

**PASO 1**

$$
\begin{array}{r} 4\,6 \\ 5\,5 \\ +\,2\,4 \end{array}
$$

**PASO 2**

$$
\begin{array}{r} 5\,5 \\ \\ +\,2\,4 \end{array}
$$

**PASO 3**

$$
\begin{array}{r} 5\,5 \\ 4\,6 \\ +\,2\,4 \end{array}
$$

**PASO 4**

$$
\begin{array}{r} 5\,5 \\ +\,7\,0 \end{array}
$$

Propiedad _____ de la suma

Propiedad _____ de la suma

Nombre _____

**Usa propiedades y estrategias de suma para hallar la suma.**

**2.** $13 + 26 + 54 =$ _____

**3.** $57 + 62 + 56 + 43 =$ _____

**Por tu cuenta**

**Usa propiedades y estrategias para hallar la suma.**

**4.** $18 + 39 + 32 =$ _____

**5.** $13 + 49 + 87 =$ _____

**6.** **MÁS AL DETALLE** En la feria escolar había una beneficencia de comida. Dos tiendas de alimentos donaron 75 cajas de pasta y 30 latas de sopa cada una. ¿Cuántos paquetes de alimentos donaron ambas tiendas en total?

_____

**7.** **MÁS AL DETALLE** La Sra. Jackson y la Sra. Reed compraron cada una 25 paquetes de vasos, 32 paquetes de platos y 25 paquetes de servilletas para el día de campo escolar. ¿Cuántos paquetes de implementos llevaron las dos señoras al día de campo escolar?

_____

**8.** Cambia el orden y la agrupación de los sumandos para que puedas usar el cálculo mental para hallar la suma. Luego halla la suma.

$43 + 39 + 43 + 11 =$ _____

_____ + _____ + _____ + _____ = _____

© Houghton Mifflin Harcourt Publishing Company

## Resolución de problemas • Aplicaciones En el mundo

**9.** **MÁS AL DETALLE** El Sr. Arnez compró 32 papas, 29 cebollas, 31 tomates y 28 pimientos para hacer ensaladas para su tienda de comestibles. ¿Cuántas verduras compró?

_____

**10.** **MÁS AL DETALLE** Una comunidad local le donó libros a una escuela para venderlos en la feria escolar. El miércoles se donaron 74 libros, el jueves se donaron 62 libros y el viernes se donaron 36 libros. ¿Se donaron más libros el miércoles y el jueves o el jueves y el viernes?

_____

**11.** **PRÁCTICAS Y PROCESOS MATEMÁTICOS 2** **Razonamiento abstracto** ¿Cuál es el número desconocido? ¿Qué propiedad usaste?

$$(\blacksquare + 8) + 32 = 49$$

_____

**12.** **PIENSA MÁS** Cambia el orden o la agrupación para hallar la suma. Explica cómo usaste propiedades para hallar la suma.

$$63 + 86 + 77$$

_____

_____

_____

**13.** **PIENSA MÁS** En los ejercicios 13a a 13d elige _Sí_ o _No_ para decir si la ecuación muestra la propiedad asociativa de la suma.

13a. $(86 + 7) + 93 = 86 + (7 + 93)$ ○ Sí ○ No

13b. $86 + 7 = 7 + 86$ ○ Sí ○ No

13c. $86 + 0 = 86$ ○ Sí ○ No

13d. $86 = 80 + 6$ ○ Sí ○ No

# Usar propiedades para sumar

**Objetivo de aprendizaje** Usarás la propiedad conmutativa y la propiedad asociativa de la suma para sumar más de dos números.

**Usa propiedades y estrategias para hallar la suma.**

**1.** $34 + 62 + 51 + 46 =$ ___193___

$$
\begin{array}{r}
34 \\
46 \\
62 \\
+51 \\
\hline
193
\end{array}
$$

(con marcas de agrupación: 34 y 46 → 10; 10; 62)

**2.** $27 + 68 + 43 =$ _____

**3.** $42 + 36 + 18 =$ _____

**4.** $74 + 35 + 16 + 45 =$ _____

## Resolución de problemas · En el mundo

**5.** Un refugio para mascotas tiene 26 perros, 37 gatos y 14 jerbos. ¿Cuántos animales hay en total en el refugio para mascotas?

_____

**6.** El refugio para mascotas compró 85 libras de alimento para perros, 50 libras de alimento para gatos y 15 libras de alimento para jerbos. ¿Cuántas libras de alimento para animales compró el refugio?

_____

**7.** **ESCRIBE** ▸ *Matemáticas* Da un ejemplo de un problema de suma en el cual debas agrupar o no agrupar los sumandos de forma diferente para sumar.

_____

_____

## Repaso de la lección

**1.** En un campamento de verano, hay 52 niños, 47 niñas y 18 adultos. ¿Cuántas personas hay en el campamento de verano?

_____

**2.** En el campamento, 32 niños están nadando, 25 están pescando y 28 hacen piragüismo. ¿Cuántos niños están nadando, pescando o haciendo piragüismo?

_____

## Repaso en espiral

**3.** Hank hizo una estimación del ancho de la puerta de su salón de clases en pies. ¿Cuál es una estimación razonable?

_____

_____

**4.** Garth hizo una estimación de la altura de la puerta de su salón de clases en metros. ¿Cuál es una estimación razonable?

_____

_____

**5.** El perro de Jeff pesa 76 libras. ¿Cuál es el peso del perro redondeado a la decena de libra más próxima?

_____

_____

**6.** La Srta. Kirk manejó 164 millas por la mañana y 219 millas por la tarde. ¿Cuál es la mejor estimación de la cantidad total de millas que manejó ese día?

_____

_____

PRACTICA MÁS CON EL
**Entrenador personal en matemáticas**

# Usar la estrategia de descomponer para sumar

Objetivo de aprendizaje  Usarás la estrategia de *descomponer* para sumar números de 3 dígitos.

**Pregunta esencial**  ¿Cómo puedes usar la estrategia de descomponer para sumar números de 3 dígitos?

## Soluciona el problema En el mundo

Alemania es el país que más zoológicos tiene en el mundo. En un momento, había 355 zoológicos en los Estados Unidos y 414 en Alemania. ¿Cuántos zoológicos había en total en los Estados Unidos y Alemania?

Puedes usar la estrategia de descomponer para hallar sumas.

**Charla matemática**

**PRÁCTICAS Y PROCESOS MATEMÁTICOS ②**

**Razona** ¿Crees que la suma será mayor que o menor que 800? Explica.

### 🔑 Ejemplo 1  Suma. 355 + 414

**PASO 1** Estima. 400 + 400 = _____

**PASO 2** Descompón los sumandos.
Comienza con las centenas.
Luego suma cada valor posicional.

| 355 | = | 300 + ⬜ + 5 |
| + 414 | = | ⬜ + 10 + 4 |
| | | 700 + 60 + 9 |

**PASO 3** Suma los totales.

700 + 60 + 9 = _____

Entonces, había _____ zoológicos en total en los Estados Unidos y Alemania.

### 🔑 Ejemplo 2  Suma. 467 + 208

**PASO 1** Estima. 500 + 200 = _____

**PASO 2** Descompón los sumandos.
Comienza con las centenas.
Luego suma cada valor posicional.

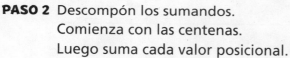

| 467 | = | 400 + ⬜ + ⬜ |
| + 208 | = | ⬜ + 0 + 8 |
| | | 600 + 60 + 15 |

**PASO 3** Suma los totales.

600 + 60 + 15 = _____

Entonces, 467 + 208 = _____.

**¡Inténtalo!** Usa la estrategia de descomponer para hallar 343 + 259.

**Estima.** 300 + 300 = _____

$$
\begin{array}{rcl}
343 & = & 300 + \boxed{\phantom{00}} + \boxed{\phantom{00}} \\
+ \ 259 & = & \boxed{\phantom{00}} + \boxed{\phantom{00}} + \boxed{\phantom{00}} \\[4pt]
& & \boxed{\phantom{00}} + \boxed{\phantom{00}} + \boxed{\phantom{00}} = \boxed{\phantom{00}}
\end{array}
$$

1. **Explica** por qué hay un cero en el lugar de las decenas en la suma.

_____

_____

_____

_____

2. ¿Cómo sabes que tu resultado es razonable?

_____

_____

## Comparte y muestra  MATH BOARD

1. Completa.
   Estima: 400 + 400 = _____

$$
\begin{array}{rcl}
425 & = & 400 + \boxed{\phantom{00}} + 5 \\
+ \ 362 & = & \boxed{\phantom{00}} + 60 + \boxed{\phantom{0}} \\[4pt]
& & 700 + \boxed{\phantom{00}} + 7 = \boxed{\phantom{00}}
\end{array}
$$

Entonces, 425 + 362 = _____.

2. Escribe los números representados con la estrategia de descomponer.

$$
\begin{array}{rcl}
\boxed{\phantom{000}} & = & 100 + 30 + \phantom{0}4 \\
+ \ \boxed{\phantom{000}} & = & 200 + 40 + \phantom{0}9 \\[4pt]
\boxed{\phantom{000}} & = & 300 + 70 + 13
\end{array}
$$

**Charla matemática**  PRÁCTICAS Y PROCESOS MATEMÁTICOS ②

**Razonamiento abstracto** Explica cómo se usa la forma desarrollada de los números en la estrategia de descomponer.

Nombre _____

**Estima. Luego usa la estrategia de descomponer para hallar la suma.**

☑ **3.** Estimación: _____

$$142 =$$
$$+436 =$$
_____

☑ **4.** Estimación: _____

$$459 =$$
$$+213 =$$
_____

**5.** Estimación: _____

$$291 =$$
$$+420 =$$
_____

**6.** Estimación: _____

$$654 =$$
$$+243 =$$
_____

### Por tu cuenta

**Estima. Luego usa la estrategia de descomponer para hallar la suma.**

**7.** Estimación: _____

$$435 =$$
$$+312 =$$
_____

**8.** Estimación: _____

$$163 =$$
$$+205 =$$
_____

**9.** En el zoológico hay 3 jirafas bebés. Una pesa 148 libras, otra pesa 125 libras y otra pesa 137 libras. ¿Cuánto es su peso combinado?

_____

**10.** En una semana una bolera recibió 348 clientes el jueves y 465 clientes el viernes. La semana siguiente, la bolera recibió 212 clientes el jueves y 318 clientes el viernes. ¿Aproximadamente cuántos clientes recibió la bolera durante esos 4 días?

_____

**Práctica: Copia y resuelve** **Estima. Luego resuelve.**

**11.** $163 + 205$

**12.** $543 + 215$

**13.** $213 + 328$

**14.** $372 + 431$

**15.** $152 + 304$

**16.** $268 + 351$

**17.** $413 + 257$

**18.** $495 + 312$

## Resolución de problemas • Aplicaciones  En el mundo

**Usa la tabla para resolver los problemas 19 y 20.**

19. **MÁS AL DETALLE** ¿Qué dos escuelas juntas tienen menos de 600 estudiantes? Explícalo. _____

_____

_____

_____

| Cantidad de estudiantes | |
|---|---|
| **Escuela** | **Cantidad** |
| Harrison | 304 |
| Montgomery | 290 |
| Bryant | 421 |

20. **PIENSA MÁS** La cantidad de estudiantes de la escuela Collins es más del doble que la cantidad de estudiantes de la escuela Montgomery. ¿Cuál es la menor cantidad de estudiantes que podrían asistir a la escuela Collins?

_____

21. **¿Cuál es el error?** Lexi usó la estrategia de descomponer para hallar 145 + 203. Describe su error. ¿Cuál es la suma correcta?

$$\begin{array}{r} 100 + 40 + 5 \\ + 200 + 30 + 0 \\ \hline 300 + 70 + 5 \end{array} = 375$$

_____

22. **PRÁCTICAS Y PROCESOS MATEMÁTICOS ⑤ Comunica** ¿Es la suma de 425 y 390 mayor que o menor que 800? ¿Cómo lo sabes?

_____

_____

23. **PIENSA MÁS** ¿Cuál es la suma de 421 y 332? Muestra tu trabajo.

_____

# Usar la estrategia de descomponer para sumar

**Objetivo de aprendizaje** Usarás la estrategia de *descomponer* para sumar números de 3 dígitos.

**Estima. Luego usa la estrategia de descomponer para hallar la suma.**

**1.** Estimación: ___800___

$$325 = 300 + 20 + 5$$
$$+\ 494 = 400 + 90 + 4$$
$$700 + 110 + 9$$

**2.** Estimación: _____

$$518 =$$
$$+\ 372 =$$

**3.** Estimación: _____

$$731 =$$
$$+\ 207 =$$

**4.** Estimación: _____

$$495 =$$
$$+\ 254 =$$

## Resolución de problemas

**Usa la tabla para responder las preguntas 5 y 6.**

**5.** Laura está construyendo un edificio con el conjunto A y el conjunto C. ¿Cuántos bloques puede usar en su edificio?

_____

**6.** Clark está construyendo un edificio con el conjunto B y el conjunto C. ¿Cuántos bloques puede usar en su edificio?

_____

| Bloques de construcción ||
|---------|------------------|
| **Conjunto** | **Cantidad de bloques** |
| A | 165 |
| B | 188 |
| C | 245 |

**7.** **ESCRIBE** ▸*Matemáticas* Explica cómo usar la estrategia de descomponer para calcular 247 + 358.

_____

_____

## Repaso de la lección

1. Arthur leyó dos libros la semana pasada. Uno de los libros tiene 216 páginas. El otro libro tiene 327 páginas. En total, ¿cuántas páginas hay en los dos libros?

2. El esqueleto de un museo tiene 189 huesos. Otro esqueleto tiene 232 huesos. ¿Cuántos huesos en total hay en los dos esqueletos?

## Repaso en espiral

3. Culver tiene 1 moneda de 25¢, 3 monedas de 10¢ y 1 moneda de 1¢. ¿Cuánto dinero tiene?

4. Felicia tiene 34 monedas de 25¢, 25 monedas de 10¢ y 36 monedas de 1¢. ¿Cuántas monedas tiene Felicia?

5. Jonás escribió $9 + 8 = 17$. ¿En qué enunciado numérico se muestra la propiedad conmutativa de la suma?

6. En la escuela Kennedy, hay 37 niñas y 36 niños en tercer grado. ¿Cuántos estudiantes hay en tercer grado en la escuela Kennedy?

PRACTICA MÁS CON EL
Entrenador personal
en matemáticas

Nombre _____

# Usar el valor posicional para sumar

**Pregunta esencial** ¿Cómo puedes usar el valor posicional para sumar números de 3 dígitos?

**Objetivo de aprendizaje** Usarás el valor posicional para sumar números de 3 dígitos.

## 🔑 Soluciona el problema En el mundo

Dante planea un viaje a Illinois. Su avión sale de Dallas, Texas, y hace una escala en Tulsa, Oklahoma. Luego va de Tulsa a Chicago, Illinois. ¿Cuántas millas vuela Dante?

Chicago

585 millas

Tulsa

236 millas

Dallas

🔑 **Usa el valor posicional para sumar dos sumandos.**

**Suma. 236 + 585**

**Estima. 200 + 600 = _____**

| **PASO 1** | **PASO 2** | **PASO 3** |
|---|---|---|
| Suma las unidades. Reagrupa las unidades en decenas y unidades. | Suma las decenas. Reagrupa las decenas en centenas y decenas. | Suma las centenas. |

PASO 1:
$$\begin{array}{r} {\scriptstyle 1}\phantom{00} \\ 2\ 3\ 6 \\ +\ 5\ 8\ 5 \\ \hline \end{array}$$

PASO 2:
$$\begin{array}{r} {\scriptstyle 1\ 1}\phantom{0} \\ 2\ 3\ 6 \\ +\ 5\ 8\ 5 \\ \hline 1 \end{array}$$

PASO 3:
$$\begin{array}{r} {\scriptstyle 1\ 1}\phantom{0} \\ 2\ 3\ 6 \\ +\ 5\ 8\ 5 \\ \hline 2\ 1 \end{array}$$

**236 + 585 = _____**

Entonces, Dante vuela _____ millas en total.

Puesto que _____ está cerca de la estimación de _____, la respuesta es razonable.

 **Para evitar errores**

Recuerda sumar la decena y la centena reagrupadas.

• También puedes usar la propiedad conmutativa de la suma para comprobar tu trabajo. Cambia el orden de los sumandos y halla la suma.

$$\begin{array}{r} 5\ 8\ 5 \\ +\ 2\ 3\ 6 \\ \hline \end{array}$$

**¡Inténtalo!** **Halla 563 + 48 de dos maneras.**

**Estima.** 550 + 50 = _____

---

**A** **Usa la estrategia de descomponer.**

563 =   500 + ▢ + ▢
+ 48 =          40 + ▢

     ▢ + ▢ + ▢ = ▢

**B** **Usa el valor posicional.**

  563
+ 48
▢

---

**Usa el valor posicional para sumar tres sumandos.**

**A** **Suma.** 140 + 457 + 301

**Estima.** 150 + 450 + 300 = _____

**PASO 1** Suma las unidades.

```
  1 4 0
  4 5 7
+ 3 0 1
  ▢
```

**PASO 2** Suma las decenas.

```
  1 4 0
  4 5 7
+ 3 0 1
    ▢ 8
```

**PASO 3** Suma las centenas.

```
  1 4 0
  4 5 7
+ 3 0 1
  ▢ 9 8
```

Entonces, 140 + 457 + 301 = _____ .

---

**B** **Suma.** 173 + 102 + 328

**Estima.** 200 + 100 + 300 + _____

**PASO 1** Suma las unidades. Reagrupa las unidades en decenas y unidades.

```
    1
  1 7 3
  1 0 2
+ 3 2 8
    ▢
```

**PASO 2** Suma las decenas. Reagrupa las decenas en centenas y decenas.

```
  1 1
  1 7 3
  1 0 2
+ 3 2 8
    ▢ 3
```

**PASO 3** Suma las centenas.

```
  1 1
  1 7 3
  1 0 2
+ 3 2 8
  ▢ 0 3
```

Entonces, 173 + 102 + 328 = _____ .

## Comparte y muestra

**1.** Encierra en un círculo el ejercicio en el que debas
reagrupar. Usa la estrategia más sencilla para hallar la suma.

**a.** 496 + 284

**b.** 482 + 506

**Estima. Luego halla la suma.**

**2.** Estimación: _____

$$\begin{array}{r} 251 \\ +345 \\ \hline \end{array}$$

**3.** Estimación: _____

$$\begin{array}{r} 479 \\ +395 \\ \hline \end{array}$$

**4.** Estimación: _____

$$\begin{array}{r} 686 \\ +314 \\ \hline \end{array}$$

**5.** Estimación: _____

$$\begin{array}{r} 231 \\ 410 \\ +158 \\ \hline \end{array}$$

**Charla matemática**

**PRÁCTICAS Y PROCESOS MATEMÁTICOS ①**

**Evalúa** ¿Cómo puedes calcular 403 + 201 mentalmente?

## Por tu cuenta

**Práctica: Copia y resuelve** **Estima. Luego resuelve.**

**6.** 253 + 376

**7.** 654 + 263

**8.** 321 + 439 + 112

**9.** 182 + 321

**10.** 701 + 108

**11.** 543 + 372 + 280

**PRÁCTICAS Y PROCESOS MATEMÁTICOS ②** **Razona** **Álgebra** **Halla los dígitos desconocidos.**

**12.**
$$\begin{array}{r} 1\ \_\ 4 \\ +\ \_\ 3\ \_ \\ \hline 2\ 5\ 7 \end{array}$$

**13.**
$$\begin{array}{r} \_\ 7\ \_ \\ +6\ \_\ 4 \\ \hline 9\ 8\ 6 \end{array}$$

**14.**
$$\begin{array}{r} 2\ \_\ \_ \\ +\ \_\ 2\ 9 \\ \hline 6\ 8\ 2 \end{array}$$

**15.**
$$\begin{array}{r} 3\ \_\ \_ \\ +\ \_\ 1\ 7 \\ \hline 9\ 0\ 3 \end{array}$$

**16.** MÁS AL DETALLE Hay 431 crayones en una caja y 204 crayones
en el piso. ¿Cerca de cuántos crayones menos de 1,000
hay? Haz una estimación. Luego resuelve.

## Soluciona el problema En el mundo

**17.** **PIENSA MÁS** Un avión voló 187 millas de la ciudad de New York, New York, a Boston, Massachusetts. Luego voló 273 millas de Boston a Philadelphia, Pennsylvania. En el viaje de vuelta, el avión voló la misma distancia. ¿Cuántas millas voló el avión en total?

a. ¿Qué debes hallar?

_____

b. ¿Cuál es una estimación de la distancia total?

_____

c. Muestra los pasos que seguiste para resolver el problema.

d. ¿Cómo sabes que tu respuesta es razonable?

_____

_____

_____

e. La distancia total del viaje de ida y vuelta es de _____ millas.

---

**18.** **PIENSA MÁS** Ayuda a Max a hallar la solución al problema.

$$\begin{array}{r} 4\,5\,1 \\ 2\,4\,6 \\ +\,2\,2\,2 \\ \hline \end{array}$$

En los ejercicios 18a a 18d, elige *Sí* o *No* para decir si Max debe reagrupar.

18a. Reagrupar las unidades.　　　　　○ Sí　　　○ No

18b. Sumar las decenas reagrupadas.　　○ Sí　　　○ No

18c. Reagrupar las decenas.　　　　　　○ Sí　　　○ No

18d. Sumar las centenas reagrupadas　　○ Sí　　　○ No

# Usar el valor posicional para sumar

**Objetivo de aprendizaje** Usarás el valor posicional para sumar números de 3 dígitos.

**Estima. Luego halla la suma.**

**1.** Estimación:

<u>__600__</u>

```
  ¹
  324
+ 285
―――
  609
```

**2.** Estimación:

____

```
  519
+ 347
```

**3.** Estimación:

____

```
  323
+ 151
```

**4.** Estimación:

____

```
  169
+ 354
```

**5.** Estimación:

____

```
  127
+ 290
```

**6.** Estimación:

____

```
  258
+ 565
```

**7.** Estimación:

____

```
  311
+ 298
```

**8.** Estimación:

____

```
  534
+ 256
```

## Resolución de problemas  En el mundo

**9.** Mark tiene 215 tarjetas de béisbol. Emily tiene 454 tarjetas de béisbol. ¿Cuántas tarjetas de béisbol tienen Mark y Emily en total?

_____

**10.** Jason tiene 330 monedas de 1¢. Richie tiene 268 monedas de 1¢. Rachel tiene 381 monedas de 1¢. ¿Qué dos estudiantes tienen juntos más de 700 monedas de 1¢?

_____

**11.** ESCRIBE ▸*Matemáticas* Explica una manera de sumar números de 3 dígitos.

_____

_____

## Repaso de la lección

**1.** En tercer grado, hay 167 estudiantes. En cuarto grado, hay igual cantidad de estudiantes. ¿Cuántos estudiantes de tercer y cuarto grado hay en total?

**2.** Jamal leyó un libro que tiene 128 páginas. Luego leyó un libro que tiene 179 páginas. ¿Cuántas páginas leyó Jamal en total?

## Repaso en espiral

**3.** Adam recorre 248 millas el lunes. El martes, recorre 167 millas. Estima la cantidad total de millas que recorre Adam.

**4.** Wes ganó $14, $62, $40 y $36 por cortar el césped de algunos jardines. ¿Cuánto ganó en total por cortar el césped?

**5.** Hay 24 estudiantes en la clase de la maestra Correa y 19 estudiantes en la clase del maestro Garmen. ¿Cuántos estudiantes hay en las dos clases?

**6.** En el partido de béisbol del domingo hubo 475 niños. ¿Cuánto es 475 redondeado a la decena más próxima?

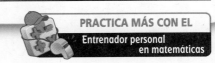

PRACTICA MÁS CON EL
Entrenador personal
en matemáticas

# Revisión de la mitad del capítulo

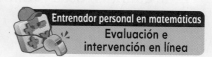

## Vocabulario

**Elige el término del recuadro que mejor corresponda.**

| Vocabulario |
| --- |
| números compatibles |
| patrón |
| propiedad conmutativa de la suma |
| propiedad de identidad de la suma |

1. Un _____ es un conjunto ordenado de números u objetos en el que el orden te ayuda a predecir lo que viene a continuación. (pág. 5)

2. La _____ establece que cuando sumas cero a cualquier número, la suma es igual a ese número. (pág. 5)

## Conceptos y destrezas

**¿Es la suma par o impar? Escribe *par* o *impar*.**

3. 8 + 5 _____

4. 9 + 7 _____

5. 4 + 6 _____

**Usa números compatibles o el redondeo para estimar la suma.**

6.
$$
\begin{array}{r} 56 \\ +32 \\ \hline \end{array}
$$
+ ▢ ▢

7.
$$
\begin{array}{r} 271 \\ +425 \\ \hline \end{array}
$$
+ ▢ ▢

8.
$$
\begin{array}{r} 328 \\ +127 \\ \hline \end{array}
$$
+ ▢ ▢

**Usa el cálculo mental para hallar la suma.**

9. 46 + 14 = _____

10. 39 + 243 = _____

11. 326 + 402 = _____

**Estima. Luego halla la suma.**

12. Estimación: _____
$$
\begin{array}{r} 356 \\ +442 \\ \hline \end{array}
$$

13. Estimación: _____
$$
\begin{array}{r} 164 \\ +230 \\ \hline \end{array}
$$

14. Estimación: _____
$$
\begin{array}{r} 545 \\ +139 \\ \hline \end{array}
$$

15. Estimación: _____
$$
\begin{array}{r} 437 \\ +184 \\ \hline \end{array}
$$

**16.** Nancy plantó 77 margaritas, 48 rosas y 39 tulipanes. ¿Cerca de cuántas rosas y tulipanes plantó?

_____

**17.** Tomás juntó 139 latas para reciclar el lunes y juntó el doble de esa cantidad el martes. ¿Cuántas latas juntó el martes?

_____

**18.** En la Escuela Hill hay 294 niños y 332 niñas. ¿Cuántos estudiantes hay en la escuela?

_____

**19.** MÁS AL DETALLE El grupo de arte de los lunes hizo 25 modelos de papel. El grupo de los martes hizo 32 modelos de papel. El grupo de los miércoles hizo 15 modelos de papel. ¿Cuántos modelos de papel hicieron los grupos en total?

_____

# Estimar diferencias

**Pregunta esencial** ¿Cómo puedes usar el redondeo y los números compatibles para estimar diferencias?

**Objetivo de aprendizaje** Usarás el redondeo y los números compatibles para estimar diferencias.

## 🔑 Soluciona el problema En el mundo

El atún de aleta amarilla más grande pescado por pescadores pesaba 387 libras. El mero más grande pescado pesaba 436 libras. ¿Alrededor de cuánto más pesaba el mero que el atún de aleta amarilla?

Puedes estimar para hallar *alrededor* de cuánto más.

- ¿Se pide en la pregunta una respuesta exacta? ¿Cómo lo sabes?

  _____

  _____

- Encierra en un círculo los números que debes usar.

## 🔑 De una manera Usa números compatibles.

**Piensa:** Los números compatibles son números fáciles de calcular mentalmente cercanos a los números reales.

$$
\begin{array}{rcr}
436 & \to & 425 \\
-387 & \to & -375 \\
\hline
& & \boxed{\phantom{00}}
\end{array}
$$

Entonces, el mero pesaba alrededor de

_____ libras más que el atún de aleta amarilla.

Atún de aleta amarilla

Mero

- ¿Qué otros números compatibles podrías haber usado?

_____

**¡Inténtalo!** Estima. Usa números compatibles.

**A**
$$
\begin{array}{rcr}
73 & \to & 75 \\
-22 & \to & -\boxed{\phantom{00}} \\
\hline
& & \boxed{\phantom{00}}
\end{array}
$$

**B**
$$
\begin{array}{rcr}
376 & \to & \boxed{\phantom{00}} \\
-148 & \to & -150 \\
\hline
& & \boxed{\phantom{00}}
\end{array}
$$

## 🔑 De otra manera  Usa el valor posicional para redondear.

436 − 387 = ▇

**PASO 1**  Redondea 436 a la decena más próxima.

Piensa: Halla el valor posicional al que quieres redondear. Observa el dígito de la derecha.

- Observa el dígito en el lugar de las unidades.
- Como 6 > 5, el dígito 3 aumenta en uno.
- Escribe cero en el lugar de las unidades.

$$4\;3\;6 \qquad \begin{array}{r} 4\;3\;6 \\ -\;3\;8\;7 \end{array} \rightarrow$$
↑

---

**PASO 2**  Redondea 387 a la decena más próxima.

- Observa el dígito en el lugar de las unidades.
- Como 7 > 5, el dígito 8 aumenta en uno.
- Escribe cero en el lugar de las unidades.

$$3\;8\;7 \quad \begin{array}{r} 4\;3\;6 \\ -\;3\;8\;7 \end{array} \rightarrow \begin{array}{r} 4\;4\;0 \\ - \end{array}$$
↑

---

**PASO 3**  Halla la diferencia de los números redondeados.

$$\begin{array}{r} 4\;3\;6 \\ -\;3\;8\;7 \end{array} \rightarrow \begin{array}{r} 4\;4\;0 \\ -\;3\;9\;0 \end{array}$$

Entonces, 436 − 387 es alrededor de _____.

**¡Inténtalo!**  Estima. Usa el valor posicional para redondear.

**Ⓐ**
$$\begin{array}{r} 761 \rightarrow \quad 800 \\ -528 \rightarrow - \end{array}$$

Piensa: Redondea ambos números al mismo valor posicional.

**Ⓑ**
$$\begin{array}{r} 642 \rightarrow \\ -287 \rightarrow -300 \end{array}$$

Charla matemática

PRÁCTICAS Y PROCESOS MATEMÁTICOS ③

**Compara estrategias**
Describe en qué se parecen y en qué se diferencian la estimación de restas a la estimación de sumas.

Nombre _____

1. Usa números compatibles para completar el ejercicio. Luego estima la diferencia.

$$546 \rightarrow 550$$
$$-209 \rightarrow \underline{\phantom{550}}$$

**Usa números compatibles o el redondeo para estimar la diferencia.**

**Charla matemática**

PRÁCTICAS Y PROCESOS MATEMÁTICOS ⑥

**Explica un método** ¿Cómo te ayuda el redondeo a estimar?

2.
$$57$$
$$-21$$

☑ 3.
$$642$$
$$-137$$

☑ 4.
$$374$$
$$-252$$

## Por tu cuenta

**Usa números compatibles o el redondeo para estimar la diferencia.**

5.
$$67$$
$$-24$$

6.
$$81$$
$$-39$$

7.
$$936$$
$$-421$$

8. Hay 298 estudiantes en tercer grado. Si 227 estudiantes van a la escuela en autobús, ¿cuántos estudiantes no toman el autobús?

9. _MÁS AL DETALLE_ Un museo tiene 324 pinturas al óleo, 227 pinturas de acuarela y 158 estatuas. ¿Cerca de cuántas pinturas al óleo y acuarelas más que estatuas tiene el museo?

10. _MÁS AL DETALLE_ Hay 262 estudiantes en 2$^{do}$ grado y 298 estudiantes en 3$^{er}$ grado. Si 227 estudiantes van a la escuela en bicicleta, ¿cerca de cuántos estudiantes no van en bicicleta?

## Resolución de problemas • Aplicaciones

**Usa la tabla para resolver los problemas 11 a 13.**

11. **PRÁCTICAS Y PROCESOS MATEMÁTICOS ❸** **Usa contraejemplos** Melisa dijo que la diferencia estimada entre el peso del fletán del Pacífico y el atún de aleta amarilla es cero. ¿Estás de acuerdo o no? Explícalo.

_____

_____

**Peces de agua salada más grandes que se hayan pescado**

| Tipo de pez | Peso en libras |
|---|---|
| Fletán del Pacífico | 459 |
| Congrio | 133 |
| Atún de aleta amarilla | 387 |

12. **¿Cuál es la pregunta?** La respuesta es alrededor de 500 libras.

_____

_____

**ESCRIBE** ▸ *Matemáticas* • **Muestra tu trabajo**

13. **PIENSA MÁS** ¿Cuánto mayor es el peso del fletán del Pacífico y del congrio en comparación con el peso del atún de aleta amarilla? Explícalo.

_____

_____

_____

_____

**Entrenador personal en matemáticas**

14. **PIENSA MÁS ➕** Un total de 907 personas fueron a un torneo de pesca. De todas esas personas, 626 llegaron antes del mediodía. Alina estima que menos de 300 personas llegaron en la tarde. ¿Cómo lo estimó? Explícalo.

_____

Nombre _____

# Estimar diferencias

**Objetivo de aprendizaje** Usarás el redondeo y los números compatibles para estimar diferencias.

**Usa números compatibles o el redondeo para estimar la diferencia.**

1.

$$\begin{array}{r} 40 \\ -\ 13 \\ \hline \end{array} \qquad \begin{array}{r} 40 \\ -\ 10 \\ \hline 30 \end{array}$$

2.

$$\begin{array}{r} 762 \\ -\ 332 \\ \hline \end{array} \qquad \begin{array}{r} \underline{\phantom{000}} \\ -\ \underline{\phantom{000}} \\ \hline \underline{\phantom{000}} \end{array}$$

3.

$$\begin{array}{r} 823 \\ -\ 242 \\ \hline \end{array} \qquad \begin{array}{r} \underline{\phantom{000}} \\ -\ \underline{\phantom{000}} \\ \hline \underline{\phantom{000}} \end{array}$$

4.

$$\begin{array}{r} 98 \\ -\ 49 \\ \hline \end{array}$$

5.

$$\begin{array}{r} 287 \\ -\ 162 \\ \hline \end{array}$$

6.

$$\begin{array}{r} 359 \\ -\ 224 \\ \hline \end{array}$$

7. $771 - 531$

$$\underline{\phantom{000}} - \underline{\phantom{000}} = \underline{\phantom{000}}$$

8. $299 - 61$

$$\underline{\phantom{000}} - \underline{\phantom{000}} = \underline{\phantom{000}}$$

## Resolución de problemas  En el mundo

9. Benjamín tiene una colección de 812 estampillas. Le da a su hermano 345 estampillas. ¿Alrededor de cuántas estampillas le quedan a Benjamín?

_____

_____

10. En septiembre, se vendieron 284 barras de pan en la panadería de Savannah. En octubre, se vendieron 89 barras de pan. ¿Alrededor de cuántas barras de pan más se vendieron en septiembre que en octubre en la panadería de Savannah?

_____

_____

11. **ESCRIBE** ▸*Matemáticas* Explica cómo estimar $586 - 321$ de dos maneras diferentes.

_____

_____

## Repaso de la lección

**1.** Jorge tiene 708 tarjetas de béisbol y 394 tarjetas de básquetbol. ¿Alrededor de cuántas tarjetas de béisbol más que tarjetas de básquetbol tiene Jorge?

_____

_____

**2.** Danika está armando collares. Tiene 512 cuentas plateadas y 278 cuentas azules. ¿Alrededor de cuántas cuentas plateadas más que cuentas azules tiene Danika?

_____

_____

## Repaso en espiral

**3.** El gerente de una tienda pidió 402 gorras de béisbol y 122 gorras de esquí. Estima la cantidad total de gorras que pidió el gerente.

_____

_____

**4.** Autumn recolectó 129 conchas marinas en la playa. ¿Cuánto es 129 redondeado a la decena más próxima?

_____

_____

**5.** Halla la suma.

$$
\begin{array}{r}
585 \\
+\ 346 \\
\hline
\end{array}
$$

**6.** Julie ganó $22, $55, $38 y $25 por cuidar niños. ¿Cuánto dinero ganó en total por cuidar niños?

_____

PRACTICA MÁS CON EL
**Entrenador personal
en matemáticas**

Nombre _____

# Estrategias de cálculo mental para restar

**Pregunta esencial** ¿Qué estrategias de cálculo mental puedes usar para hallar diferencias?

**Objetivo de aprendizaje** Usarás estrategias de cálculo mental para hallar diferencias.

## 🔑 Soluciona el problema En el mundo

Un girasol puede llegar a ser muy alto. Dylan mide 39 pulgadas de estatura. Regó un girasol que creció hasta 62 pulgadas de altura. ¿Cuántas pulgadas menos mide Dylan que el girasol?

### 🔑 De una manera Usa una recta numérica para hallar $62 - 39$.

**A** Cuenta hacia adelante de diez en diez y de uno en uno.

Piensa: Comienza en 39. Cuenta hacia delante hasta 62.

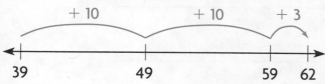

Suma la longitud de los saltos para hallar la diferencia.

$$10 + 10 + 3 = \rule{2cm}{0.4pt}$$

$$62 - 39 = \rule{2cm}{0.4pt}$$

Entonces, Dylan mide _____ pulgadas menos que el girasol.

**B** Resta decenas y luego unidades.

Piensa: Comienza en 62. Cuenta 39 hacia atrás.

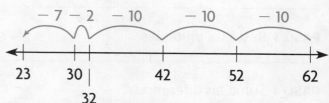

Resta la longitud de los saltos para llegar a la diferencia.

**Charla matemática** PRÁCTICAS Y PROCESOS MATEMÁTICOS ③

**Compara representaciones** Compara la rectas numéricas. Explica dónde está la respuesta en cada una.

### 🔑 Otras maneras

**A** Usa números amigos y ajusta para hallar $74 - 28$.

**PASO 1** Convierte el número que restas en un número amigo.

Piensa: Suma a 28 lo necesario para convertirlo en un número con 0 unidades.

$$28 + 2 = \rule{2cm}{0.4pt}$$

**PASO 2** Como sumaste 2 a 28, debes sumar 2 a 74.

$$74 + 2 = \rule{2cm}{0.4pt}$$

**PASO 3** Halla la diferencia.

$$\rule{1.5cm}{0.4pt} - \rule{1.5cm}{0.4pt} = \rule{1.5cm}{0.4pt}$$

Entonces, $74 - 28 = \rule{2cm}{0.4pt}$.

**¡Inténtalo!** Usa números amigos para restar 9 y 99.

- **Halla 36 − 9.**

  **Piensa:** 9 es 1 menos que 10.

  Resta 10.                    $36 - 10 = $ _____

  Luego suma 1.        _____ $+ 1 = $ _____

  Entonces, $36 - 9 = $ _____ .

- **Halla 423 − 99.**

  **Piensa:** 99 es 1 menos que 100.

  Resta 100.                    $423 - 100 = $ _____

  Luego suma 1.        _____ $+ 1 = $ _____

  Entonces, $423 - 99 = $ _____ .

---

**B** Usa la estrategia de descomponer para hallar 458 − 136.

**PASO 1** Resta las centenas.          $400 - 100 = $ _____

_____

**PASO 2** Resta las decenas.          $50 - 30 = $ _____

_____

**PASO 3** Resta las unidades.          $8 - 6 = $ _____

_____

**PASO 4** Suma las diferencias.          _____ $+$ _____ $+$ _____ $=$ _____

Entonces, $458 - 136 = $ _____ .

---

## Comparte y muestra MATH BOARD

1. Halla 61 − 24. Dibuja saltos y rotula la recta numérica para mostrar tu razonamiento.

   **Piensa: Resta las decenas y luego las unidades.**

   61

   $61 - 24 = $ _____

2. Usa números amigos para hallar la diferencia.

   $86 - 42 = $ _____          **Piensa:** $42 - 2 = 40$
                                                        $86 - 2 = 84$

**Charla matemática**

PRÁCTICAS Y PROCESOS MATEMÁTICOS **6**

**Describe** la estrategia de descomponer para restar números.

Nombre _____

**Usa el cálculo mental para hallar la diferencia.**
**Dibuja o escribe la estrategia que uses.**

☑ **3.** 56 − 38 = _____

☑ **4.** 435 − 121 = _____

## Resolución de problemas • Aplicaciones En el mundo

**5.** **PRÁCTICAS Y PROCESOS MATEMÁTICOS ❸** **Argumenta** Erica usó números amigos para hallar 43 − 19. Ella sumó 1 a 19 y restó 1 de 43. ¿Cuál es el error de Erica? Explícalo.

_____

_____

**6.** PIENSA MÁS La tienda de la granja tiene en un estante 68 bolsas pequeñas de comida para aves y 39 bolsas grandes de comida para aves. Si Jill compra 5 bolsas pequeñas y 1 bolsa grande, ¿cuántas bolsas pequeñas más que bolsas grandes quedarán en el estante?

_____

_____

_____

**7.** PIENSA MÁS En la florería había 87 girasoles en la mañana. Al final del día quedaban 56 girasoles. ¿Cuántos girasoles se vendieron? Explica una forma de solucionar el problema.

_____

_____

## Compara y contrasta

Los emúes y los avestruces son las aves más grandes del mundo. Se parecen en muchas cosas y se diferencian en otras.

Cuando comparas cosas, decides en qué se parecen. Cuando contrastas cosas, decides en qué se diferencian.

En la tabla se muestran algunos datos sobre los emúes y los avestruces. Usa la información de esta página para comparar y contrastar estas aves.

| Datos sobre los emúes y los avestruces | | |
|---|---|---|
| | **Emúes** | **Avestruces** |
| ¿Pueden volar? | No | No |
| ¿Dónde viven? | Australia | África |
| ¿Cuánto pesan? | Alrededor de 120 libras | Alrededor de 300 libras |
| ¿Qué altura tienen? | Alrededor de 72 pulgadas | Alrededor de 108 pulgadas |
| ¿A qué velocidad pueden correr? | Alrededor de 40 millas por hora | Alrededor de 40 millas por hora |

Avestruz

8. ¿En qué se parecen los emúes y los avestruces? ¿En qué se diferencian?

Parecidos:    1. _____

2. _____

Diferencias:  1. _____

2. _____

3. _____

9. **MÁS AL DETALLE** Si dos emúes pesan 117 libras y 123 libras y un avestruz pesa 338 libras, ¿cuánto más que los dos emúes pesa el avestruz?

_____

Emú

# Estrategias de cálculo mental para restar

**Objetivo de aprendizaje** Usarás estrategias de cálculo mental para hallar diferencias.

**Usa el cálculo mental para hallar la diferencia.**
**Dibuja o describe la estrategia que uses.**

**1.** 74 − 39 = ___35___

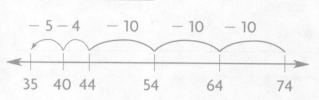

**2.** 93 − 28 = _____

**3.** 51 − 12 = _____

**4.** 76 − 23 = _____

## Resolución de problemas · En el mundo

**5.** Ruby tiene 78 libros. Treinta y uno de esos libros están en estantes. El resto aún se encuentra embalado en cajas. ¿Cuántos libros de Ruby aún se encuentran embalados en cajas?

_____

**6.** Kyle tiene 130 insignias en su colección. Tiene 76 de esas insignias exhibidas en la pared. El resto está en un cajón. ¿Cuántas insignias de Kyle están en un cajón?

_____

**7.** ESCRIBE · Matemáticas  Da un ejemplo de cuándo usarías la estrategia de números amigos para restar. Explica por qué.

_____

_____

## Repaso de la lección

**1.** Un día, un panadero preparó 54 tartas de fruta. Al final del día, solo 9 tartas quedaron SIN vender. ¿Cuántas tartas se vendieron ese día?

_____

**2.** El padre de George compró una bolsa de 50 libras de alpiste para aves silvestres. Al cabo de dos semanas, quedaban 36 libras de alpiste en la bolsa. ¿Cuántas libras de alpiste se habían usado?

_____

## Repaso en espiral

**3.** Para una fiesta, Shaun infló 36 globos rojos, 28 globos blancos y 24 globos azules. ¿Cuántos globos infló en total?

_____

**4.** Tiffany leyó 115 páginas de su libro. Le quedan 152 páginas por leer. ¿Cuántas páginas hay en el libro?

_____

**5.** El lunes, la tienda de flores tenía 568 flores. Para el martes, quedaban 159 flores. ¿Alrededor de cuántas flores se habían vendido?

_____

**6.** En uno de los sectores de la biblioteca de la escuela, hay 383 libros. De esos libros, 165 son de ficción. Estima la cantidad de libros que hay en ese sector y que NO son de ficción.

_____

**PRACTICA MÁS CON EL**
**Entrenador personal en matemáticas**

Nombre _____

# Usar el valor posicional para restar

**Pregunta esencial** ¿Cómo puedes usar el valor posicional para restar números de tres dígitos?

**Objetivo de aprendizaje** Usarás el valor posicional para restar números de 3 dígitos.

## Soluciona el problema

Ana vendió 473 boletos para la obra de teatro escolar. Kim vendió 294 boletos. ¿Cuántos boletos más vendió Ana que Kim?

 **Usa el valor posicional para restar.**

**Resta.** 473 − 294

**Estima.** 475 − 300 = _____

- ¿Debes combinar o comparar las cantidades de boletos vendidos?

  _____

- Encierra en un círculo los números que debes usar.

**PASO 1**

Resta las unidades.
3 < 4, entonces reagrupa.

7 decenas y 3 unidades =

6 decenas y _____ unidades

```
  6 13
 4 7 3
-2 9 4
```

**PASO 2**

Resta las decenas.
6 < 9, entonces reagrupa.

4 centenas y 6 decenas =

3 centenas y _____ decenas

```
   16
 3 6 13
 4 7 3
-2 9 4
     9
```

**PASO 3**

Resta las centenas. Suma para comprobar tu resultado.

```
   16
 3 6 13        1 1
 4 7 3         1 7 9
-2 9 4        +2 9 4
   7 9         4 7 3
```

Entonces, Ana vendió _____ boletos más que Kim.

Puesto que _____ está cerca de la estimación de

_____, el resultado es razonable.

**¡Inténtalo!** Usa el valor posicional para restar.
Usa la suma para comprobar tu trabajo.

**Idea matemática**
La suma y la resta se cancelan entre sí. Entonces puedes usar la suma para comprobar la resta.

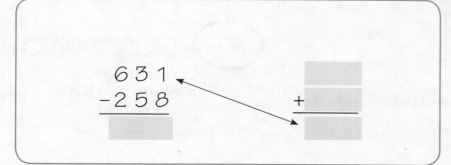

```
 6 3 1          +
-2 5 8
```

**Ejemplo** Usa el valor posicional para hallar 890 − 765.

**Estima.** 900 − 750 = _____

**PASO 1**

Resta las unidades. Reagrupa las decenas en decenas y unidades.

$$
\begin{array}{r}
{\scriptstyle 8\ 10} \\
8\,9\!\!\!/\,0 \\
-\ 7\ 6\ 5 \\
\hline
\phantom{0}
\end{array}
$$

**PASO 2**

Resta las decenas.

$$
\begin{array}{r}
{\scriptstyle 8\ 10} \\
8\,9\!\!\!/\,0 \\
-\ 7\ 6\ 5 \\
\hline
5
\end{array}
$$

**PASO 3**

Resta las centenas. Suma para comprobar tu resultado.

$$
\begin{array}{r}
{\scriptstyle 8\ 10} \\
8\,9\!\!\!/\,0 \\
-\ 7\ 6\ 5 \\
\hline
2\ 5
\end{array}
\qquad
\begin{array}{r}
1\ 2\ 5 \\
+\ 7\ 6\ 5 \\
\hline
\phantom{0}
\end{array}
$$

Entonces, 890 − 765 = _____.

**Charla matemática**

PRÁCTICAS Y PROCESOS MATEMÁTICOS ①

**Describe la racionalidad** ¿Cómo sabes que tu respuesta es razonable?

**¡Inténtalo!** **Encierra en un círculo el ejercicio en el que debas reagrupar. Halla la diferencia.**

Ⓐ
$$
\begin{array}{r}
8\ 9\ 4 \\
-\ 5\ 8\ 3 \\
\hline
\phantom{0}
\end{array}
$$

Ⓑ
$$
\begin{array}{r}
5\ 2\ 1 \\
-\ 3\ 0\ 1 \\
\hline
\phantom{0}
\end{array}
$$

Ⓒ
$$
\begin{array}{r}
9\ 1\ 8 \\
-\ 4\ 2\ 7 \\
\hline
\phantom{0}
\end{array}
$$

**Comparte y muestra**

1. Estima. Luego usa el valor posicional para hallar 627 − 384. Suma para comprobar tu resultado.

**Estima.** _____ − _____ = _____

$$
\begin{array}{r}
6\ 2\ 7 \\
-\ 3\ 8\ 4 \\
\hline
\phantom{0}
\end{array}
\qquad
\begin{array}{r}
\phantom{0} \\
+\ 3\ 8\ 4 \\
\hline
\phantom{0}
\end{array}
$$

**Charla matemática**

PRÁCTICAS Y PROCESOS MATEMÁTICOS ①

**Evalúa** ¿Debiste reagrupar para hallar la diferencia?

Puesto que _____ está cerca de la estimación de

_____, el resultado es razonable.

**Estima. Luego halla la diferencia.**

**2.** Estimación: ____

$$\begin{array}{r} 386 \\ -123 \\ \hline \end{array}$$

**3.** Estimación: ____

$$\begin{array}{r} 519 \\ -205 \\ \hline \end{array}$$

**4.** Estimación: ____

$$\begin{array}{r} 456 \\ -217 \\ \hline \end{array}$$

**5.** Estimación: ____

$$\begin{array}{r} 642 \\ -159 \\ \hline \end{array}$$

**6.** Estimación: ____

$$\begin{array}{r} 242 \\ -220 \\ \hline \end{array}$$

**7.** Estimación: ____

$$\begin{array}{r} 870 \\ -492 \\ \hline \end{array}$$

**8.** Estimación: ____

$$\begin{array}{r} 654 \\ -263 \\ \hline \end{array}$$

**9.** Estimación: ____

$$\begin{array}{r} 937 \\ -618 \\ \hline \end{array}$$

**Charla matemática**

**PRÁCTICAS Y PROCESOS MATEMÁTICOS 1**

**Entiende los problemas**
¿Qué ejercicios puedes calcular mentalmente? Explica por qué.

## Por tu cuenta

**10.** Darius tiene 127 fotos. Jillian tiene 467 fotos. ¿Cuántas fotos más que Darius tiene Jillian?

_____

**11.** Beth, Dan y Yoshi coleccionan estampillas. Beth tiene 157 estampillas. Dan tiene 265 estampillas. Yoshi tiene 79 estampillas menos que Beth y Dan en total. ¿Cuántas estampillas tiene Yoshi?

**Práctica: Copia y resuelve** **Estima. Luego resuelve.**

**12.** 568 − 276

**13.** 761 − 435

**14.** 829 − 765

**15.** 974 − 285

**PRÁCTICAS Y PROCESOS MATEMÁTICOS 2** **Razona** **Álgebra** **Halla el número desconocido.**

**16.**
$$\begin{array}{r} 86 \\ -\boxed{\phantom{00}} \\ \hline 62 \end{array}$$

**17.**
$$\begin{array}{r} 372 \\ -\boxed{\phantom{000}} \\ \hline 240 \end{array}$$

**18.**
$$\begin{array}{r} 537 \\ -\boxed{\phantom{000}} \\ \hline 172 \end{array}$$

**19.**
$$\begin{array}{r} 629 \\ -\boxed{\phantom{000}} \\ \hline 335 \end{array}$$

## Resolución de problemas • Aplicaciones En el mundo

**Usa la tabla para resolver los problemas 20 y 21.**

20. PIENSA MÁS   Alicia vendió 59 boletos menos que Jenna y Matt juntos. ¿Cuántos boletos vendió Alicia? Explícalo.

_____

_____

_____

| Boletos vendidos para la obra de teatro escolar | |
|---|---|
| Estudiante | Cantidad de boletos |
| Jenna | 282 |
| Matt | 178 |
| Sonja | 331 |

21. MÁS AL DETALLE   ¿Cuántos boletos más debe vender cada estudiante para que cada uno haya vendido 350 boletos?

_____

22. Nina dice que para comprobar la resta, hay que sumar la diferencia al número del cual restaste. ¿Tiene sentido este enunciado? Explícalo.

_____

_____

_____

23. PRÁCTICAS Y PROCESOS MATEMÁTICOS ⑤   **Comunica** ¿Debes reagrupar para hallar 523 − 141? Explícalo. Luego resuelve.

_____

_____

_____

Entrenador personal en matemáticas

24. PIENSA MÁS ✛   Los estudiantes quieren vender 400 boletos para el show de talentos de su escuela. Vendieron 214 boletos. ¿Cuántos boletos más necesitan vender para alcanzar su meta? Muestra tu trabajo.

_____

# Usar el valor posicional para restar

**Objetivo de aprendizaje** Usarás el valor posicional para restar números de 3 dígitos.

**Estima. Luego halla la diferencia.**

1. Estimación: _500_

```
   7 15
  5̶8̶5
- 119
```

2. Estimación: _____

```
  738
- 227
```

3. Estimación: _____

```
  651
- 376
```

4. Estimación: _____

```
  815
- 281
```

5. Estimación: _____

```
  627
- 253
```

6. Estimación: _____

```
  862
- 419
```

7. Estimación: _____

```
  726
- 148
```

8. Estimación: _____

```
  543
- 358
```

## Resolución de problemas  En el mundo

9. La Sra. Cohen tiene 427 botones. Usa 195 botones para hacer títeres. ¿Cuántos botones le quedan a la Sra. Cohen?

10. En el puesto de agricultores, se vendieron 625 mazorcas de maíz y 247 tomates. ¿Cuántas mazorcas de maíz más que tomates se vendieron?

_____      _____

11. **ESCRIBE** ▸ *Matemáticas*  Explica cómo restar 247 de 538.

_____

_____

_____

## Repaso de la lección

1. El sábado, 453 personas asisten a la obra de teatro de la escuela. El domingo, 294 personas asisten a la obra de teatro. ¿Cuántas personas más asisten a la obra de teatro el sábado?

_____

2. Corey tiene 510 canicas. Rellena un frasco con 165 canicas. ¿Cuántas de las canicas de Corey NO están en el frasco?

_____

## Repaso en espiral

3. Pattie llevó 64 pimientos para vender en el mercado de agricultores. Al final del día, quedaban 12 pimientos. ¿Cuántos pimientos vendió Pattie?

_____

4. Un avión recorre 617 millas por la mañana. Luego recorre 385 millas por la tarde. ¿Alrededor de cuántas millas más recorre el avión por la mañana?

_____

5. ¿Cuál es el número desconocido?

$$(\blacksquare + 4) + 59 + 70$$

6. Dexter tiene 128 conchas de mar. Necesita 283 conchas de mar más para su proyecto de arte. ¿Cuántas conchas de mar usará Dexter para su proyecto de arte?

_____

PRACTICA MÁS CON EL
Entrenador personal
en matemáticas

# Combinar valores posicionales para restar

**Objetivo de aprendizaje** Usarás la estrategia de combinar valores posicionales para restar números de 3 dígitos.

**Pregunta esencial** ¿Cómo puedes usar la estrategia de combinar valores posicionales para restar números de 3 dígitos?

## 🔑 Soluciona el problema En el mundo

Elena recolectó 431 botellas para reciclar. Peter recolectó 227 botellas menos que Elena. ¿Cuántas botellas recolectó Peter?

- ¿Qué debes hallar?

  _____

- Encierra en un círculo los números que debes usar.

**Combina valores posicionales para hallar la diferencia.**

Ⓐ **Resta.** 431 – 227

**Estima.** 400 – 200 = _____

**PASO 1** Observa el lugar de las unidades. Como 7 > 1, combina valores posicionales. Combina los valores de las decenas y las unidades. Hay 31 unidades y 27 unidades. Resta las unidades. Escribe 0 en las decenas.

$$\begin{array}{r} 4\,|3\,1| \\ -\,2\,|2\,7| \\ \hline \end{array}$$

**Piensa:** 31 – 27

**PASO 2** Resta las centenas.

Entonces, Peter recolectó _____ botellas.

Puesto que _____ está cerca de la estimación

de _____, el resultado es razonable.

_____

$$\begin{array}{r} 4\,3\,1 \\ -\,2\,2\,7 \\ \hline 0\,4 \end{array}$$

**Charla matemática**

**PRÁCTICAS Y PROCESOS MATEMÁTICOS** ①

**Analiza** Explica por qué hay un cero en el lugar de las decenas.

Ⓑ **Resta.** 513 – 482

**Estima.** 510 – 480 = _____

**PASO 1** Resta las unidades.

$$\begin{array}{r} 5\,1\,3 \\ -\,4\,8\,2 \\ \hline \end{array}$$

**PASO 2** Observa el lugar de las decenas. Como 8 > 1, combina valores posicionales. Combina los valores de las centenas y las decenas. Hay 51 decenas y 48 decenas. Resta las decenas.

$$\begin{array}{r} 5\,|1\,3| \\ -\,4\,|8\,2| \\ \hline 1 \end{array}$$

**Piensa:** 51 – 48

Entonces, 513 – 482 = _____.

## 🔑 Ejemplo Combina valores posicionales para hallar 500 − 173.

**Estima.** 500 − 175 = _____

| **PASO 1** Observa los lugares de las unidades y las decenas. Como 3 > 0 y 7 > 0 , combina las centenas y las decenas. Hay 50 decenas. Reagrupa las 50 decenas en 49 decenas y 10 unidades. | **PASO 2** Resta las unidades. Piensa: 10 − 3 | **PASO 3** Resta las decenas. Piensa: 49 − 17 |
|---|---|---|
| $$\begin{array}{r} {\scriptstyle 4\ 9\ 10} \\ 5\,0\,0 \\ -\ 1\,7\,3 \\ \hline \end{array}$$ | $$\begin{array}{r} {\scriptstyle 4\ 9\ 10} \\ 5\,0\,0 \\ -\ 1\,7\,3 \\ \hline \end{array}$$ | $$\begin{array}{r} {\scriptstyle 4\ 9\ 10} \\ 5\,0\,0 \\ -\ 1\,7\,3 \\ \hline 7 \end{array}$$ |

Entonces, 500 − 173 = _____ .

**PRÁCTICAS Y PROCESOS MATEMÁTICOS 8**

Usa el razonamiento repetitivo Explica por qué combinaste las centenas y las decenas.

**¡Inténtalo!** **Halla 851 − 448 de dos maneras.**

**Estima.** 850 − 450 = _____

| **A** Usa el valor posicional. | **B** Combina valores posicionales. |
|---|---|
| $$\begin{array}{r} 851 \\ -448 \\ \hline \end{array}$$ | $$\begin{array}{r} 851 \\ -448 \\ \hline \end{array}$$  Piensa: Combina las decenas y las unidades. |

1. ¿En qué casos la estrategia de combinar valores posicionales hace más fácil hallar la diferencia? Explícalo.

_____

_____

_____

2. ¿Qué estrategia usarías para hallar 431 − 249? Explícalo.

_____

_____

Nombre _____

Charla matemática

Usa el razonamiento repetitivo Explica cómo combinar valores posicionales.

**1.** Combina valores posicionales para hallar 406 − 274.

$$\begin{array}{r} 406 \\ -274 \end{array}$$

**Piensa:** Resta las unidades. Luego combina los valores de las centenas y las decenas.

**Estima. Luego halla la diferencia.**

**✓ 2.** Estimación: _____

$$\begin{array}{r} 595 \\ -286 \end{array}$$

**3.** Estimación: _____

$$\begin{array}{r} 728 \\ -515 \end{array}$$

**4.** Estimación: _____

$$\begin{array}{r} 543 \\ -307 \end{array}$$

**✓ 5.** Estimación: _____

$$\begin{array}{r} 600 \\ -453 \end{array}$$

## Por tu cuenta

**Estima. Luego halla la diferencia.**

**6.** Estimación: _____

$$\begin{array}{r} 438 \\ -257 \end{array}$$

**7.** Estimación: _____

$$\begin{array}{r} 706 \\ -681 \end{array}$$

**8.** Estimación: _____

$$\begin{array}{r} 839 \\ -754 \end{array}$$

**9.** Estimación: _____

$$\begin{array}{r} 916 \\ -558 \end{array}$$

**10.** MÁS AL DETALLE Un tren recorre un distancia de 872 millas. Después recorre otras 342 millas. Luego el tren recorre otras 403 millas. ¿Cuántas millas más recorre el tren en la primera parte del viaje que en la segunda y la tercera parte combinadas?

_____

**11.** Denzel quiere restar 517 − 183. ¿Cómo puedes combinar los valores posicionales para calcular la diferencia?

_____

_____

_____

## Práctica: Copia y resuelve Estima. Luego resuelve.

**12.** 457 − 364

**13.** 652 − 341

**14.** 700 − 648

**15.** 963 − 256

## Resolución de problemas • Aplicaciones En el mundo

**Usa la tabla para resolver los problemas 16 a 18.**

| Alturas de montañas rusas | | |
|---|---|---|
| **Montaña rusa** | **Estado** | **Altura en pies** |
| Titan | Texas | 245 |
| Kingda Ka | New Jersey | 456 |
| Intimidator 305 | Virginia | 305 |
| Top Thrill Dragster | Ohio | 420 |

16. **PRÁCTICAS Y PROCESOS MATEMÁTICOS ⑤** **Usa las herramientas adecuadas** En la tabla se muestran las alturas de algunas montañas rusas de los Estados Unidos. ¿Cuánto más alta es Kingda Ka que Titan?

_____

17. **MÁS AL DETALLE** Jason montó dos montañas rusas con una diferencia de altura de 155 pies. ¿Qué montañas rusas montó Jason?

_____

**ESCRIBE** ▸ *Matemáticas* · **Muestra tu trabajo** ·

18. **PIENSA MÁS** ¿Qué pasaría si otra montaña rusa midiera 500 pies de altura? ¿Qué montaña rusa sería 195 pies más baja?

_____

19. **PIENSA MÁS** Owen resuelve este problema. Él dice que la resta es 127. Explica el error que cometió Owen. ¿Cuál es la resta correcta?

$$
\begin{array}{r}
335 \\
-218 \\
\hline
\end{array}
$$

_____

_____

_____

_____

# Combinar valores posicionales para restar

**Objetivo de aprendizaje** Usarás la estrategia de combinar valores posicionales para restar números de 3 dígitos.

**Estima. Luego halla la diferencia.**

**1.** Estimación:
_200_

$$476 - 269$$

**2.** Estimación:
_____

$$615 - 342$$

**3.** Estimación:
_____

$$508 - 113$$

**4.** Estimación:
_____

$$716 - 229$$

**5.** Estimación:
_____

$$826 - 617$$

**6.** Estimación:
_____

$$900 - 158$$

**7.** Estimación:
_____

$$607 - 568$$

**8.** Estimación:
_____

$$973 - 869$$

## Resolución de problemas  En el mundo

**9.** Bev anotó 540 puntos. Esto es 158 puntos más que los que anotó Ike. ¿Cuántos puntos anotó Ike?

_____

**10.** Un grupo de jóvenes ganó $285 por lavar carros. Los gastos del grupo fueron $79. ¿Cuánta ganancia obtuvo el grupo por lavar carros?

_____

**11.** ESCRIBE ▸ *Matemáticas* Explica cómo usar la estrategia de los valores posicionales combinados para calcular $223 - 119$.

_____

_____

## Repaso de la lección

**1.** Un programa de televisión dura 120 minutos. De ese tiempo, los comerciales ocupan 36 minutos. ¿Cuánto dura el programa en sí, sin los comerciales?

_____

**2.** Syd estuvo 215 minutos en la biblioteca. De ese tiempo, estuvo 120 minutos frente a la computadora. ¿Qué cantidad del tiempo que Syd estuvo en la biblioteca NO estuvo frente a la computadora?

_____

## Repaso en espiral

**3.** El hermano mayor de Xavier tiene 568 canciones en su reproductor de música. Redondeado a la centena más próxima, ¿alrededor de cuántas canciones hay en el reproductor de música?

_____

**4.** Los estudiantes viajaron al zoológico en 3 autobuses. En un autobús fueron 47 estudiantes. En el segundo autobús fueron 38 estudiantes. En el tercer autobús fueron 43 estudiantes. ¿Cuántos estudiantes en total fueron en los tres autobuses?

_____

**5.** Callie tiene 83 tarjetas postales en su colección. De esas tarjetas, 24 son de Canadá. El resto de las tarjetas son de los Estados Unidos. ¿Cuántas tarjetas postales son de los Estados Unidos?

_____

**6.** Para la obra de teatro de la escuela, se habían colocado 475 sillas. En una de las funciones, 189 sillas estuvieron vacías. ¿Cuántas sillas estuvieron ocupadas en esa función?

_____

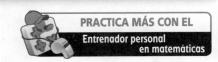

PRACTICA MÁS CON EL
**Entrenador personal en matemáticas**

# Resolución de problemas •
# Representar la suma y la resta

**Pregunta esencial** ¿Cómo puedes usar la estrategia *hacer un diagrama* para resolver problemas de suma y resta de uno y dos pasos?

**Objetivo de aprendizaje** Usarás la estrategia *hacer un diagrama* para resolver problemas reales de suma y resta usando modelos de barras.

## Soluciona el problema En el mundo

Sami anotó 84 puntos en la primera ronda de un videojuego nuevo. En la segunda ronda, anotó 21 puntos más que en la primera. ¿Cuál fue el puntaje total de Sami?

## Lee el problema

| ¿Qué debo hallar? | ¿Qué información debo usar? | ¿Cómo usaré la información? |
|---|---|---|
| Debo hallar _____. | Sami anotó _____ puntos en la primera ronda. Anotó _____ puntos más en la segunda ronda. | Dibujaré un modelo de barras para mostrar la cantidad de puntos que anotó Sami en cada ronda. Luego usaré el modelo para decidir qué operación usar. |

## Resuelve el problema

• Completa el modelo de barras para mostrar la cantidad de puntos que anotó Sami en la segunda ronda.

_____ puntos

Ronda 1 | _____ puntos

Ronda 2 | ■ puntos

_____ + _____ = ■

_____ = ■

• Completa otro modelo de barras para mostrar el puntaje total de Sami.

_____ puntos | _____ puntos

▲ puntos

_____ + _____ = ▲

_____ = ▲

**1.** ¿Cuántos puntos anotó Sami en la segunda ronda? _____

**2.** ¿Cuál fue el puntaje total de Sami? _____

## 🔑 Haz otro problema

Anna anotó 265 puntos en un videojuego. Greg anotó 142 puntos. ¿Cuántos puntos más anotó Anna que Greg?

Puedes usar un modelo de barras para resolver el problema.

## Lee el problema

| ¿Qué debo hallar? | ¿Qué información debo usar? | ¿Cómo usaré la información? |
|---|---|---|
|  |  |  |

## Resuelve el problema

**Anota los pasos que seguiste para resolver el problema.**

Anna [_____] puntos

Greg [_____] puntos

■ puntos

---

**3.** ¿Cuántos puntos más anotó Anna que Greg?

_____

**4.** ¿Cómo sabes que tu resultado es razonable?

_____

_____

_____

**5.** ¿Cómo te ayudó el dibujo a resolver el problema?

_____

_____

**Charla matemática**

PRÁCTICAS Y PROCESOS MATEMÁTICOS ⑥

**Haz conexiones** Explica cómo cambiaría la longitud de cada barra del modelo si Greg anotara más puntos que Anna, pero el puntaje total quedara igual.

Nombre _____

## Soluciona el problema

✓ Usa la pizarra de Resolución de problemas.

✓ Elige una estrategia que conozcas.

**1.** En la elección de la escuela, Sara obtuvo 73 votos. Benji obtuvo 25 votos menos que Sara. ¿Cuántos estudiantes votaron en total?

**Primero,** halla cuántos estudiantes votaron por Benji.

**Piensa:** $73 - 25 = \blacksquare$

Escribe los números en el modelo de barras.

Entonces, Benji obtuvo _____ votos.

**A continuación,** halla la cantidad total de votos.

**Piensa:** $73 + 48 = \blacktriangle$

Escribe los números en el modelo de barras.

Entonces, _____ estudiantes votaron en total.

Sara [_____ votos]

Benji [■ votos] [_____]

_____ votos

$\blacksquare =$ _____ votos

[_____ votos | _____ votos]

▲ votos

$\blacktriangle =$ _____ votos

**2.** Si Benji recibió 73 votos y Sara recibió 25 votos menos que Benji, ¿cómo cambiarían los modelos de barras? ¿Sería el total de votos el mismo? Explícalo.

_____

_____

_____

**3.** **PIENSA MÁS** ¿Qué pasaría si en otra elección hubiera que votar por 3 estudiantes y la cantidad total de votos fuera la misma? ¿Cómo sería el modelo de barras de la cantidad total de votos? ¿Cuántos votos podría obtener cada estudiante?

_____

_____

4. **Plantea un problema**  Usa el modelo de barras que está a la derecha. Escribe un problema para él.

| 89 | ▪ |
|----|---|

157

_____

_____

_____

5. Resuelve tu problema. ¿Sumarás o restarás?

_____

6. En la Tienda Tecnológica de Tony hay una liquidación. Había 142 computadoras. En la liquidación se vendieron 91 computadoras. ¿Cuántas computadoras no se vendieron?

_____

7. _MÁS AL DETALLE_  En una sala de cine hay 208 personas. En la siguiente sala de cine hay 78 personas menos. ¿Cuántas personas hay en ambas salas de cine?

_____

8. _MÁS AL DETALLE_  En una semana se vendieron 128 celulares. La semana siguiente se vendieron 37 celulares más que la semana anterior. ¿Cuántos celulares se vendieron en esas dos semanas?

_____

9. _PRÁCTICAS Y PROCESOS MATEMÁTICOS ⑥_  El lunes la cantidad de clientes que fueron a la tienda redondeada a la centena más próxima fue 400. ¿Cuál es la mayor cantidad de clientes que pueden haber ido a la tienda? **Explícalo.**

_____

_____

10. _PIENSA MÁS_  Hay 306 personas en el carnaval el sábado. Hay 124 personas menos el domingo. ¿Cuántas personas fueron al carnaval ambos días?

_____

# Resolución de problemas • Representar la suma y la resta

**Objetivo de aprendizaje** Usarás la estrategia *hacer un diagrama* para resolver problemas reales de suma y resta usando modelos de barras.

**Usa el modelo de barras para resolver el problema.**

1. Elena fue a jugar a los bolos. El puntaje de Elena en el primer juego fue 127. En el segundo anotó 16 puntos más que en el primero. ¿Cuál fue su puntaje total?

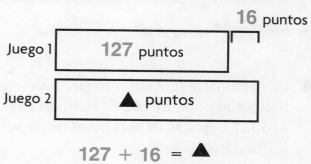

$$127 + 16 = \blacktriangle$$
$$143 = \blacktriangle$$

**270 puntos**

$$127 + 143 = \blacksquare$$
$$270 = \blacksquare$$

2. En la tienda La Música de Mike, se vendieron 287 CD el primero de 2 días de ofertas. El segundo día, en la tienda se vendieron 96 CD más que el primer día. ¿Cuántos CD se vendieron en total durante los 2 días de ofertas?

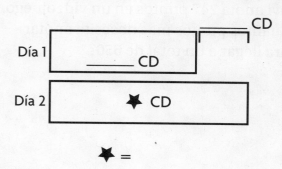

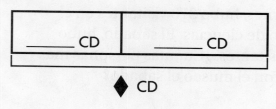

3. **ESCRIBE** **Matemáticas** Escribe un problema de suma o de resta y dibuja un diagrama para resolverlo.

_____

## Repaso de la lección

**1.** El viernes, la Srta. Hinely recolectó 46 tomates de su huerta. El sábado, recolectó 17 tomates. ¿Cuántos tomates recolectó en total?

_____

**2.** Rosa leyó 57 páginas de un libro por la mañana. Leyó 13 páginas menos por la tarde. ¿Cuántas páginas leyó Rosa por la tarde?

_____

## Repaso en espiral

**3.** Mike tiene 57 muñecos de juguete. Álex tiene 186 muñecos de juguete. Estima la cantidad de muñecos de juguete que Mike y Álex tienen en total.

_____

_____

**4.** En el paquete que compró Hannah había 500 hojas de papel. Hannah ya usó 137 hojas. ¿Cuántas hojas de papel le quedan?

_____

_____

**5.** El viernes, hubo 378 visitantes en el museo de ciencias. El sábado, hubo 409 visitantes. ¿Cuántas personas más visitaron el museo el sábado?

_____

**6.** Ravi anota 247 puntos en un videojuego. ¿Cuántos puntos más necesita anotar para llegar a un total de 650?

_____

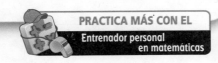
PRACTICA MÁS CON EL
**Entrenador personal en matemáticas**

# ✓ Repaso y prueba del Capítulo 1

1. En los ejercicios 1a a 1d, elige Sí o No para decir si la suma es par.

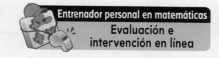
**Entrenador personal en matemáticas**
Evaluación e
intervención en línea

1a.   5 + 8        ○ Sí        ○ No

1b.   9 + 3        ○ Sí        ○ No

1c.   6 + 7        ○ Sí        ○ No

1d.   9 + 5        ○ Sí        ○ No

2. Selecciona los enunciados que muestren la propiedad conmutativa de la suma. Marca todos los que correspondan.

Ⓐ   14 + 8 = 22

Ⓑ   8 + 14 = 14 + 8

Ⓒ   8 + (13 + 1) = (8 + 13) + 1

Ⓓ   (5 + 9) + 8 = (9 + 5) + 8

3. Elige los números que redondean en 300 cuando se redondean a la centena más próxima. Marca todos los que correspondan.

Ⓐ   238

Ⓑ   250

Ⓒ   283

Ⓓ   342

Ⓔ   359

4. Hay 486 libros en la biblioteca de la clase. Completa el cuadro para mostrar 486 redondeado a la decena más próxima.

| Centenas | Decenas | Unidades |
|----------|---------|----------|
|          |         |          |

APRENDE EN LÍNEA
Opciones de evaluación
**Prueba del capítulo**

5. Escribe cada enunciado numérico en el recuadro debajo de la mejor estimación de la suma.

$393 + 225 = \blacksquare$  $481 + 215 = \blacksquare$

$352 + 328 = \blacksquare$  $309 + 335 = \blacksquare$

| 600 | 700 |
|---|---|
|  |  |

6. **MÁS AL DETALLE** Diana vendió 336 magdalenas en la venta de pasteles. Bob vendió 287 magdalenas. Bob estima que vendió 50 magdalenas menos que Diana. ¿Cómo lo estimó? Explícalo.

7. La tabla muestra cuántos libros lee cada clase.

| Concurso de lectura | |
|---|---|
| Clase | Número de libros |
| Sr. López | 273 |
| Sra. Martin | 402 |
| Srta. Wang | 247 |

En los ejercicios 7a a 7d, elige Verdadero o Falso para cada enunciado.

7a. La clase de la Sra. Martin lee cerca de 100 libros más que la clase del Sr. López.   ○ Verdadero   ○ Falso

7b. Las 3 clases juntas leen más de 900 libros.   ○ Verdadero   ○ Falso

7c. La clase de la Srta. Wang lee cerca de 50 libros menos que la clase del Sr. López   ○ Verdadero   ○ Falso

7d. Las clases de la Sra. Martin y la Srta. Wang leen cerca de 700 libros.   ○ Verdadero   ○ Falso

**8.** Janna compra 2 bolsas de comida para perros para sus perros. Una bolsa pesa 37 libras. La otra bolsa pesa 15 libras. ¿Cuántas libras pesan ambas bolsas? Explica cómo resolviste el problema.

**9.** Elige la propiedad por la cual el enunciado se convierte en verdadero.

La propiedad
| de identidad |
| --- |
| conmutativa |
| asociativa |
de la suma establece que

puedes agrupar los sumandos de diferentes formas y obtener la misma suma.

**Usa la tabla para los ejercicios 10 a 12**

| Tienda de suéteres de Susie | |
| --- | --- |
| **Mes** | **Número de suéteres vendidos** |
| Enero | 402 |
| Febrero | 298 |
| Marzo | 171 |

**10.** La tabla muestra la cantidad de suéteres que se vendieron en Internet en tres meses. ¿Cuántos suéteres se vendieron en enero y febrero?

_____ suéteres

**11.** ¿Cuántos suéteres más se vendieron en enero que en marzo?

_____ suéteres

**12.** ¿Cuántos suéteres más que en enero se vendieron en febrero y marzo?

_____ suéteres

**13.** Ayuda a Dana a hallar la suma.

```
   346
   421
 + 152
```

En los ejercicios 13a a 13d, elige Sí o No para indicarle a Dana cuándo reagrupar.

**13a.** Reagrupa las unidades.    ○ Sí      ○ No

**13b.** Suma las decenas
reagrupadas.    ○ Sí      ○ No

**13c.** Reagrupa las
decenas.    ○ Sí      ○ No

**13d.** Suma las centenas
reagrupadas.    ○ Sí      ○ No

**14.** Alexandra tiene 78 correos electrónicos en su bandeja de entrada. Borró 47 correos electrónicos. ¿Cuántos correos electrónicos le quedan? Dibuja los saltos y marca la línea para mostrar tu razonamiento.

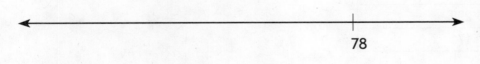

78

_____ correos electrónicos.

**15.** Daniel tiene 402 piezas en un juego de construcción. Usa 186 piezas para construir una casa. ¿Cuántas piezas le quedan? Muestra tu trabajo.

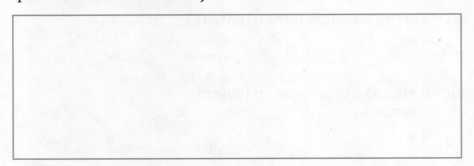

**16.** Luke resuelve este problema. Él dice que la resta es 214.
Explica el error que cometió Luke. ¿Cuál es la resta correcta?

352
− 148

**17.** La escuela primaria Sunnyday está haciendo su maratón
anual de lectura. Los de tercer grado han leído hasta ahora
573 libros. Su meta es leer más de 900 libros. ¿Cuál es el
menor número de libros que necesitan leer para alcanzar su
meta? Explícalo.

**18.** **MÁS AL DETALLE** Hay 318 libros de ficción en la biblioteca de la
clase. El número de libros de no ficción es 47 menos que el
número de libros de ficción.

**Parte A**

¿Cerca de cuántos libros de no ficción hay en la clase?
Explícalo.

**Parte B**

¿Cuántos libros de ficción y de no ficción hay en total en la
biblioteca de la clase? Muestra tu trabajo.

**19.** MÁS AL DETALLE  Alia usó 67 + 38 = 105 para verificar su resta. ¿Qué problema de matemática podría estar verificando? Marca todas las opciones que correspondan.

Ⓐ  67 − 38 = ▨

Ⓑ  105 − 67 = ▨

Ⓒ  105 + 38 = ▨

Ⓓ  105 − 38 = ▨

**20.** Alexa y Érica coleccionan conchas. Las tablas muestran los tipos de conchas que recolectaron.

| Conchas de Alexa | |
|---|---|
| Conchas | Número de conchas |
| Vieira | 36 |
| Ostra | 95 |
| Almeja | 115 |

| Conchas de Érica | |
|---|---|
| Conchas | Número de conchas |
| Vieira | 82 |
| Almeja | 108 |
| Caracol de mar | 28 |

**Parte A**

¿Quién coleccionó más conchas? ¿Cuántas coleccionó? ¿Cuántas más son? Explica cómo resolviste el problema.

**Parte B**

¿De qué tipo de concha tienen Alexa y Érica el mayor número? ¿Cuántas conchas tienen de ese tipo? Muestra tu trabajo.

# Representar e interpretar datos

## ✓ Muestra lo que sabes

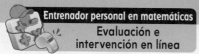
Entrenador personal en matemáticas
Evaluación e intervención en línea

Comprueba si comprendes las destrezas importantes.

Nombre _____

▶ **Números hasta el 20** Encierra en un círculo el nombre del número. **Escribe el número.**

1.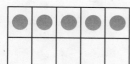

2.

catorce _____   diecisiete _____

quince   dieciocho

▶ **Contar salteado** Cuenta salteado para hallar los números que faltan.

3. Cuenta de dos en dos. 2, 4, _____, _____, 10, _____, _____, 16

4. Cuenta de cinco en cinco. 5, 10, _____, _____, _____, 30, _____

▶ **Operaciones de suma y de resta** Halla la suma o la diferencia.

5. $12 - 4 =$ _____        6. $9 + 8 =$ _____        7. $11 - 7 =$ _____

## Matemáticas En el mundo

Paige ayuda a vender artículos escolares en la tienda de la escuela. Todos los meses suma el número total de las ventas y hace una gráfica de barras. En la gráfica se muestran las ventas hasta diciembre. Ayuda a hallar el mes en el que se hizo la venta número cien.

Ventas de artículos escolares

© Houghton Mifflin Harcourt Publishing Company

▶ **Visualízalo** • • • • • • • • • • • • • • • • • • • • • •

**Completa el mapa conceptual con las palabras marcadas con ✓.**

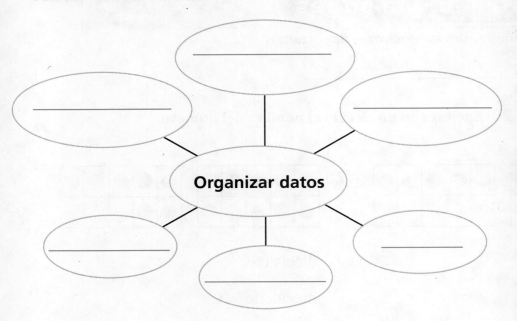

Organizar datos

▶ **Comprende el vocabulario** • • • • • • • • • • • • • • • • • • • • • •

**Escribe palabras de repaso o palabras nuevas para resolver el acertijo.**

1. Soy una gráfica que registra datos sobre una recta numérica. _____

2. Soy el conjunto de números ubicados a distancias fijas en una gráfica que se usa para rotularla. _____

3. Soy la parte de un mapa o una gráfica que explica los símbolos. _____

4. Soy una gráfica que usa dibujos para mostrar y comparar información. _____

5. Soy una tabla que usa números para registrar datos. _____

• **Libro interactivo del estudiante**
• **Glosario multimedia**

# Vocabulario del Capítulo 2

**clave**

5

**diagrama de puntos**

line plot

11

**escala**

Scale

19

**gráfica de barras horizontales**

Horizontal Bar Graph

27

**gráfica de barras verticales**

Vertical Bar Graph

28

**pictografía**

Picture Graph

60

**tabla de conteo**

77

**tabla de frecuencias**

Frequency Table

78

Gráfica que recopila cada dato en una recta numérica.

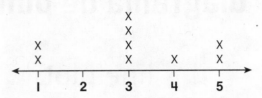

Parte de un mapa o gráfica que explica los símbolos.

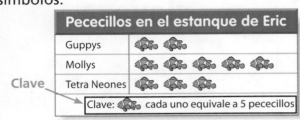

Gráfica de barras en la que las barras van de izquierda a derecha.

Números ubicados a distancias fijas en una gráfica para ayudar a identificarla.

Gráfica que usa imágenes para mostrar y comparar información

Gráfica de barras en la que las barras van de abajo hacia arriba.

Tabla que usa marcas de conteo para contabilizar datos

| Deporte favorito | |
|---|---|
| Deporte | Cuenta |
| Fútbol | IIII II |
| Béisbol | III |
| Fútbol americano | IIII |
| Básquetbol | IIII I |

Tabla que usa números para recopilar datos.

| Color favorito | |
|---|---|
| Color | Número |
| Azul | 10 |
| Verde | 8 |
| Rojo | 7 |
| Amarillo | 4 |

# ¡Dibújalo!

## Recuadro de palabras

clave

diagrama de puntos

escala

pictografía

gráfica de barras horizontales

gráfica de barras verticales

tabla de conteo

tabla de frecuencias

**Para 3 a 4 jugadores**

## Materiales
- cronómetro
- anotador

## Instrucciones

1. Túrnense para jugar.

2. Cuando sea tu turno, elige un término matemático pero no lo digas en voz alta.

3. Pon 1 minuto en el cronómetro.

4. Haz dibujos y escribe números para dar pistas sobre la palabra.

5. El primer jugador que adivine la palabra antes de que termine el tiempo obtiene 1 punto. Si ese jugador puede usar la palabra en una oración, obtiene 1 punto más. Luego, es su turno de elegir una palabra.

6. Ganará la partida el primer jugador que obtenga 10 puntos.

# Escríbelo

## Reflexiona

### Elige una idea. Escribe sobre ella.

- Describe algo que sepas sobre las gráficas de barras.
- Escribe dos preguntas que tengas sobre cómo usar la clave o la escala de una gráfica.
- Explica cómo leer un diagrama de puntos.

Nombre _____

# Resolución de problemas •
# Organizar datos

**Pregunta esencial** ¿Cómo puedes usar la estrategia *hacer una tabla* para organizar datos y resolver problemas?

**Objetivo de aprendizaje** Usarás la estrategia *hacer una tabla*, con tablas de conteo y tablas de frecuencias para organizar datos y resolver problemas.

## Soluciona el problema En el mundo

Los estudiantes de la clase de Alicia votaron por sus sabores de yogur favoritos. Organizaron los datos en esta tabla de conteo. ¿Cuántos estudiantes más eligieron chocolate que fresa?

Otra manera de mostrar los datos es usar una tabla de frecuencias. En una **tabla de frecuencias**, se usan números para registrar datos.

| Sabor de yogur favorito | |
|---|---|
| **Sabor** | **Conteo** |
| Vainilla | ⱵⱵ ‖ |
| Chocolate | ⱵⱵ ‖‖ |
| Fresa | ‖‖‖ |

## Lee el problema

### ¿Qué debo hallar?

¿Cuántos estudiantes más eligieron

yogur de _____ que yogur de

_____ como su favorito?

### ¿Qué información debo usar?

los datos de la tabla de conteo acerca del

_____ favorito

### ¿Cómo usaré la información?

Contaré las _____. Luego anotaré los números en una tabla de frecuencias y compararé el número de estudiantes que

eligieron _____ con el número de

estudiantes que eligieron _____.

## Resuelve el problema

| Sabor de yogur favorito | |
|---|---|
| **Sabor** | **Número** |
| Vainilla | |
| | |
| | |

Cuenta las marcas de conteo. Anota

_____ para vainilla. Escribe los otros sabores y anota el número de marcas.

Para comparar el número que eligió fresa con el número que eligió chocolate, resta.

_____ − _____ = _____

Entonces, _____ estudiantes más eligieron chocolate como su sabor favorito.

Charla matemática

PRÁCTICAS Y PROCESOS MATEMÁTICOS ②

**Razona de forma abstracta** ¿Por qué anotarías datos en una tabla de frecuencias?

**Capítulo 2  87**

## 🔑 Haz otro problema

Los estudiantes de dos clases de la escuela de Carter cultivaron plantas de frijoles para un proyecto de ciencias. En la tabla de conteo se muestra la altura de las plantas después de seis semanas. Las plantas se midieron a la pulgada más próxima. ¿Cuántas plantas menos hay de 9 pulgadas que de 7 pulgadas y 8 pulgadas juntas?

| Altura de las plantas de frijoles | |
|---|---|
| Altura en pulgadas | Conteo |
| 7 | 卌 IIII |
| 8 | 卌 III |
| 9 | 卌 卌 II |
| 10 | 卌 IIII |

---

| Lee el problema | Resuelve el problema |
|---|---|
| **¿Qué debo hallar?** | **Anota los pasos que seguiste para resolver el problema.** |
| **¿Qué información debo usar?** | |
| **¿Cómo usaré la información?** | |

- Supón que la cantidad de plantas de 3 pulgadas fuera la mitad de la cantidad de plantas de 8 pulgadas. ¿Cuántas plantas de frijoles de 3 pulgadas habría?

_____

**Charla matemática**

PRÁCTICAS Y PROCESOS MATEMÁTICOS ①

**Explica un método** ¿Que otra estrategia podrías usar para resolver el problema?

Nombre _____

## Comparte y muestra

**Usa la tabla de Longitud de los tenis para resolver los problemas 1 a 3.**

| Longitud de los tenis | | |
|---|---|---|
| Longitud en centímetros | Conteo | |
| | Niños | Niñas |
| 18 |卌 I | IIII |
| 19 | 卌 | IIII |
| 20 | 卌 III | 卌 IIII |
| 21 | 卌 II | 卌 |
| 22 | 卌 IIII | 卌 II |

✓ **1.** Los estudiantes de tres clases de tercer grado anotaron la longitud de sus tenis al centímetro más próximo. Los datos están en la tabla de conteo. ¿Cuántos tenis más había de 18 o 22 centímetros de longitud juntos que de 20 centímetros de longitud?

Primero, cuenta las marcas de conteo y anota los datos en una tabla de frecuencias.

Para hallar la cantidad de tenis que miden 18 o 22 centímetros de longitud, suma

6 + _____ + _____ + _____ = _____.

Para hallar la cantidad de tenis que miden 20 centímetros

de longitud, suma _____ + _____ = _____.

Para hallar la diferencia entre los tenis que miden 18 o 22 centímetros de longitud y los tenis que miden 20 centímetros de longitud, resta las sumas anteriores.

_____ − _____ = _____.

Entonces, hay _____ tenis más que miden 18 o 22 centímetros de longitud que tenis que miden 20 centímetros de longitud.

| Longitud de los tenis | | |
|---|---|---|
| Longitud en centímetros | Cantidad | |
| | Niños | Niñas |
| 18 | | |
| 19 | | |
| 20 | | |
| 21 | | |
| 22 | | |

✓ **2.** ¿Cuántos tenis de niños menos había de 19 cm que de 22 cm de largo?

_____

## Por tu cuenta

**3.** PIENSA MÁS ¿Qué pasaría si hubiera 5 tenis de niños más que midieran 21 centímetros? Explica cómo quedaría la tabla.

_____

_____

4. **PRÁCTICAS Y PROCESOS MATEMÁTICOS ①** **Analiza** Raj pidió a sus compañeros que eligieran cuál era su juego al aire libre favorito. Los resultados se muestran en la tabla de frecuencias. ¿Cuántos estudiantes más eligieron las escondidas que la búsqueda del tesoro?

| Juego al aire libre favorito | |
| --- | --- |
| Tipo de juego | Número |
| Las escondidas | 14 |
| Saltar cuerda | 9 |
| Búsqueda del tesoro | 6 |
| Corre que te toco | 16 |

_____

5. **MÁS AL DETALLE** ¿Cuántos estudiantes en total eligieron corre que te toco, saltar cuerda o las escondidas?

_____

6. **PIENSA MÁS** Andrew tiene 10 pececillos de colores más que Todd. Entre los dos, tienen 50 pececillos de colores. ¿Cuántos pececillos de colores tiene cada niño?

_____

7. **PIENSA MÁS** Jade hizo esta tabla de conteo para anotar cuántos estudiantes tienen distintos tipos de mascotas.

| Mascotas de los estudiantes | |
| --- | --- |
| Tipo de mascota | Conteo |
| Perro |卌 卌 IIII |
| Conejo | III |
| Hámster | 卌 |
| Gato | 卌 II |

En los ejercicios 7a a 7d, elige Verdadero o Falso para cada enunciado.

7a. Nueve estudiantes menos tienen hámsteres en comparación con los que tienen perros.      ○ Verdadero      ○ Falso

7b. Siete estudiantes tienen gatos.      ○ Verdadero      ○ Falso

7c. Menos estudiantes tienen gatos en comparación con los que tienen hámsteres.      ○ Verdadero      ○ Falso

7d. Hay más estudiantes con perros que la suma de los que tienen otras mascotas.      ○ Verdadero      ○ Falso

Nombre _____

# Resolución de problemas •
# Organizar datos

Usa las tablas Materia favorita para responder las preguntas 1 a 3.

1. Los estudiantes de dos clases de tercer grado anotaron su materia favorita. Los datos se muestran en la tabla de conteo. ¿Cuántos estudiantes menos eligieron Ciencias que Estudios sociales como su materia favorita?

   **Piensa:** Usa los datos de la tabla de conteo para anotar los datos en la tabla de frecuencias. Luego resuelve el problema.

   Estudios sociales: ___12___ estudiantes

   Ciencias: ___5___ estudiantes

   $12 - 5 =$ ___7___

   Entonces, ___7___ estudiantes menos eligieron Ciencias.

2. ¿Qué materia eligió el menor número de estudiantes?

   _____

3. ¿Cuántos estudiantes más eligieron Matemáticas que Artes del lenguaje como su materia favorita?

   _____ estudiantes más

| Materia favorita | |
|---|---|
| **Materia** | **Conteo** |
| Matemáticas | ~~IIII~~ ~~IIII~~ I |
| Ciencias | ~~IIII~~ |
| Artes del lenguaje | ~~IIII~~ II |
| Lectura | ~~IIII~~ IIII |
| Estudios sociales | ~~IIII~~ ~~IIII~~ II |

| Materia favorita | |
|---|---|
| **Materia** | **Número** |
| Matemáticas | |
| Ciencias | 5 |
| Artes del lenguaje | |
| Lectura | |
| Estudios sociales | 12 |

4. **ESCRIBE** *Matemáticas* Da un ejemplo de cuando usarías una tabla de frecuencias para resolver el problema.

_____

_____

## Repaso de la lección

En la tabla de conteo se muestran las tarjetas de la colección de tarjetas de deportes de Kyle.

1. ¿Cuántas tarjetas de hockey y de fútbol americano juntas tiene Kyle?

| Tarjetas de deportes de Kyle | |
|---|---|
| **Deporte** | **Conteo** |
| Béisbol | ~~HHH~~ IIII |
| Hockey | ~~HHH~~ |
| Básquetbol | III |
| Fútbol americano | ~~HHH~~ III |

_____

## Repaso en espiral

2. En una sala de conciertos, hay 472 personas. ¿Cuánto es 472 redondeado a la centena más próxima?

_____

3. Max y Anna jugaron a un videojuego en equipo. Max obtuvo 463 puntos y Anna obtuvo 329 puntos. ¿Cuántos puntos obtuvieron en total?

_____

4. Judy tiene 573 tarjetas de béisbol en su colección. Todd tiene 489 tarjetas de béisbol en su colección. ¿Cuántas tarjetas menos que Judy tiene Todd?

_____

5. La Sra. Westin manejó 542 millas la semana pasada y 378 millas esta semana por asuntos de trabajo. ¿Cuántas millas manejó en total por asuntos de trabajo durante las dos semanas?

_____

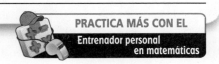

PRACTICA MÁS CON EL
**Entrenador personal en matemáticas**

Nombre _____

# Usar pictografías

**Pregunta esencial** ¿Cómo puedes leer e interpretar datos en una pictografía?

**Objetivo de aprendizaje** Leerás e interpretarás datos en una pictografía.

## 🔑 Soluciona el problema (En el mundo)

En una **pictografía**, se usan dibujos pequeños o símbolos para mostrar la información.

Nick tiene una pictografía en la que se muestra cómo van a la escuela algunos estudiantes. ¿Cuántos estudiantes viajan en autobús?

- Subraya la palabra que te indica dónde encuentras la información para responder la pregunta.
- ¿Cuántas ☺ corresponden a autobús?

_____

Cada hilera tiene un rótulo para una de las maneras en que los estudiantes van a la escuela.

| Cómo vamos a la escuela | |
|---|---|
| **A pie** | ☺ ☺ ☺ |
| **En bicicleta** | ☺ ☺ ☺ ☺ |
| **En autobús** | ☺ ☺ ☺ ☺ ☺ ☺ ☺ ☺ |
| **En carro** | ☺ ☺ ☺ ☺ ☺ ☺ |
| **Clave: ☺ = 10 estudiantes.** | |

El título indica que la pictografía se trata de cómo van a la escuela algunos estudiantes.

La **clave** informa que cada dibujo o símbolo representa la manera en que 10 estudiantes van a la escuela.

🔑 Para hallar la cantidad de estudiantes que van en autobús, cuenta cada ☺ como 10 estudiantes.

10, 20, _____, _____, _____, _____, _____, _____

Entonces, _____ estudiantes van a la escuela en autobús.

1. ¿Cuántos estudiantes menos van a la escuela a pie que en autobús? _____

2. ¿Cuántos estudiantes fueron encuestados? _____

3. ¿Qué pasaría si el símbolo representara a 5 estudiantes? ¿Cuántos símbolos necesitarías para representar la cantidad de estudiantes

que van a la escuela a pie? _____

## Usa medio símbolo

🔑 ¿Cuántos estudiantes eligieron la naranja como su fruta favorita?

### Idea matemática

El medio símbolo representa la mitad del valor del símbolo completo.

☺ = 2 estudiantes

◖ = 1 estudiante

| Nuestra fruta favorita | |
|---|---|
| Plátano | ☺ ☺ ☺ ☺ ☺ |
| Manzana | ☺ ☺ ☺ |
| Pera | ☺ ☺ |
| Naranja | ☺ ☺ ☺ ☺ ◖ |

Clave: Cada ☺ = 2 estudiantes.

Cuenta de dos en dos las ☺ que están en la hilera de la naranja. Luego suma 1 al medio símbolo.

2, 4, _____ , _____          _____ + _____ = _____

Entonces, _____ estudiantes eligieron la naranja como su fruta favorita.

## Comparte y muestra

Usa la pictografía Cantidad de libros que leyeron los estudiantes para responder las preguntas 1 a 3.

| Cantidad de libros que leyeron los estudiantes | |
|---|---|
| Septiembre | 📖 📖 📖 📖 |
| Octubre | 📖 📖 📖 📖 📖 📖 |
| Noviembre | 📖 📖 📖 📖 |

Clave: Cada 📖 = 2 libros.

1. ¿Qué representa 📖 ?

   Piensa: La mitad de 2 es 1.

   _____

✓ 2. ¿Cuántos libros leyeron los estudiantes en septiembre?

   _____

✓ 3. ¿Cuántos libros más leyeron los estudiantes en octubre que en noviembre?

   _____

**Charla matemática**

PRÁCTICAS Y PROCESOS MATEMÁTICOS ④

Usa gráficas ¿Cómo cambiaría la gráfica si se leyeran 6 libros menos en octubre y se leyeran 3 más en septiembre?

Nombre _____

Usa la pictografía Juego favorito para responder las preguntas 4 a 10.

| Juego favorito | |
|---|---|
| Rompecabezas | 🁢 🁢 🁢 🁢 🁢 |
| Juegos de cartas | 🁢 🁢 🁢 🁢 |
| Juegos de mesa | 🁢 🁢 🁢 🁢 🁢 |

Clave: Cada 🁢 = 4 estudiantes.

**4.** ¿Cuántos estudiantes eligieron el rompecabezas?

_____

**5.** *MÁS AL DETALLE* Si 6 estudiantes votan por juegos de cartas y 4 estudiantes más votan por juegos de mesa, ¿cuántos estudiantes más votarían por juegos de cartas y rompecabezas juntos que por juegos de mesa?

_____

**6.** PRÁCTICAS Y PROCESOS MATEMÁTICOS ⑧ **Saca conclusiones** ¿Qué dos tipos de juegos eligieron 34 estudiantes en total?

_____

**7.** *MÁS AL DETALLE* ¿Cuántos estudiantes fueron encuestados en total?

_____

**8.** ¿Cuántos estudiantes no eligieron juegos de cartas?

_____

**9.** *ESCRIBE ▸ Matemáticas* **¿Cuál es el error?** Jacob dijo que un estudiante más eligió juegos de mesa que rompecabezas. Explica su error.

_____

_____

**10.** *MÁS AL DETALLE* ¿Qué pasaría si se agregaran como opción los videojuegos y más estudiantes los eligieran en lugar de los rompecabezas, pero menos estudiantes los eligieran en lugar de los juegos de mesa? ¿Cuántos estudiantes habrían elegido los videojuegos?

_____

## ¡ Soluciona el problema  En el mundo

**Usa la pictografía para resolver los problemas 11 y 12.**

**11.** _PIENSA MÁS_   Los estudiantes que fueron al campamento de verano votaron por sus actividades favoritas. ¿Qué dos actividades recibieron 39 votos en total?

| Actividad de campamento favorita | |
|---|---|
| Ciclismo | ☀ ☀ ☀ ☼ |
| Excursionismo | ☀ ☀ ☀ ☀ |
| Navegación | ☀ ☀ ☀ |
| Pesca | ☀ ☼ |
| Clave: Cada ☀ = 6 estudiantes. | |

**a.** ¿Qué debes hallar?

_____

**b.** ¿Qué pasos usarás para resolver el problema?

_____

**c.** Muestra los pasos que seguiste para resolver el problema.

**d.** Completa las oraciones.

Cada ☀ = _____ estudiantes.

Cada ☼ = _____ estudiantes.

votos para ciclismo + excursionismo

= _____

votos para excursionismo + navegación

= _____

votos para ciclismo + navegación  = _____

votos para pesca + excursionismo = _____

Entonces, _____ recibieron 39 votos en total.

---

_Entrenador personal en matemáticas_

**12.** _PIENSA MÁS ➕_   Elige la palabra de cada recuadro que haga que la oración sea verdadera.

Quince estudiantes menos votaron por

| excursionismo |
|---|
| navegación |
| pesca |

que por

| excursionismo |
|---|
| navegación |
| pesca |

.

# Usar pictografías

**Objetivo de aprendizaje** Leerás e interpretarás datos en una pictografía.

**Usa la pictografía para responder las preguntas 1 a 5.**

La maestra Pérez hizo una pictografía de las puntuaciones en una prueba de matemáticas.

| Puntuaciones en la prueba de matemáticas | |
|---|---|
| 100 | ★★★★★ |
| 95 | ★★★ |
| 90 | ★★★⯪ |
| 85 | ★ |

Clave: Cada ★ = 4 estudiantes.

1. ¿Cuántos estudiantes obtuvieron 100 puntos? ¿Cómo puedes hallar el resultado?

   **Para hallar cuántos estudiantes**

   **obtuvieron 100, cuento cada estrella**

   **como 4 estudiantes. Entonces,**

   **20 estudiantes obtuvieron 100.**

2. ¿Qué representa ⯪ ?

3. ¿Cuántos estudiantes en total obtuvieron 100 o 95?

## Resolución de problemas · En el mundo

4. Imagina que los estudiantes que obtuvieron 85 y 90 puntos en la prueba de matemáticas hacen la prueba de nuevo y obtienen 95 puntos. ¿Cuántas estrellas agregarías en la pictografía junto a 95?

5. Si 2 estudiantes más hicieron la prueba de matemáticas y obtuvieron 80 puntos, ¿cómo sería la pictografía?

6. **ESCRIBE** ▸*Matemáticas* Explica qué puedes observar comparando los símbolos en una pictografía.

## Repaso de la lección

**1.** Karen preguntó a sus amigos cuál era su raza de perro favorita.

| Perro favorito | |
|---|---|
| Retriever | 🦴🦴🦴🦴🦴🦴 |
| Poodle | 🦴🦴🦴 |
| Terrier | 🦴🦴 |

Clave: Cada 🦴 = 2 personas.

¿Cuántas personas eligieron Poodle?

_____

**2.** Henry hizo una pictografía para mostrar qué cobertura de pizza les gusta a las personas. Esta es la clave.

Cada  = 6 personas.

¿Qué representa 🍕 🍕?

_____

## Repaso en espiral

**3.** Estima la suma.

$$\begin{array}{r} 523 \\ +\ 295 \\ \hline \end{array}$$

_____

_____

**4.** Estima la diferencia.

$$\begin{array}{r} 610 \\ -\ 187 \\ \hline \end{array}$$

_____

_____

**5.** ¿Cuánto es 871 redondeado a la decena más próxima?

**6.** ¿Cuánto es 473 redondeado a la centena más próxima?

_____

_____

PRACTICA MÁS CON EL
Entrenador personal
en matemáticas

Nombre _____

# Hacer pictografías

**Pregunta esencial** ¿Cómo puedes hacer una pictografía para mostrar datos en una tabla?

**Objetivo de aprendizaje** Crearás una pictografía a escala para representar un conjunto de datos de una tabla.

## Soluciona el problema En el mundo

Delia hizo la tabla que está a la derecha. La usó para anotar los lugares que a los estudiantes de tercer grado les gustaría visitar durante una excursión. ¿Cómo puedes mostrar estos datos en una pictografía?

 **Haz una pictografía.**

| Lugares favoritos | |
|---|---|
| **Lugar** | **Cantidad** |
| Museo | 6 |
| Centro de ciencias | 15 |
| Acuario | 12 |
| Zoológico | 9 |

**PASO 1**

Escribe el título en la parte superior de la pictografía. Escribe el nombre de un lugar en cada hilera.

**PASO 2**

Observa las cantidades de la tabla. Elige un dibujo para la clave y decide cuántos estudiantes representa cada dibujo. Escribe la clave en la parte inferior de la pictografía.

**PASO 3**

Haz la cantidad correcta de dibujos para cada lugar favorito.

| Museo | |
|---|---|
| | |
| | |
| | |

**Clave:** Cada ____ = ____ estudiantes.

• ¿Cómo decidiste cuántos dibujos hacer para el Centro de ciencias?

_____

_____

**¡Inténtalo!** Haz una pictografía a partir de datos que recopiles. Haz una encuesta u observa un tema que te interese. Recopila y anota los datos en una tabla de frecuencias. Luego haz una pictografía. Decide qué símbolo y qué clave usarás. Incluye un título y rótulos.

| | |
|---|---|
| | |
| | |
| | |

Clave:

## Comparte y muestra

Jeremy sacó canicas de una bolsa, de a una por vez, anotó los colores y las colocó de nuevo en la bolsa. Haz una pictografía con estos datos. Usa esta clave:

Cada ⬭ = 2 canicas.

**Experimento de Jeremy con canicas**

| Color | Cantidad |
|---|---|
| Azul | 4 |
| Verde | 11 |
| Rojo | 8 |

| | |
|---|---|
| | |
| | |
| | |

Clave:

**Usa tu pictografía de arriba para responder las preguntas 1 y 2.**

✓ **1.** ¿Cuántas veces más sacó Jeremy una canica roja que una canica azul?

_____

✓ **2.** ¿Cuántas veces menos sacó Jeremy canicas verdes que canicas azules y rojas juntas?

_____

**Charla matemática**

PRÁCTICAS Y PROCESOS MATEMÁTICOS ②

**Conecta símbolos y palabras** ¿Cómo supiste cuántos dibujos hacer para representar las canicas verdes?

Nombre _____

**3.** Dos clases de la escuela de Delia visitaron el Centro de ciencias. Anotaron las exposiciones favoritas de los estudiantes en la tabla de conteo. Usa los datos de la tabla para hacer una pictografía. Usa esta clave:

Cada ☼ = 4 votos.

| Exposición favorita | |
|---|---|
| **Exposición** | **Conteo** |
| Naturaleza | ⅄⅄⅄⅄ I |
| Sistema solar | ⅄⅄⅄⅄ III |
| Luz y sonido | ⅄⅄⅄⅄ ⅄⅄⅄⅄ IIII |
| Cuerpo humano | ⅄⅄⅄⅄ III |

| | |
|---|---|
| | |
| | |
| | |
| Clave: | |

**Usa tu pictografía de arriba para responder las preguntas 4 a 6.**

**4.** ¿Qué exposiciones recibieron la misma cantidad de votos?

_____

**5.** PRÁCTICAS Y PROCESOS MATEMÁTICOS ④ **Representa las matemáticas** ¿Qué pasaría si una exposición sobre el tiempo recibiera 22 votos? Explica cuántos dibujos harías.

_____

**6.** PIENSA MÁS ¿Qué pasaría si la exposición del sistema solar hubiera recibido 15 votos? ¿Tendría sentido usar la clave Cada ☼ = 4 votos para representar 15 votos? Explícalo.

_____

## Resolución de problemas • Aplicaciones  En el mundo

**7.** Durante la visita al Centro de ciencias, los compañeros de Delia aprendieron cuántos dientes tienen algunos mamíferos. Usa los datos de la tabla para hacer una pictografía. Usa esta clave:

Cada △ = 4 dientes.

| Dientes de mamíferos | |
|---|---|
| **Animal** | **Cantidad** |
| Hámster | 16 |
| Gato | 30 |
| Perro | 42 |
| Vaca | 32 |

|  |  |
|---|---|
|  |  |
|  |  |
|  |  |
|  |  |

Clave:

**Usa tu pictografía de arriba para responder las preguntas 8 a 10.**

**8.** **PIENSA MÁS** **Plantea un problema** Escribe un problema que pueda resolverse con los datos de tu pictografía. Luego responde la pregunta.

_____

_____

**9.** **MÁS AL DETALLE** ¿Cuántos dientes menos tienen los gatos y los hámsteres juntos que los perros y las vacas juntos?

_____

**10.** **PIENSA MÁS** ¿Cuántos dibujos harías para representar los dientes de los gatos si cada △ = 5 dientes? Explica tu razonamiento.

_____

_____

Nombre _____

# Hacer pictografías

**Objetivo de aprendizaje** Crearás una pictografía a escala para representar un conjunto de datos de una tabla.

Ben preguntó a sus compañeros sobre sus programas de TV favoritos. Anotó las respuestas en una tabla de frecuencias. Haz una pictografía con los datos de la tabla.

| Programa favorito de TV | |
|---|---|
| Tipo | Cantidad |
| Caricaturas | 9 |
| Deportes | 6 |
| Películas | 3 |

**Sigue los pasos para hacer una pictografía.**

**Paso 1**  Escribe el título en la parte superior de la pictografía.

**Paso 2**  Observa las cantidades de la tabla. Indica cuántos estudiantes representa cada dibujo en la clave.

**Paso 3**  Haz la cantidad correcta de dibujos para cada tipo de programa.

**Usa tu pictografía para responder las preguntas 1 a 4.**

| Caricaturas | ■ ■ ■ |
|---|---|
| Deportes | |
| Películas | |

Clave: Cada ■ =

**1.** ¿Qué título le pusiste a la pictografía?

_____

**2.** ¿Qué clave usaste?

_____

## Resolución de problemas (En el mundo)

**3.** ¿Cuántos dibujos harías si 12 estudiantes eligieran los programas de concursos como su tipo favorito de programa de TV?

_____

**4.** ¿Qué clave usarías si 10 estudiantes eligieran las caricaturas?

_____

**5.** **ESCRIBE** ▸*Matemáticas*  Describe por qué no es una buena idea usar una clave donde cada símbolo represente 1 en una pictografía.

_____

_____

## Repaso de la lección

**1.** Sandy hizo una pictografía para mostrar los deportes que les gusta jugar a sus compañeros. ¿Cuántos estudiantes menos eligieron el béisbol que el fútbol?

| Deporte favorito | |
|---|---|
| Básquetbol | ⚪⚪⚪⚪⚪⚪⚪ |
| Fútbol | ⚪⚪⚪⚪⚪⚪⚪⚪⚪◖ |
| Béisbol | ⚪⚪⚪⚪⚪⚪ |

Clave: Cada ⚪ = 2 estudiantes.

_____

**2.** Tommy hace una pictografía para mostrar el tipo de música favorito de sus amigos. Planea usar una nota musical para representar 2 personas. ¿Cuántas notas musicales usará para mostrar que 4 personas eligieron la música *country*?

_____

## Repaso en espiral

**3.** Halla la suma.

$$\begin{array}{r} 490 \\ + \ 234 \\ \hline \end{array}$$

_____

_____

**4.** Sophie escribió números impares en una hoja. ¿Qué número NO escribió Sophie?

_____

_____

**5.** Marcos hizo un pedido de 126 libros para regalar en la inauguración de la tienda. ¿Cuánto es 126 redondeado a la centena más próxima?

_____

_____

**6.** Estima la diferencia.

$$\begin{array}{r} 422 \\ - \ 284 \\ \hline \end{array}$$

_____

_____

PRACTICA MÁS CON EL
Entrenador personal
en matemáticas

#  Revisión de la mitad del capítulo

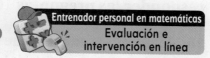
Entrenador personal en matemáticas
Evaluación e intervención en línea

## Vocabulario

**Elige el término del recuadro que mejor corresponda.**

| Vocabulario |
|---|
| clave |
| pictografía |
| tabla de frecuencias |

1. En una _____ , se usan números para registrar datos. (pág. 87)

2. En una _____ , se usan dibujos pequeños o símbolos para mostrar y comparar la información. (pág. 93)

## Conceptos y destrezas

**Usa la tabla Estación favorita para responder las preguntas 3 a 6.**

| Estación favorita | |
|---|---|
| **Estación** | **Cantidad** |
| Primavera | 19 |
| Verano | 28 |
| Otoño | 14 |
| Invierno | 22 |

3. ¿Qué estación obtuvo la mayor cantidad de votos?

_____

4. ¿Qué estación obtuvo 3 votos menos que el invierno?

_____

5. ¿Cuántos estudiantes más eligieron el verano que el otoño?

_____

6. ¿Cuántos estudiantes fueron encuestados en total?

_____

**Usa la pictografía Nuestras mascotas para responder las preguntas 7 a 9.**

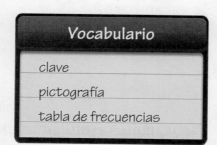

7. ¿Cuántos estudiantes tienen gatos como mascotas?

_____

8. ¿Qué mascota tienen cinco estudiantes más en lugar de perros? _____

9. ¿Cuántas mascotas tienen los estudiantes en total?

_____

**Usa la pictografía Actividad de verano favorita para responder las preguntas 10 a 14.**

**10.** Algunos estudiantes de la escuela de Brooke eligieron su actividad de verano favorita. Los resultados están en la pictografía de la derecha. ¿Cuántos estudiantes eligieron acampar?

| Actividad de verano favorita | |
|---|---|
| Acampar | ☀ ☀ ☀ ☀ ☀ |
| Ciclismo | ☀ ☀ ☀ ☀ |
| Natación | ☀ ☀ ☀ ☀ ☀ ☀ |
| Piragüismo | ☀ ☀ ☀ |
| Clave: Cada ☀ = 10 estudiantes. | |

_____

**11.** ¿Cuántos estudiantes más eligieron natación que piragüismo?

_____

**12.** ¿Qué actividad eligieron 15 estudiantes menos en lugar de acampar?

_____

**13.** ¿Cuántos dibujos harías en la hilera que corresponde a ciclismo si cada ☀ = 5 estudiantes?

_____

**14.** MÁS AL DETALLE ¿Cuántos estudiantes más eligieron natación y acampar combinados que ciclismo y piragüismo?

_____

Nombre _____

# Usar gráficas de barras

**Pregunta esencial** ¿Cómo puedes leer e interpretar datos en una gráfica de barras?

**Objetivo de aprendizaje** Leerás e interpretarás datos en una gráfica de barras.

## 🔑 Soluciona el problema (En el mundo)

En una **gráfica de barras**, se usan barras para mostrar datos. Una **escala** de números equidistantes te ayuda a leer el número que representa cada barra.

Los estudiantes del grupo de lectura hicieron una gráfica de barras para registrar la cantidad de libros que leyeron en octubre. ¿Cuántos libros leyó Seth?

• Subraya las palabras que te indican dónde tienes que buscar la información para responder la pregunta.

El título indica de qué se trata la gráfica de barras.

**Libros leídos en octubre**

Estudiante: Max, Amy, Seth, Kate

Cantidad de libros: 0 2 4 6 8 10 12 14 16

La longitud de las barras indica cuántos libros leyó cada estudiante.

La escala es de 0 a 16, de dos en dos.

Cada barra está rotulada con el nombre de un estudiante.

**Charla matemática** — PRÁCTICAS Y PROCESOS MATEMÁTICOS ❷

**Conecta símbolos y palabras** Explica cómo leer la barra que indica cuántos libros leyó Amy.

🔒 Halla la barra de Seth. Termina en _____.

Entonces, Seth leyó _____ libros en octubre.

1. ¿Cuántos libros leyó Max? _____

2. ¿Quién leyó 4 libros menos que Kate? _____

3. ¿Qué pasaría si Amy leyera 5 libros más? ¿Cuántos libros leyó Amy? _____
   Sombrea la gráfica para mostrar cuántos libros leyó Amy.

## Más ejemplos En estas gráficas de barras, se muestran los mismos datos.

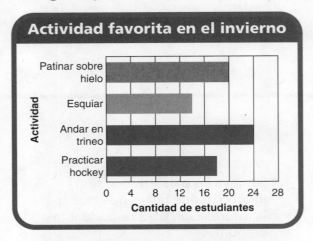

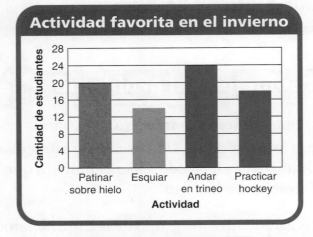

En una **gráfica de barras horizontales**, las barras atraviesan la gráfica de izquierda a derecha. La longitud de las barras indica la cantidad.

En una **gráfica de barras verticales**, las barras atraviesan la gráfica de abajo hacia arriba. La altura de las barras indica la cantidad.

**4.** ¿Qué representa cada espacio entre los números?

_____

**5.** ¿Por qué crees que la escala de las gráficas va de 0 a 28 de cuatro en cuatro y no de 0 a 28 de uno en uno? ¿Qué otra escala podrías usar?

_____

_____

## Comparte y muestra

**Usa la gráfica de barras Actividad física favorita para responder las preguntas 1 a 3.**

**1.** ¿Qué actividad eligieron la mayoría de los estudiantes?

Piensa: ¿Cuál es la barra más larga?

_____

**2.** ¿Cuántos estudiantes en total respondieron la encuesta? _____

**3.** ¿Qué actividad obtuvo 7 votos menos que el fútbol? _____

Charla matemática

PRÁCTICAS Y PROCESOS MATEMÁTICOS ②

**Razona de forma cuantitativa** ¿Qué puedes decir con solo comparar la longitud de las barras de la gráfica?

Nombre _____

Usa la gráfica de barras Tipo de libro favorito para responder las preguntas 4 a 8.

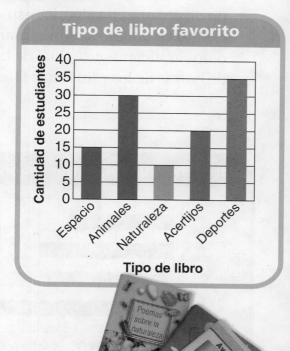

**Tipo de libro favorito**

4. ¿Qué tipo de libro eligió la mitad de los estudiantes que eligieron libros sobre animales?

_____

5. MÁS AL DETALLE ¿Qué dos tipos de libros juntos eligieron los estudiantes tanto como los libros sobre deportes?

_____

6. PRÁCTICAS Y PROCESOS MATEMÁTICOS ④ Usa gráficas Escribe y resuelve un problema usando los datos de la gráfica.

_____

_____

7. PIENSA MÁS ¿Qué pasaría si se preguntara a 10 estudiantes más y eligieran los libros sobre animales? Describe cómo quedaría la gráfica de barras.

_____

_____

8. PIENSA MÁS En los ejercicios 8a a 8d, elige Verdadero o Falso para cada enunciado.

8a. Hubo más estudiantes que eligieron libros sobre deportes que cualquier otro tipo de libro.  ○ Verdadero  ○ Falso

8b. Cinco estudiantes más eligieron libros sobre acertijos que libros sobre el espacio.  ○ Verdadero  ○ Falso

8c. Treinta estudiantes más eligieron libros sobre animales que libros sobre naturaleza.  ○ Verdadero  ○ Falso

8d. Quince estudiantes menos eligieron libros sobre acertijos que libros sobre deportes.  ○ Verdadero  ○ Falso

## ¿Tiene sentido?

9. PIENSA MÁS   En la tabla se muestran datos sobre los juegos favoritos del parque de diversiones de algunos estudiantes. Cuatro estudiantes representaron los datos gráficamente. ¿Cuál de las gráficas de barras de los estudiantes tiene sentido?

### Juego favorito del parque de diversiones

| Juego | Cantidad de estudiantes |
|---|---|
| Súper tobogán | 11 |
| Rueda de la fortuna | 14 |
| Carros chocones | 18 |
| Montaña rusa | 23 |

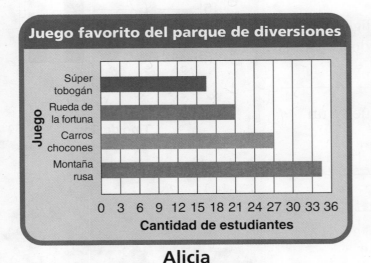

**Alicia**

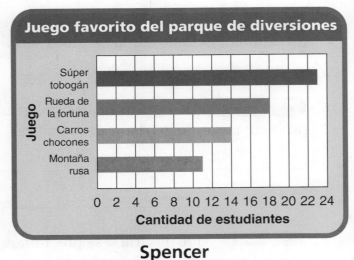

**Spencer**

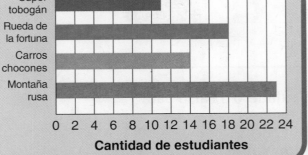

**Tyler**

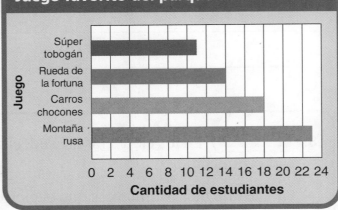

**Kate**

• Explica por qué las otras gráficas de barras no tienen sentido.

_____

_____

_____

Nombre _____

# Usar gráficas de barras

**Usa la gráfica de barras Actividades después de la cena para responder las preguntas 1 a 6.**

**Objetivo de aprendizaje** Leerás e interpretarás datos en una gráfica de barras.

Se preguntó a los estudiantes de tercer grado de la escuela primaria Case a qué actividad le dedicaron más tiempo después de cenar la semana pasada. En la gráfica de barras de la derecha se muestran los resultados.

1. ¿Cuántos estudiantes le dedicaron más tiempo a mirar TV después de cenar?

   _____ **3 estudiantes** _____

2. ¿Cuántos estudiantes en total respondieron la encuesta?

   _____

3. ¿Cuántos estudiantes en total jugaron o leyeron?

   _____

4. ¿Cuántos estudiantes menos se dedicaron a leer que a hacer la tarea?

   _____

## Resolución de problemas

5. Imagina que 3 estudiantes cambiaran sus respuestas a leer en lugar de hacer la tarea. ¿Dónde terminaría la barra que representa leer?

   _____

6. **ESCRIBE** ▸ *Matemáticas* Usa la gráfica de Actividades después de la cena para describir qué significa la barra de Hacer la tarea.

   _____

**Capítulo 2** 111

## Repaso de la lección

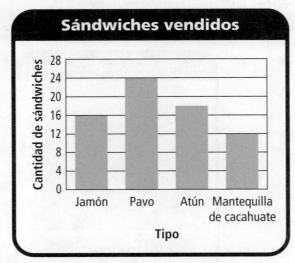

**Sándwiches vendidos**

1. En la gráfica de barras se muestra la cantidad de sándwiches que se vendieron ayer en el puesto de sándwiches de Lisa. ¿Cuántos sándwiches de atún se vendieron?

_____

## Repaso en espiral

2. ¿Cuánto es 582 redondeado a la decena más próxima?

_____

3. La semana pasada, Savannah leyó durante 178 minutos. ¿Cuánto es 178 redondeado a la centena más próxima?

_____

4. Estima la diferencia.

$$\begin{array}{r} 371 \\ -\ \ 99 \\ \hline \end{array}$$

_____

5. Estima la diferencia.

$$\begin{array}{r} 625 \\ -\ 248 \\ \hline \end{array}$$

_____

PRACTICA MÁS CON EL
**Entrenador personal en matemáticas**

Nombre _____

# Hacer gráficas de barras

**Pregunta esencial** ¿Cómo puedes hacer una gráfica de barras para mostrar datos de una tabla o una pictografía?

**Objetivo de aprendizaje** Crearás una pictografía a escala para mostrar un conjunto de datos obtenidos de una tabla o de una pictografía.

## 🔑 Soluciona el problema En el mundo

Jordan hizo una encuesta sobre los deportes de equipo favoritos de sus compañeros. Anotó los resultados en la tabla que está a la derecha. ¿Cómo puede mostrar los resultados en una gráfica de barras?

| Deporte de equipo favorito ||
|---|---|
| **Deporte** | **Conteo** |
| Fútbol ⚽ | 卌 卌 II |
| Básquetbol 🏀 | IIII |
| Béisbol ⚾ | 卌 卌 IIII |
| Fútbol americano 🏈 | 卌 IIII |

🔒 **Haz una gráfica de barras.**

**PASO 1**

Escribe un título en la parte superior para indicar de qué se trata la gráfica. Rotula un lado de la gráfica para dar información sobre las barras. Rotula la base de la gráfica para explicar qué indican los números.

**PASO 2**

Elige los números de la base de la gráfica de manera que la mayoría de las barras terminen en una línea. Como el número menor es 4 y el número mayor es 14, usa una escala de 0 a 16. Marca la escala de dos en dos.

**PASO 3**

Dibuja y sombrea una barra para mostrar la cantidad de votos correspondiente a cada deporte.

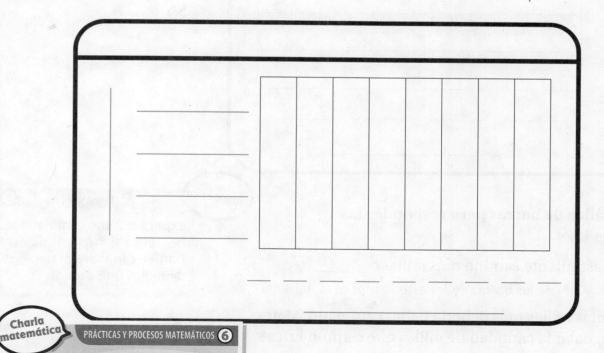

**Charla matemática** PRÁCTICAS Y PROCESOS MATEMÁTICOS ⑥

**Haz conexiones** ¿Cómo supiste qué longitud debería tener la barra para cada deporte?

La escuela de Matt realizó una caminata para recaudar dinero para la biblioteca escolar. Matt hizo una pictografía para mostrar la cantidad de millas que caminaron algunos estudiantes. Haz una gráfica de barras con

los datos de Matt. Usa una escala de 0 a _____,

y marca la escala de _____.

| Caminata de la escuela | | | | | |
|---|---|---|---|---|---|
| Sam | 👕 | 👕 | 👕 | 👕 | 👕 |
| Matt | 👕 | 👕 | 1 | | |
| Ben | 👕 | | | | |
| Érica | 👕 | 👕 | 👕 | 👕 | |

Clave: Cada 👕 = 2 millas.

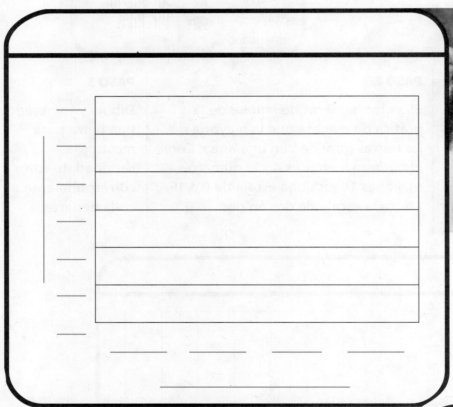

**Usa tu gráfica de barras para responder las preguntas 1 a 4.**

1. ¿Qué estudiante caminó más millas? _____

   Piensa: ¿Cuál de las barras de los estudiantes es la más alta?

2. ¿Cuántas millas más debería haber caminado Matt para igualar la cantidad de millas que caminó Érica? _____

3. ¿Cuántas millas en total caminaron los estudiantes? _____

4. Ordena la cantidad de millas que caminaron los estudiantes de mayor a menor. _____

Charla matemática

PRÁCTICAS Y PROCESOS MATEMÁTICOS ❸

**Explica** ¿Cómo cambiaría la gráfica si otro estudiante, Daniel, caminara el doble de millas que caminó Érica?

Nombre _____

## Por tu cuenta

**5.** Lidia y Joey hicieron un experimento con una flecha giratoria. Lidia anotó el resultado de cada vuelta en la tabla que está a la derecha. Usa los datos de la tabla para hacer una gráfica de barras. Elige las cantidades y una escala, y decide cómo marcar tu gráfica.

| Resultados de la flecha giratoria | |
|---|---|
| **Color** | **Conteo** |
| Rojo | ||||  ||||  ||||  | |
| Amarillo | ||||  ||| |
| Azul | ||||  ||||  || |
| Verde | ||||  |||| |

 **Para evitar errores**
Asegúrate de dibujar las barras correctamente cuando transfieres datos de una tabla.

**Usa tu gráfica de barras para resolver los ejercicios 6 a 8.**

**6.** La flecha se detuvo en el _____ la mitad de las

veces que se detuvo en el _____.

**7.** La flecha se detuvo en el verde _____ veces menos que en el azul y el amarillo combinados.

**8.** PRÁCTICAS Y PROCESOS MATEMÁTICOS ⑥ **Explica** por qué elegiste la escala que usaste.

_____

_____

## Resolución de problemas • Aplicaciones

9. **PRÁCTICAS Y PROCESOS MATEMÁTICOS ④** **Usa gráficas** Susie registró la cantidad de puntos que obtuvieron algunos jugadores de básquetbol. Usa los datos de la tabla para hacer una gráfica de barras. Elige las cantidades de manera que la mayoría de las barras terminen en una línea.

| Puntaje obtenido | |
|---|---|
| Jugador | Cantidad de puntos |
| Billy | 10 |
| Diego | 30 |
| James | 15 |
| Raúl | 25 |
| Simón | 10 |

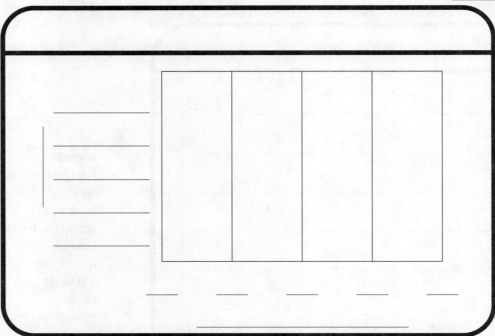

**Usa tu gráfica de barras para responder las preguntas 10 a 12.**

10. **MÁS AL DETALLE** ¿Qué jugador obtuvo más puntos que James pero menos que Diego? _____

11. **PIENSA MÁS** Escribe y responde una nueva pregunta que esté relacionada con los datos de tu gráfica de barras.

_____

_____

12. **PIENSA MÁS** ¿Qué jugador obtuvo 10 puntos más que James?

_____

© Houghton Mifflin Harcourt Publishing Company • Image Credits: ©D. Hurst/Alamy Images

Nombre _____

# Hacer gráficas de barras

**Objetivo de aprendizaje** Crearás una pictografía a escala para mostrar un conjunto de datos obtenidos de una tabla o de una pictografía.

Ben les pidió a algunos amigos que mencionaran su desayuno favorito. Anotó las respuestas en la tabla de frecuencia de la derecha.

| Desayuno favorito | |
|---|---|
| **Alimento** | **Cantidad de votos** |
| Waffles | 8 |
| Cereales | 14 |
| Panqueques | 12 |
| Avena | 4 |

**1.** Usa los datos de Ben para completar la gráfica de barras.

**Usa tu gráfica de barras para responder las preguntas 2 a 4.**

**2.** ¿Qué alimento eligió la mayoría de las personas como su desayuno favorito?

_____

**3.** ¿Cuántas personas eligieron los *waffles* como su desayuno favorito?

_____

**4.** Imagina que 6 personas eligieron avena como su desayuno favorito. ¿Cómo cambiarías la gráfica de barras?

_____

_____

_____

_____

**5.** **ESCRIBE** *Matemáticas* Pídales a los estudiantes que usen los datos de la página 116 y explique cómo dibujar una barra para un jugador llamado Eric quien anotó 20 puntos.

_____

_____

## Repaso de la lección

**Ingrediente de pizza favorito**

Cantidad de votos / Ingrediente
Queso, Salchicha, Salchichón, Hongos

1. Gary les pidió a sus amigos que mencionaran su ingrediente de pizza favorito. Anotó los resultados en una gráfica de barras. ¿Cuántas personas eligieron el salchichón?

   _____

2. Imagina que 3 amigos más eligieran los hongos. ¿Dónde terminaría la barra para los hongos?

   _____

## Repaso en espiral

3. Estima la suma.

   $$458$$
   $$+\ 214$$

4. Matt sumó $14 + 0$. ¿Cuál es la suma?

5. Se inscribieron 682 corredores para una carrera. ¿Cuánto es 682 redondeado a la centena más próxima?

6. Este año, hay 187 estudiantes nuevos en la escuela primaria Maple. ¿Cuánto es 187 redondeado a la decena más próxima?

PRACTICA MÁS CON EL
**Entrenador personal en matemáticas**

Nombre _____

# Usar datos para resolver problemas

**Pregunta esencial** ¿Cómo puedes resolver problemas a partir de datos representados en una gráfica de barras?

**Objetivo de aprendizaje** Usarás gráficas de barras para resolver problemas de "cuántos más" y "cuántos menos" de uno y dos pasos.

## 🔑 Soluciona el problema

**RELACIONA** Responder preguntas sobre los datos te ayuda a comprender mejor la información.

En la clase de Derek, se votó por un tema para el tablero de anuncios de la escuela. En la gráfica de barras se muestran los resultados. ¿Cuántos votos más que el espacio recibieron las computadoras?

• ¿Cómo sabes que debes restar?

_____

_____

_____

### 🔒 De una manera Usa un modelo.

Cuenta hacia atrás a lo largo de la escala para hallar la diferencia entre las barras.

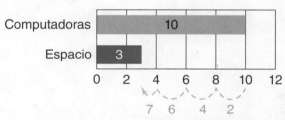

Cuenta hacia atrás de 10 a 3.
Cuenta de dos en dos.

La diferencia es _____ votos.

### 🔒 De otra manera Escribe un enunciado numérico.

**Piensa:** Las computadoras recibieron 10 votos. El espacio recibió 3 votos. Resta para comparar la cantidad de votos.

_____

Entonces, las computadoras recibieron _____ votos más que el espacio.

**Votos para el tema del tablero de anuncios escolar**

Tema: Libros, Salud, Computadoras, Espacio
Cantidad de votos: 0 2 4 6 8 10 12

**Charla matemática**

PRÁCTICAS Y PROCESOS MATEMÁTICOS ⑥

**Explica** otra manera de contar salteado para hallar la diferencia.

## 🔑 Ejemplo

La escuela de Brooke recolectó latas de alimentos. En la gráfica de barras de la derecha, se muestra la cantidad de latas. ¿Cuántas latas menos se recolectaron el martes que el jueves y el viernes juntos?

**Latas de alimento recolectadas**

**PASO 1** Halla el total correspondiente al jueves y al viernes.

_____

**PASO 2** Resta para comparar el total correspondiente al jueves y al viernes con el del martes, y para hallar la diferencia.

_____

Entonces, se recolectaron _____ latas menos el martes que el jueves y el viernes juntos.

- ¿Qué pasaría si el lunes se recolectaran 4 latas menos que el martes? ¿Cuántas latas se recolectarían el lunes? Explícalo.

_____

## Comparte y muestra

**Usa la gráfica de barras Resultados de la flecha giratoria para responder las preguntas 1 a 3.**

1. ¿Cuántas veces más se detuvo la flecha en el verde que en el morado?

   _____ veces más

☑ 2. ¿Cuántas veces menos se detuvo la flecha en el azul que en el rojo y el verde juntos?

   _____ veces menos

☑ 3. ¿Qué pasaría si se girara la flecha 15 veces más y se detuviera 10 veces más en el verde y 5 veces más en el azul? ¿Cuántas veces más se detendría la flecha en el verde que en el azul?

_____

**Charla matemática** PRÁCTICAS Y PROCESOS MATEMÁTICOS ②

**Razona** ¿Qué puedes decir con solo comparar la longitud de las barras de las gráficas?

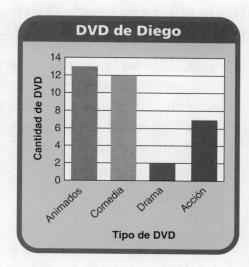

Nombre _____

## Por tu cuenta

**Usa la gráfica de barras DVD de Diego para responder las preguntas 4 a 6.**

4. Diego tiene 5 DVD menos de este tipo que de comedia. ¿Qué tipo de DVD es este?

   _____

5. **MÁS AL DETALLE** La cantidad de DVD de comedia y de acción, ¿es mayor o menor que la cantidad de DVD animados y de drama? Explícalo.

   _____

   _____

6. **PIENSA MÁS** ¿Cuántos de los DVD de Diego NO son de comedia?

   _____

## Resolución de problemas • Aplicaciones En el mundo

**Usa la gráfica de barras Proyectos para la Feria de Ciencias para responder las preguntas 7 a 9.**

7. ¿Cuántos estudiantes más deberían hacer un proyecto sobre plantas para igualar la cantidad de proyectos sobre el espacio?

   _____

8. **ESCRIBE** ▸*Matemáticas* **¿Cuál es la pregunta?** La respuesta es animales, espacio, rocas, océanos y plantas.

   _____

   _____

9. **PRÁCTICAS Y PROCESOS MATEMÁTICOS ❶** ¿Qué pasaría si 3 estudiantes menos hicieran proyectos sobre el tiempo que los que hicieron proyectos sobre rocas? **Describe** cómo se vería la gráfica de barras.

   _____

   _____

## Soluciona el problema

**Usa la gráfica de barras El tiempo en noviembre para responder las preguntas 10 a 12.**

10. **MÁS AL DETALLE** En la clase de Lacey, registraron las características del tiempo durante el mes de noviembre en una gráfica de barras. ¿Hubo más días nublados y soleados o más días lluviosos y nevosos?

**El tiempo en noviembre**

a. ¿Qué debes hallar?

_____

_____

b. ¿Qué operación usarás para hallar la respuesta?

_____

c. Muestra los pasos que seguiste para hallar la respuesta.

d. Completa los enunciados.

_____ días nublados +

_____ días soleados = _____ días

_____ días lluviosos +

_____ días nevosos = _____ días

_____ > _____

Entonces, hubo más días _____.

11. ¿Cuántos días NO nublados hubo durante noviembre?

**Piensa:** Noviembre tiene 30 días.

_____

**Entrenador personal en matemáticas**

12. **PIENSA MÁS** La cantidad de días nublados y nevosos, ¿es mayor o menor que la cantidad de días lluviosos y soleados? Explícalo.

_____

_____

# Usar datos para resolver problemas

**Objetivo de aprendizaje** Usarás gráficas de barras para resolver problemas de "cuántos más" y "cuántos menos" de uno y dos pasos.

**Usa la gráfica Almuerzo favorito para las preguntas 1 a 2.**

1. ¿Cuántos estudiantes más eligieron pizza que queso a la plancha?

    **Piensa:** Resta la cantidad de estudiantes que eligieron queso a la plancha, 2, de la cantidad de estudiantes que eligieron pizza, 11.

    $11 - 2 = 9$  _____ estudiantes más

2. ¿Cuántos estudiantes no eligieron hamburguesa de pollo? _____ estudiantes

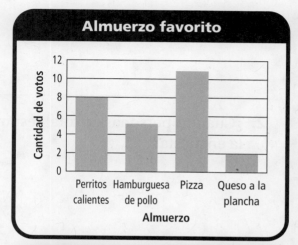

**Usa la gráfica Maneras... para las preguntas 3 a 5.**

3. ¿Cuántos estudiantes más van a la escuela caminando que en carro?

    _____ estudiantes más

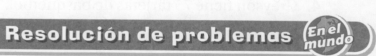

**Resolución de problemas** *En el mundo*

4. La cantidad de estudiantes que van a la escuela en carro y en autobús, ¿es mayor o menor que la de los que van caminando y en bicicleta? **Explícalo.**

    _____

    _____

5. ¿Qué pasaría si 5 estudiantes más dijeran que van en bicicleta? ¿Habría más estudiantes que van caminando o en bicicleta? **Explícalo.**

    _____

    _____

6. **ESCRIBE** *Matemáticas* Escribe un problema que pueda ser resuelto usando la gráfica de barras Clima de Noviembre de la página 122.

    _____

    _____

## Repaso de la lección

**1.** ¿Cuántas personas menos eligieron la reparación de bancos que la colecta de alimentos?

**Proyectos comunitarios**

Eje vertical: Proyecto
Eje horizontal: Cantidad de votos (0 2 4 6 8 10 12 14)

Categorías: Colecta de alimentos, Murales, Reparación de bancos, Limpieza de parques

_____

**2.** ¿Cuántas personas en total respondieron la encuesta?

_____

## Repaso en espiral

**3.** Halla la diferencia.

$$650$$
$$-\ 189$$

**4.** Greyson tiene 75 tarjetas de básquetbol. ¿Cuánto es 75 redondeado a la decena más próxima?

_____

**5.** Sue gastó $18 en una camisa, $39 en una chaqueta y $12 en un sombrero. ¿Cuánto gastó en total?

**6.** En una función de ballet, hay 219 adultos y 174 niños. ¿Cuántas personas hay en la función en total?

_____

PRACTICA MÁS CON EL
Entrenador personal
en matemáticas

Nombre _____

# Usar y hacer diagramas de puntos

**Pregunta esencial** ¿Cómo puedes leer e interpretar datos en un diagrama de puntos, y cómo puedes usar datos para hacer un diagrama de puntos?

**Objetivo de aprendizaje** Leerás e interpretarás los datos en un diagrama de puntos y usarás datos para hacer un diagrama de puntos.

## 🔑 Soluciona el problema En el mundo

En un **diagrama de puntos**, se usan marcas para registrar datos sobre una recta numérica. Un diagrama de puntos te ayuda a observar grupos en los datos.

Algunos estudiantes hicieron una encuesta sobre la cantidad de letras que tiene su nombre de pila. Luego registraron los datos en un diagrama de puntos.

¿Cuántos estudiantes tienen 6 letras en su nombre de pila?

Cada ✗ representa 1 estudiante.  →

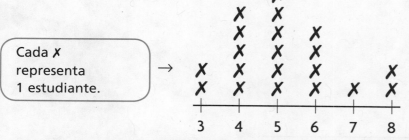

**Cantidad de letras en nuestro nombre de pila**

Los números representan la cantidad de letras que tiene un nombre.  ←

🔑 Halla 6 en la recta numérica. El 6 representa 6 _____.

Hay _____ ✗ sobre 6.

Entonces, _____ estudiantes tienen nombres de pila de 6 letras.

1. ¿Cuántas letras tenían la mayoría de los nombres? _____

2. Escribe una oración para describir los datos. _____

_____

3. ¿Cuántas letras tiene tu nombre? _____

4. Escribe una ✗ sobre la cantidad de letras que tiene tu nombre.

Charla matemática

PRÁCTICAS Y PROCESOS MATEMÁTICOS ⑧

**Generaliza** ¿Qué información te indica la forma de una gráfica acerca de los datos utilizados para crearla?

## Actividad Haz un diagrama de puntos.

**Materiales** ■ regla ■ cinta métrica

Mide la estatura de cuatro compañeros a la pulgada más próxima. Comparte tus datos con otros grupos. Haz un diagrama de puntos para mostrar los datos que recopilaste.

**PASO 1** Anota las estaturas en la tabla.

**PASO 2** Escribe un título debajo de la recta numérica para describir tu diagrama de puntos.

**PASO 3** Escribe la cantidad de pulgadas en orden, de izquierda a derecha, arriba del título.

**PASO 4** Dibuja **X** sobre la recta numérica para mostrar la estatura de cada estudiante.

| Estatura en pulgadas | |
|---|---|
| Cantidad de pulgadas | Conteo |
| | |
| | |
| | |
| | |
| | |
| | |
| | |

5. ¿Cuál es la estatura más frecuente? _____

   **Piensa:** ¿Qué estatura tiene la mayor cantidad de **X**?

6. ¿Cuál es la estatura menos frecuente? _____

7. Completa la oración. La mayoría de los estudiantes

   del salón de clases miden _____ pulgadas o más.

8. **PIENSA MÁS** ¿Hay alguna estatura que no haya

   sido registrada? Explícalo. _____

   _____

   _____

126

## Comparte y muestra

1. Mide la longitud de tres elementos de dibujo que tengas en tu escritorio a la pulgada más próxima. Combina tus datos con los de varios compañeros. Anota las longitudes en la tabla.

2. Haz un diagrama de puntos para mostrar los datos que recopilaste.

| Longitudes en pulgadas | |
|---|---|
| Cantidad de pulgadas | Conteo |
| | |
| | |
| | |
| | |
| | |

```
+——+——+——+———+
__   ___   ___   ___   ___

          _____
```

3. ¿Cuál es la longitud más frecuente? _____

## Resolución de problemas • Aplicaciones

**Usa el diagrama de puntos de la derecha para responder las preguntas 4 a 6.**

4. **PRÁCTICAS Y PROCESOS MATEMÁTICOS 5** **Usa las herramientas adecuadas** Los miembros del Club de jardinería anotaron la altura de sus plantas de aguacate a la pulgada más cercana en un diagrama de puntos. Escribe una oración para describir lo que muestra el diagrama.

```
                        X
                        X
            X   X   X   X
            X   X   X   X           X
            X   X   X   X   X   X   X
            +———+———+———+———+———+———+
            6   7   8   9   10  11  12
```
**Altura de las plantas de aguacate (en pulgadas)**

_____

_____

5. **PIENSA MÁS** ¿Cuántas plantas más hay de 8 o 9 pulgadas de altura que de 6 o 7 pulgadas de altura? Explícalo.

_____

_____

6. **PIENSA MÁS** ¿Cuántas plantas miden más de 8 pulgadas?

_____ plantas

**Haz una inferencia**

Addison hizo el siguiente diagrama de puntos para mostrar la temperatura máxima de cada día durante un mes. ¿Qué *inferencia* puedes hacer acerca de cuál es la estación?

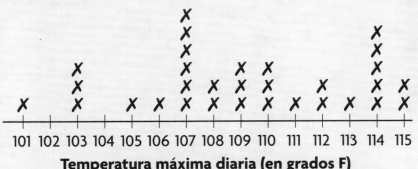

**Temperatura máxima diaria (en grados F)**

Cuando combinas lo que observas con la información que ya conoces para elaborar una idea, estás haciendo una inferencia.

Puedes usar lo que ya sabes sobre el tiempo y los datos del diagrama de puntos para hacer una inferencia acerca de la estación.

Sabes que los números del diagrama de puntos representan las temperaturas máximas registradas durante el mes.

La temperatura más alta que se registró fue _____.

La temperatura más baja que se registró fue _____.
La temperatura que se registró con mayor frecuencia

fue _____.

Como todas las temperaturas máximas son mayores que 100, sabes que los días fueron calurosos. Esto te ayudará a hacer una inferencia acerca de la estación.

Entonces, puedes inferir que la estación es _____.

**Recuerda**

**Las cuatro estaciones**

primavera

verano

otoño

invierno

## Usar y hacer diagramas de puntos

**Objetivo de aprendizaje** Leerás e interpretarás los datos en un diagrama de puntos y usarás datos para hacer un diagrama de puntos.

**Usa los datos de la tabla para hacer un diagrama de puntos.**

| ¿Cuántas camisas se vendieron a cada precio? | |
|---|---|
| Precio | Cantidad vendida |
| $11 | 1 |
| $12 | 4 |
| $13 | 6 |
| $14 | 4 |
| $15 | 0 |
| $16 | 2 |

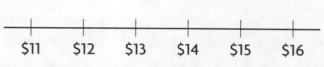

$11   $12   $13   $14   $15   $16

**¿Cuántas camisas se vendieron a cada precio?**

**1.** ¿Cuántas camisas se vendieron a $12?

_____ **4 camisas** _____

**2.** ¿Cuántas camisas se vendieron a $13 o más?

_____

## Resolución de problemas

**Usa el diagrama de puntos de arriba para responder las preguntas 3 y 4.**

**3.** ¿Se vendieron más camisas a menos de $13 o a más de $13? **Explícalo.**

_____

**4.** ¿Hay algún precio del cual no se muestran datos? **Explícalo.**

_____

_____

**5.** **ESCRIBE** ▸ *Matemáticas* Pida a los estudiantes que escriban y resuelvan otro problema usando los datos del diagrama de puntos Temperatura máxima diaria de la página 128.

_____

_____

## Repaso de la lección

**1.** Pedro hizo un diagrama de puntos para mostrar la altura de las plantas de su jardín. ¿Cuántas plantas miden menos de 3 pulgadas de altura?

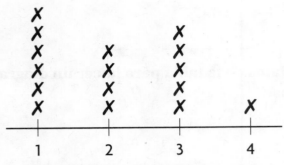

**Altura de las plantas (pulgadas)**

_____

## Repaso en espiral

**2.** Halla la suma.

$$642$$
$$+\ 259$$

**3.** Halla la diferencia.

$$460$$
$$-\ 309$$

_____

**4.** Para la feria de la escuela, se cocinaron 262 hamburguesas. ¿Cuánto es 262 redondeado a la centena más próxima?

**5.** Makenzie tiene 517 adhesivos en su colección. ¿Cuánto es 517 redondeado a la decena más próxima?

_____

PRACTICA MÁS CON EL
Entrenador personal
en matemáticas

# ✔ Repaso y prueba del Capítulo 2

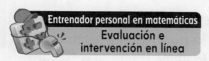

Entrenador personal en matemáticas
Evaluación e
intervención en línea

1. Mia hizo una tabla de conteo para anotar los distintos tipos de aves que vio en el comedero de aves del jardín.

| Aves en el comedero | |
|---|---|
| **Nombre** | **Conteo** |
| Arrendajo | IIII |
| Gorrión | IIII IIII II |
| Pinzón | IIII III |
| Mirlo | IIII I |

En los ejercicios 1a a 1c, elige Verdadero o Falso para cada enunciado.

1a. Mia vio el doble de gorriones que de mirlos.  ○ Verdadero  ○ Falso

1b. Mia vio 8 pinzones.  ○ Verdadero  ○ Falso

1c. Mia vio 4 arrendajos menos que mirlos.  ○ Verdadero  ○ Falso

2. Jake preguntó a 25 estudiantes de su clase a qué distancia vivían de la escuela. En la tabla de frecuencia se muestran los resultados.

| Millas hasta la escuela | | |
|---|---|---|
| | **Niños** | **Niñas** |
| alrededor de 1 milla | 4 | 5 |
| alrededor de 2 millas | | 4 |
| alrededor de 3 millas | 3 | 2 |

**Parte A**

Completa la tabla y explica cómo hallaste la respuesta.

**Parte B**

¿Cuántos estudiantes más viven alrededor de 2 millas o menos de la escuela que estudiantes que viven alrededor de 3 millas de la escuela? Muestra tu trabajo.

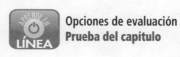

Opciones de evaluación
**Prueba del capítulo**

**Usa la pictografía para resolver los Problemas 3 a 6.**

Los estudiantes de la escuela Barnes actuarán en una obra.
En la pictografía se muestra la cantidad de boletos que ha vendido
cada clase hasta el momento.

3. ¿Cuántos boletos se vendieron en total?
   Explica cómo hallaste el total.

(respuesta en blanco)

| Cantidad de boletos vendidos | |
| --- | --- |
| Clase de la maestra Brown | ✓✓✓✓✓✓✓✓ |
| Clase de la maestra Gold | ✓✓✓✓✓ |
| Clase del maestro Castro | ✓✓✓✓✓✓ |

Clave: Cada ✓ = 5 boletos.

4. Elige el nombre de cada recuadro que haga que la oración sea
   verdadera.

La clase
   | de la maestra Brown |
   | de la maestra Gold |
   | del maestro Castro |
   vendió cinco boletos menos

que la clase
   | de la maestra Brown |
   | de la maestra Gold |
   | del maestro Castro |
   .

5. ¿Cuántos boletos más vendió la clase de la
   maestra Brown que la clase del maestro Castro?

   _____ boletos

6. ¿Qué pasaría si la clase de la maestra Gold vendiera 20 boletos
   más? Haz un dibujo para mostrar cómo cambiaría la gráfica.

(respuesta en blanco)

132

Nombre _____

**Usa la tabla de frecuencia para resolver los Problemas 7 y 8.**

7. **MÁS AL DETALLE** La Tienda de mascotas lleva un registro de la cantidad de pececillos que tiene a la venta. En la tabla de frecuencia se muestra cuántos pececillos hay en tres tanques.

| Peces en los tanques | |
|---|---|
| Tanque | Cantidad de pececillos |
| Tanque 1 | 16 |
| Tanque 2 | 9 |
| Tanque 3 | 12 |

**Parte A**

Usa los datos de la tabla para completar la pictografía.

| | |
|---|---|
| **Tanque 1** | ◯ ◯ |
| | |
| | |
| **Clave: Cada ◯ = 2 pececillos.** | |

**Parte B**

¿Cuántos dibujos hiciste para el Tanque 2? Explícalo.

8. Cada tanque puede contener hasta 20 pececillos. ¿Cuántos pececillos más se pueden colocar en los tanques de la Tienda de mascotas?

(A) 60 pececillos

(C) 20 pececillos

(B) 23 pececillos

(D) 33 pececillos

**Usa la gráfica de barras para resolver los Problemas 9 a 12.**

9. ¿En lugar de qué otro instrumento, tocan el piano, tres estudiantes más?

**Instrumentos musicales**

_____

10. ¿Qué dos instrumentos tocan la misma cantidad de estudiantes?

_____

11. En los ejercicios 11a a 11d, elige Verdadero o Falso para cada enunciado.

   **11a.** Diez estudiantes más tocan la guitarra que la flauta.     ○ Verdadero     ○ Falso

   **11b.** Nueve estudiantes tocan el piano.     ○ Verdadero     ○ Falso

   **11c.** Seis estudiantes menos tocan la flauta y el piano juntos que la batería y la guitarra juntos.     ○ Verdadero     ○ Falso

   **11d.** Nueve estudiantes más tocan el piano y la guitarra juntos que la batería.     ○ Verdadero     ○ Falso

12. Hay más estudiantes que tocan la trompeta que la flauta, pero menos que los estudiantes que tocan la guitarra. Explica cómo cambiarías la gráfica de barras para mostrar la cantidad de estudiantes que tocan la trompeta.

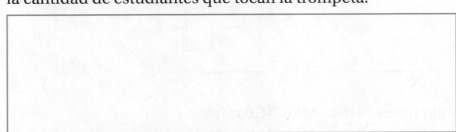

**Usa la tabla de frecuencia para resolver los Problemas 13 y 14.**

13. **PIENSA MÁS +** Karen preguntó a los estudiantes qué verduras les gustaría que hubiera en la cafetería de la escuela. En la tabla se muestran los resultados de la encuesta.

| Verduras favoritas | |
|---|---|
| **Verdura** | **Cantidad de votos** |
| Brócoli | 15 |
| Zanahoria | 40 |
| Maíz | 20 |
| Habichuelas | 10 |

**Parte A**

Usa los datos de la tabla para completar la gráfica de barras.

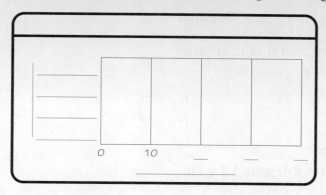

**Parte B**

¿Cómo sabes la longitud que deben tener las barras de tu gráfica? ¿Cómo mostraste los 15 votos para brócoli? Explícalo.

14. ¿Cuántos votos más obtuvo la verdura favorita que las dos verduras que recibieron menos votos? Explica cómo resolviste el problema.

_____

_____

_____

**Usa el diagrama de puntos para resolver los Problemas 15 y 16.**

En el diagrama de puntos se muestra la
cantidad de goles que hicieron los
jugadores del equipo de Scott.

**Cantidad de goles**

15. En los ejercicios 15a a 15d, elige Verdadero
    o Falso para cada enunciado.

    15a. Tres jugadores marcaron
    2 goles.      ○ Verdadero      ○ Falso

    15b. Seis jugadores marcaron
    menos de 2 goles.      ○ Verdadero      ○ Falso

    15c. Hay 8 jugadores en
    el equipo.      ○ Verdadero      ○ Falso

    15d. Cinco jugadores marcaron
    más de 1 gol.      ○ Verdadero      ○ Falso

16. ¿Qué pasaría si jugaran dos personas más y cada una marcara
    3 goles? Describe cómo se vería el diagrama de puntos.

**Usa el diagrama de puntos para resolver los Problemas 17 y 18.**

Robin juntó conchas durante sus vacaciones.
Registró en un diagrama de puntos la
longitud de las conchas a la pulgada más
próxima.

**Longitud de las
conchas en pulgadas**

17. ¿Cuántas conchas miden 6 pulgadas o más?

_____ conchas

18. De las conchas que juntó Robin, ¿cuántas más miden
    5 pulgadas que 8 pulgadas?

_____ conchas

# Capítulo 3
# Comprender la multiplicación

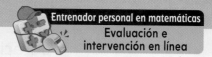

## Muestra lo que sabes

Comprueba tu comprensión de destrezas importantes.

Nombre _____

▶ **Contar hacia adelante para sumar** Usa la recta numérica. Escribe la suma. (1.OA.C.5)

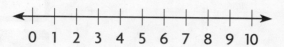

**1.** 6 + 2 = _____

**2.** 3 + 7 = _____

▶ **Contar salteado de dos en dos y de cinco en cinco** Cuenta salteado. Escribe los números que faltan. (2.NBT.A.2)

**3.** 2, 4, 6, _____, _____, _____

**4.** 5, 10, 15, _____, _____, _____

▶ **Hacer modelos con matrices** Usa la matriz. Completa. (2.OA.C.4)

**5.**

____ + ____ + ____ = ____

**6.**

____ + ____ = ____

La clase de Ryan fue de excursión a una granja. Vieron 5 vacas y 6 pollos. Ayuda a hallar cuántas patas tenían todos los animales que vieron.

# Desarrollo del vocabulario

▶ **Visualízalo** • • • • • • • • • • • • • • • • • • • • • • • •

**Usa las palabras de repaso para completar el diagrama de árbol.**

Operaciones relacionadas

suma

**Palabras de repaso**

diferencia

enunciados numéricos

operaciones relacionadas

resta

suma

suma

sumando

**Palabras nuevas**

factor

grupos iguales

matriz

multiplicar

producto

▶ **Comprende el vocabulario** • • • • • • • • • • • • • • •

**Lee la definición. Escribe la palabra nueva que corresponda.**

1. Conjunto de objetos ordenados en hileras y columnas  _____

2. El resultado de un problema de multiplicación  _____

3. Cuando combinas grupos iguales para hallar cuántos elementos hay en total  _____

4. Un número que se multiplica por otro número para hallar un producto  _____

• **Libro interactivo del estudiante**
• **Glosario multimedia**

# Vocabulario del Capítulo 3

**factor**

22

**grupos iguales**

equal groups

30

**matriz**

array

39

**multiplicar**

multiply

46

**producto**

product

62

**propiedad conmutativa de la multiplicación**

65

**propiedad de identidad de la multiplicación**

Identity Property of Multiplication

67

**propiedad del cero de la multiplicación**

Zero Property of Multiplication

69

Grupos que tienen el mismo número de objetos

Un número que se multiplica por otro número para hallar un producto

Ejemplo: $4 \times 5 = 20$

factor    factor

---

Combinar grupos iguales para hallar cuánto hay en total; la operación opuesta a la división

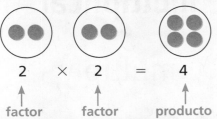

2    ×    2    =    4

factor    factor    producto

Un conjunto de objetos arreglados en hileras y columnas

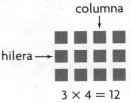

$3 \times 4 = 12$

---

La propiedad que establece que puedes multiplicar dos factores en cualquier orden y obtienes el mismo producto

Ejemplo: $4 \times 3 = 3 \times 4$

La respuesta en un problema de multiplicación

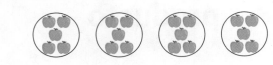

Ejemplo: $4 \times 5 = 20$

producto

---

La propiedad que establece que el producto de cero y cualquier número es cero

Ejemplo: $34 \times 0 = 0$

La propiedad que establece que el producto de cualquier número y 1 es ese número

Ejemplo: $17 \times 1 = 17$

# Concentración

Para 2 a 3 jugadores

## Materiales
1 juego de tarjetas de palabras

## Instrucciones

1. Coloca las tarjetas boca abajo en filas. Túrnense para jugar.
2. Elige dos tarjetas y ponlas boca arriba.
   - Si las tarjetas muestran una palabra y su significado, coinciden. Conserva el par y vuelve a jugar.
   - Si las tarjetas no coinciden, vuelve a ponerlas boca abajo.
3. El juego terminará cuando todas las tarjetas coincidan. Los jugadores cuentan sus pares. Ganará la partida el jugador con más pares.

**Recuadro de palabras**

factores

grupos iguales

matriz

multiplicar

producto

propiedad conmutativa de la multiplicación

propiedad de identidad de la multiplicación

propiedad del cero de la multiplicación

# Escríbelo

### Reflexiona

**Elige una idea. Escribe sobre ella.**

- ¿Representan grupos iguales $4 + 4 + 4$ y $4 \times 3$? Explica por qué.
- Explica cómo usar una matriz para hallar un producto.
- Resume cómo resolver 5 x 10. Incluye las "salidas falsas" que podrías tener o los "callejones sin salida" que podrías encontrar.

Nombre _____

# Contar grupos iguales

**Pregunta esencial** ¿Cómo puedes usar grupos iguales para hallar cuántos elementos hay en total?

## 🔑 Soluciona el problema

Los **grupos iguales** tienen el mismo número de objetos en cada grupo.

Tim tiene 6 carritos de juguete. Cada carrito tiene 4 ruedas. ¿Cuántas ruedas hay en total?

- ¿Cuántas ruedas hay en cada carrito?

  _____

- ¿Cuántos grupos iguales de ruedas hay?

  _____

- ¿Cómo puedes hallar cuántas ruedas hay en total?

  _____

  _____

## 🔒 Actividad  Representa los grupos iguales con fichas.

**Materiales** ▪ fichas

**PASO 1** Dibuja 4 fichas en cada grupo. _____

**PASO 2** Cuenta salteado para hallar cuántas ruedas hay en total.
Cuenta salteado de 4 en 4 hasta que digas 6 números.

cantidad de
grupos iguales →     1     2     3     4     5     6

4,  _____,  12,  _____,  _____,  _____

Hay _____ grupos con _____ ruedas en cada grupo.

Entonces, hay _____ ruedas en total.

**Charla matemática**

**PRÁCTICAS Y PROCESOS MATEMÁTICOS ②**

**Razonamiento cuantitativo** ¿Qué pasaría si Tim tuviera 8 carritos? ¿Cómo podrías hallar el número total de ruedas?

🔲 **Ejemplo** Cuenta grupos iguales para hallar el total.

Sam, Kyla y Tonia tienen 5 monedas de 1¢ cada uno.
¿Cuántas monedas de 1¢ tienen en total?

¿Cuántas monedas de 1¢ tiene cada persona? _____

¿Cuántos grupos iguales de monedas de 1¢ hay? _____

Dibuja 5 fichas en cada grupo.

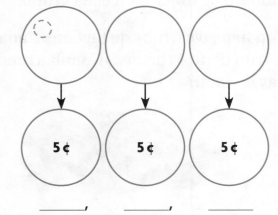

**Piensa:** Hay _____ grupos de 5 monedas de 1¢.

**Piensa:** Hay _____ cincos.

5 ¢    5 ¢    5 ¢

Cuenta salteado para hallar cuántas
monedas de 1¢ hay en total.

_____, _____, _____

Entonces, tienen _____ monedas de 1¢ en total.

•  Explica por qué contaste salteado de 5 en 5 para hallar cuántas
monedas hay en total.

_____

**Comparte y muestra** 🖊 MATH BOARD

1. Completa. Usa la ilustración. Cuenta salteado para
   hallar cuántas ruedas hay en total.

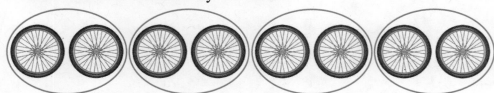

_____ grupos de 2

_____ dos

Cuenta salteado de 2 en 2.    2, 4, _____, _____

Entonces, hay _____ ruedas en total.

**Charla matemática** PRÁCTICAS Y PROCESOS MATEMÁTICOS ③

**Aplica** ¿Cómo cambiaría tu respuesta si se agregaran 2 grupos más de ruedas?

**Dibuja grupos iguales. Cuenta salteado para hallar cuántos elementos hay.**

**2.** 2 grupos de 6 _____

**3.** 3 grupos de 2 _____

**Cuenta grupos iguales para hallar cuántos elementos hay.**

**4.**

_____ grupos de _____

_____ en total

**5.**

_____ grupos de _____

_____ en total

**Por tu cuenta**

**Dibuja grupos iguales. Cuenta salteado para hallar cuántos elementos hay.**

**6.** 3 grupos de 3 _____

**7.** 2 grupos de 9 _____

**8.** **MÁS AL DETALLE** Un carrito de juguete cuesta $3. Un camión de juguete cuesta $4. ¿Qué cuesta más: 4 carritos o 3 camiones? Explícalo.

_____

_____

**9.** **PRÁCTICAS Y PROCESOS MATEMÁTICOS 3** **Argumenta** Elliot tiene una colección de 20 carritos de juguete. ¿Podrá colocar la misma cantidad de carritos en 3 estantes? Explica tu respuesta.

_____

_____

## Soluciona el problema (En el mundo)

**10.** **PIENSA MÁS**  Tere, Charlie y Amber tienen carritos de juguete. Cada carrito tiene 4 ruedas. ¿Cuántas ruedas tienen los carritos en total?

**Carritos de juguete**

Nombre: Tere, Charlie, Amber

0 1 2 3 4 5 6
**Cantidad de carritos**

a. ¿Qué debes hallar?

_____

b. ¿Qué información de la gráfica usarás para resolver el problema?

_____

_____

c. Muestra los pasos que seguiste para resolver el problema.

d. Entonces, los carritos tienen _____ ruedas.

**11.** **PIENSA MÁS**  Un librero tiene 4 estantes. En cada estante caben 5 libros. ¿Cuántos libros hay en el librero?

Dibuja fichas para representar el problema. Luego explica cómo resolviste el problema.

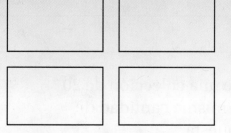

_____

_____

## Contar grupos iguales

**Objetivo de aprendizaje** Usarás grupos de igual tamaño para hallar cuántos elementos hay en total.

**Dibuja grupos iguales. Cuenta salteado para hallar cuántos elementos hay.**

**1.** 2 grupos de 2 _____4_____

**2.** 3 grupos de 6 _____

**Cuenta grupos iguales para hallar cuántos elementos hay.**

**3.**

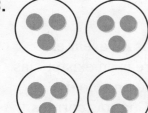

_____ grupos de _____

_____ en total

**4.**

_____ grupos de _____

_____ en total

## Resolución de problemas

**5.** Marcia coloca 2 rebanadas de queso en cada emparedado. Prepara 4 emparedados de queso. ¿Cuántas rebanadas de queso usa Marcia en total?

_____

**6.** Tomás trabaja en la cocina de una cafetería. Coloca 3 tomates cereza en cada una de las 5 ensaladas que prepara. ¿Cuántos tomates usa?

_____

**7.** **ESCRIBE** ▸ *Matemáticas* Escribe un problema que se pueda resolver usando grupos iguales.

_____

_____

## Repaso de la lección

**1.** Jen hace 3 pulseras. Cada pulsera tiene 3 cuentas. ¿Cuántas cuentas usa Jen?

_____

**2.** Ian tiene 5 tarjetas para enviar por correo. Cada tarjeta lleva 2 estampillas. ¿Cuántas estampillas necesita Ian?

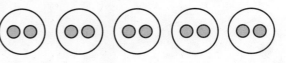

_____

## Repaso en espiral

**3.** En una obra de teatro, hay 384 personas el viernes por la noche. En esa misma obra, hay 512 personas el sábado por la noche. ¿Cuál es la mejor estimación de la cantidad total de personas que vieron la obra de teatro ambas noches?

_____

_____

**4.** La tienda de mascotas A Pasear el Perrito tiene 438 correas en existencias. En una liquidación de un solo día venden 79 correas. ¿Cuántas correas les quedan en existencias después de la liquidación?

_____

_____

**5.** El autobús de Turismo del Lago recorrió 490 millas el sábado y 225 millas el domingo. ¿Alrededor de cuántas millas más recorrió el sábado?

_____

_____

**6.** En una semana, en la escuela Jackson, 210 estudiantes compran leche y 196 estudiantes compran jugo. ¿Cuántas bebidas se vendieron esa semana?

_____

_____

PRACTICA MÁS CON EL
**Entrenador personal en matemáticas**

# Relacionar la suma y la multiplicación

**Pregunta esencial** ¿En qué se parece la multiplicación a la suma? ¿En qué se diferencia?

**Objetivo de aprendizaje** Representarás multiplicaciones con grupos de igual tamaño y escribirás enunciados relacionados de multiplicación y suma.

## 🔑 Soluciona el problema

Tomeka necesita 3 manzanas para hacer un pan de manzana. Cada pan lleva la misma cantidad de manzanas. ¿Cuántas manzanas necesita Tomeka para hacer 4 panes?

- ¿Cuántos panes hará Tomeka?
  _____
- ¿Cuántas manzanas lleva cada pan?
  _____
- ¿Cómo puedes resolver el problema?
  _____
  _____
  _____

## 🔒 De una manera Suma grupos iguales.

Usa los 4 círculos para mostrar los 4 panes.

Dibuja 3 fichas en cada círculo para mostrar las manzanas que necesita Tomeka para cada pan.

Halla el número total de fichas.
Completa el enunciado de suma.

3 + _____ + _____ + _____ = _____

Entonces, Tomeka necesita _____ manzanas

para hacer _____ panes.

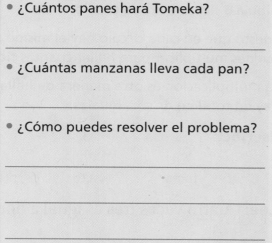

**Charla matemática** PRÁCTICAS Y PROCESOS MATEMÁTICOS ④

**Usa diagramas** ¿Cómo te puede ayudar un dibujo a resolver problemas de multiplicación?

## 1 De otra manera Multiplica.

Cuando combinas grupos iguales, puedes **multiplicar**
para hallar cuántos elementos hay en total.

**Piensa:** 4 grupos de 3

Dibuja 3 fichas en cada círculo.

Puesto que en cada círculo hay el mismo número de fichas,
puedes multiplicar para hallar cuántas fichas hay en total.

La multiplicación es otra manera de hallar cuántos elementos
hay en total en grupos iguales.

**Escribe:**   4   ×   3   =   12   ó      3 ← factor
       ↑       ↑       ↑      × 4 ← factor
   factor    factor   producto    12 ← producto

**Lee:** Cuatro veces tres es igual a doce.

Los **factores** son los números que se multiplican.

El **producto** es el resultado de un problema de multiplicación.

## Comparte y muestra   MATH BOARD

1. Escribe enunciados de suma y de multiplicación
   relacionados para el modelo.

_____ + _____ + _____ + _____ = _____

_____ × _____ = _____

 **Charla matemática**   PRÁCTICAS Y PROCESOS MATEMÁTICOS **4**

**Usa modelos** ¿Qué cambiarías
en este modelo para poder
escribir un enunciado de
multiplicación que se
relacione con él?

**Haz un dibujo rápido para mostrar los grupos iguales. Luego escribe enunciados de suma y de multiplicación relacionados.**

2. 3 grupos de 6

3. 2 grupos de 3

___ + ___ + ___ = ___

___ × ___ = ___ .

___ + ___ = ___

___ × ___ = ___

### Por tu cuenta

**Haz un dibujo rápido para mostrar los grupos iguales. Luego escribe enunciados de suma y de multiplicación relacionados.**

4. 4 grupos de 2

5. 5 grupos de 4

___ + ___ + ___ + ___ = ___

___ × ___ = ___

___ + ___ + ___ + ___ + ___ = ___

___ × ___ = ___

**Completa. Escribe un enunciado de multiplicación.**

6. Zach compra 4 paquetes de plumas. Cada paquete tiene 4 plumas. Escribe un enunciado de multiplicación para mostrar cuántas plumas compra Zach.

___ × ___ = ___

7. Ada tiene 3 envases. Pone 5 flores en cada envase. Escribe un enunciado de multiplicación para mostrar cuántas flores pone Ada en los envases.

___ × ___ = ___

8. MÁS AL DETALLE La Sra. Tomar compra 2 paquetes de yogur de vainilla y 3 paquetes de yogur de fresa. Cada paquete tiene 4 yogures. ¿Cuántos yogures compra la Sra. Tomar?

9. MÁS AL DETALLE Murray compra 3 paquetes de pimientos rojos y 4 paquetes de pimientos verdes. Cada paquete tiene 4 pimientos. ¿Cuántos pimientos compra Murray?

## Resolución de problemas • Aplicaciones

**Usa la tabla para resolver los problemas 10 y 11.**

10. Morris compró 4 duraznos. ¿Cuánto pesan los duraznos en total? Escribe un enunciado de multiplicación para hallar el peso de los duraznos.

_____ × _____ = _____ onzas

**Peso promedio de frutas**

| Fruta | Peso en onzas |
|---|---|
| Manzana | 6 |
| Naranja | 5 |
| Durazno | 3 |
| Plátano | 4 |

11. **PIENSA MÁS**  Tomás compró 2 manzanas. Sydney compró 4 plátanos. ¿Qué frutas pesaban más: las 2 manzanas o los 4 plátanos? ¿Cuánto más pesaban? Explica cómo lo sabes.

_____

_____

_____

12. **PRÁCTICAS Y PROCESOS MATEMÁTICOS ③**  **Argumenta**  Shane dijo que podía escribir enunciados de multiplicación y de suma relacionados para 6 + 4 + 3. ¿Tiene sentido su enunciado? Explícalo.

_____

_____

13. **MÁS AL DETALLE**  Escribe un problema que se pueda resolver con 3 × 4. Resuelve el problema.

_____

_____

14. **PIENSA MÁS**  Elige los enunciados numéricos que representen el modelo de la derecha. Marca todas las opciones que sean correctas.

  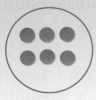

(A) 3 + 6 = 9

(C) 3 × 6 = 18

(B) 6 + 6 + 6 = 18

(D) 6 + 3 = 9

# Relacionar la suma y la multiplicación

**Objetivo de aprendizaje** Representarás multiplicaciones con grupos de igual tamaño y escribirás enunciados relacionados de multiplicación y suma.

**Haz un dibujo rápido para mostrar los grupos iguales. Luego escribe enunciados de suma y de multiplicación relacionados.**

**1.** 3 grupos de 5

$\underline{5} + \underline{5} + \underline{5} = \underline{15}$

$\underline{3} \times \underline{5} = \underline{15}$

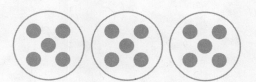

**2.** 3 grupos de 4

___ + ___ + ___ = ____

___ × ___ = ____

**3.** 5 grupos de 2

___ + ___ + ___ + ___ + ___ = ___

___ × ___ = ___

**Completa. Escribe un enunciado de multiplicación.**

**4.** 7 + 7 + 7 = ____

___ × ___ = ____

**5.** 3 + 3 + 3 = ___

___ × ___ = ___

## Resolución de problemas

**6.** En una caja hay 6 frascos de pepinillos. Ed tiene 3 cajas de pepinillos. ¿Cuántos frascos de pepinillos tiene en total? Escribe un enunciado de multiplicación para hallar el resultado.

___ × ___ = ___ frascos

**7.** Jani recorre 5 millas por día con su bicicleta. ¿Cuántas millas recorre Jani en total en 4 días? Escribe un enunciado de multiplicación para hallar el resultado.

___ × ___ = ____ millas

**8.** **ESCRIBE** ▸ *Matemáticas* Escribe un problema que combine tres grupos iguales.

_____

_____

## Repaso de la lección

**1.** ¿De qué otra manera se puede mostrar $3 + 3 + 3 + 3 + 3 + 3$?

_____

**2.** Usa el modelo. ¿Cuántas fichas hay en total?

_____

## Repaso en espiral

**3.** En una escuela, se entregaron 884 lápices a los estudiantes el primer día de escuela. ¿Cuánto es 884 redondeado a la centena más próxima?

_____

**4.** Halla la diferencia.

$$632 - 274$$

_____

**5.** En el siguiente diagrama de puntos se muestra la cantidad de puntos que Trevor anotó en 20 juegos.

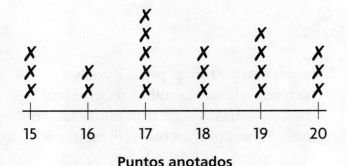

**Puntos anotados**

¿En cuántos juegos Trevor anotó 18 puntos o menos?

_____

**6.** Darrien leyó 97 páginas la semana pasada. Evan leyó 84 páginas la semana pasada. ¿Cuántas páginas en total leyeron los niños?

_____

150

PRACTICA MÁS CON EL
Entrenador personal
en matemáticas

# Contar salteado en una recta numérica

**Pregunta esencial** ¿Cómo puedes usar una recta numérica para contar salteado y hallar cuántos elementos hay en total?

**Objetivo de aprendizaje** Usarás "saltos" iguales en una recta numérica para contar salteado y hallar cuántos hay en total.

## Soluciona el problema En el mundo

Caleb quiere hacer 3 ovillos de estambre para que su gato juegue con ellos. Usa 6 pies de estambre para hacer cada ovillo. ¿Cuántos pies de estambre necesita Caleb en total?

- ¿Cuántos grupos iguales de estambre hará Caleb?

  _____

- ¿Cuántos pies de estambre habrá en cada grupo?

  _____

- ¿Qué debes hallar?

  _____

  _____

Usa una recta numérica para contar grupos iguales.

¿Cuántos pies de estambre necesita Caleb para

hacer cada ovillo? _____

¿Cuántos trozos iguales de estambre necesita? _____

Comienza en 0. Dibuja saltos en la recta numérica para contar salteado de 6 en 6.

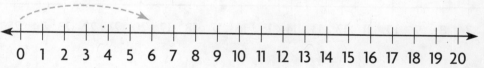

¿Cuántos saltos dibujaste? _____

¿Qué longitud tiene cada salto? _____

**Multiplica.** $3 \times 6 =$ _____

Entonces, Caleb necesita _____ pies de estambre.

**Charla matemática**

**PRÁCTICAS Y PROCESOS MATEMÁTICOS ③**

Compara representaciones ¿Cómo cambiaría lo que representas en la recta numérica si en lugar de 3 ovillos de estambre hechos con 6 pies fueran 4 ovillos hechos con 5 pies de estambre cada uno?

- **PRÁCTICAS Y PROCESOS MATEMÁTICOS ①**  **Analiza** ¿Por qué dibujaste saltos de 6 en 6 en la recta numérica?

  _____

**1.** Dibuja saltos en la recta numérica para contar salteado. Halla cuántos elementos hay en 5 saltos de 4. Luego escribe el producto.

Piensa: 1 salto de 4 muestra 1 grupo de 4.

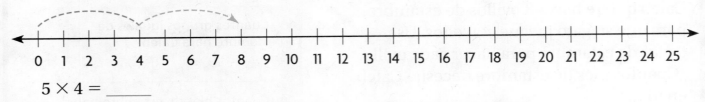

$5 \times 4 =$ _____

**Dibuja saltos en la recta numérica para mostrar grupos iguales. Halla el producto.**

**2.** 3 grupos de 8

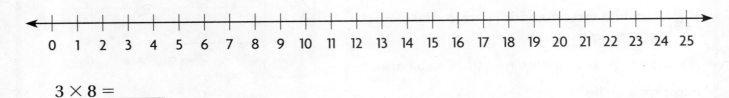

$3 \times 8 =$ _____

**3.** 8 grupos de 3

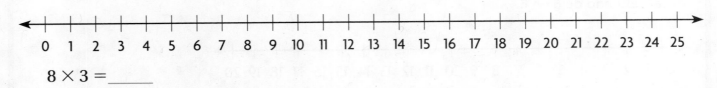

$8 \times 3 =$ _____

**Escribe el enunciado de multiplicación que se muestra en la recta numérica.**

**4.**

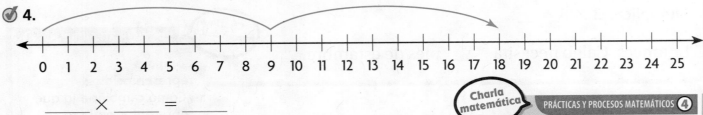

_____ $\times$ _____ $=$ _____

**Charla matemática**

PRÁCTICAS Y PROCESOS MATEMÁTICOS ④

**Representa las matemáticas** ¿De qué manera los saltos iguales en la recta numérica sirven para mostrar grupos iguales?

## Por tu cuenta

**Traza saltos en la recta numérica para mostrar grupos iguales.**
**Halla el producto.**

**5.** 6 grupos de 4

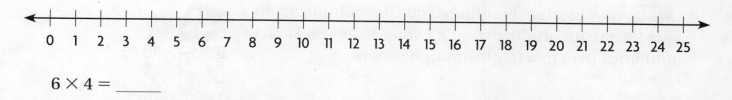

$6 \times 4 =$ _____

**6.** 7 grupos de 3

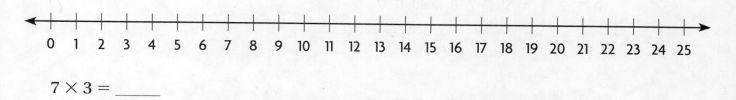

$7 \times 3 =$ _____

**7.** Sam, Kyra, Tia y Abigail tienen 10 monedas de 1¢ cada uno. ¿Cuántas monedas de 1¢ tienen en total?

**8.** Eddie compró bocadillos para un picnic. Tenía 3 bolsas de bocadillos. Cada bolsa tenía 4 bocadillos. ¿Cuántos bocadillos tiene Eddie en total?

**9.** Ashley cava 7 hoyos. Pone 2 semillas en cada hoyo. Le sobran 3 semillas. ¿Cuántas semillas hay en total?

**10.** MÁS AL DETALLE Carla pone 8 retratos en cada página de un album de fotografías. Llena 3 páginas y le sobran 5 retratos. ¿Cuántos retratos tiene?

**11.** MÁS AL DETALLE Una banda marcial marcha en 5 filas. Cada fila tiene 6 personas. Hay 4 personas que llevan banderas. ¿Cuántas personas están en la banda marcial?

**12.** MÁS AL DETALLE En el salón del Sr. Gupta, hay 4 filas de escritorios. Cada fila tiene 6 escritorios. El salón de la Sra. Loew tiene 3 filas de 9 escritorios. ¿Cuántos escritorios hay en los salones del Sr. Gupta y de la Sra. Loew?

## Resolución de problemas · Aplicaciones En el mundo

13. **MÁS AL DETALLE** Erin exhibe su colección de gatos de juguete en 3 estantes. Pone 8 gatos en cada estante. Si le dan 3 gatos más, ¿cuántos gatos tendrá en total?

_____

14. **PIENSA MÁS** Escribe dos enunciados de multiplicación que tengan un producto de 12. Dibuja saltos en la recta numérica para mostrar la multiplicación.

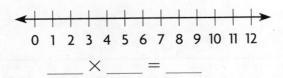

0  1  2  3  4  5  6  7  8  9  10  11  12

____ × ____ = ____

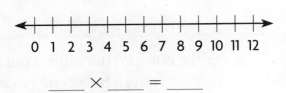

0  1  2  3  4  5  6  7  8  9  10  11  12

____ × ____ = ____

15. **PRÁCTICAS Y PROCESOS MATEMÁTICOS 7** **Identifica relaciones** Escribe un problema que pueda resolverse al hallar 8 grupos de 5. Escribe un enunciado de multiplicación para resolver el problema. Luego resuélvelo.

_____

_____

**Entrenador personal en matemáticas**

16. **PIENSA MÁS +** Rebecca toca el piano 3 horas por semana. ¿Cuántas horas toca el piano en 4 semanas?

Dibuja saltos y rotula la recta numérica para mostrar tu razonamiento.

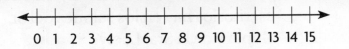

0  1  2  3  4  5  6  7  8  9  10  11  12  13  14  15

_____

# Contar salteado en una recta numérica

**Dibuja saltos en la recta numérica para mostrar grupos iguales. Halla el producto.**

**Objetivo de aprendizaje** Usarás "saltos" iguales en una recta numérica para contar salteado y hallar cuántos hay en total.

**1.** 6 grupos de 3

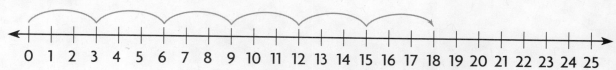

$6 \times 3 =$ ___18___

**Escribe el enunciado de multiplicación que se muestra en la recta numérica.**

**2.** 2 grupos de 6

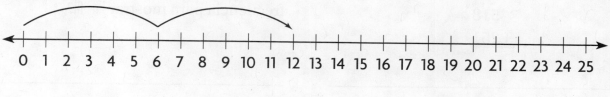

_____ $\times$ _____ = _____

## Resolución de problemas En el mundo

**3.** Allie hornea panecillos para los estudiantes de su clase. En cada bandeja para hornear hay 6 panecillos. Hornea 5 bandejas de panecillos. ¿Cuántos panecillos hornea en total?

_____

**4.** Un paquete de refrigerios tiene 4 palitos de queso. ¿Cuántos palitos de queso hay en 4 paquetes?

_____

**5.** ESCRIBE ▸ *Matemáticas* Escribe un problema que se pueda resolver contando salteado sobre la recta numérica.

_____

_____

## Repaso de la lección

**1.** Louise cuenta de 4 en 4 en una recta numérica para hallar $5 \times 4$. ¿Cuántos saltos debe dibujar en la recta numérica?

_____

**2.** Theo necesita 4 tablas de 3 pies de longitud cada una para hacer estantes para libros. ¿Cuántos pies de tablas necesita en total?

_____

## Repaso en espiral

**3.** Estima la suma.

$$\begin{array}{r} 518 \\ +251 \\ \hline \end{array}$$

_____

_____

**4.** ¿Qué número pondrías en una tabla de frecuencia para mostrar ⅢⅢ Ⅲ?

_____

_____

**5.** El gerente de una zapatería recibió un pedido de 346 pares de zapatos. ¿Cuánto es 346 redondeado a la centena más próxima?

_____

**6.** Toby hace una pictografía. Cada dibujo de un libro equivale a 2 libros que leyó. La hilera para el Mes 1 tiene 3 dibujos de libros. ¿Cuántos libros leyó Toby durante el Mes 1?

_____

PRACTICA MÁS CON EL
Entrenador personal en matemáticas

# Revisión de la mitad del capítulo

## Vocabulario

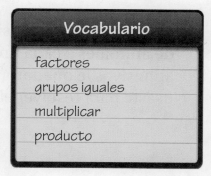
**Entrenador personal en matemáticas**
Evaluación e
intervención en línea

**Elige el término del recuadro que mejor corresponda.**

| Vocabulario |
| --- |
| factores |
| grupos iguales |
| multiplicar |
| producto |

1. Cuando combinas grupos iguales, puedes

   _____ para hallar cuántos elementos hay

   en total. (pág. 146)

2. El resultado de un problema de multiplicación se llama

   _____. (pág. 146)

3. Los números que multiplicas se llaman _____. (pág. 146)

## Conceptos y destrezas

**Cuenta grupos iguales para hallar cuántos elementos hay.**

4.

___ grupos de ___

___ en total

5.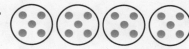

___ grupos de ___

___ en total

6.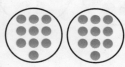

___ grupos de ___

___ en total

**Escribe enunciados de suma y de multiplicación relacionados.**

7. 3 grupos de 9

   ___ + ___ + ___ = ___

   ___ × ___ = ___

8. 5 grupos de 7

   ___ + ___ + ___ + ___ + ___ = ___

   ___ × ___ = ___

**Dibuja saltos en la recta numérica para mostrar grupos iguales.
Halla el producto.**

9. 6 grupos de 3

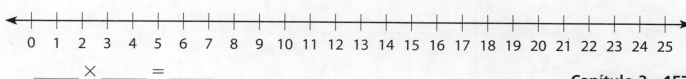

___ × ___ = ___

**10.** La madre de Beth cortó melones en tajadas iguales. Sirvió las tajadas en 8 platos y puso 4 tajadas en cada uno. Escribe un enunciado de multiplicación para mostrar el número total de tajadas de melón que cortó la madre de Beth.

_____

**11.** Avery tenía 125 adhesivos de animales. Regaló 5 adhesivos de animales a cada una de sus 10 amigas. ¿Cuántos adhesivos le quedaron? ¿Qué enunciados numéricos usaste para resolver el problema?

_____

**12.** Matt hizo 2 grupos iguales de canicas. Escribe un enunciado de multiplicación para mostrar el número total de canicas.

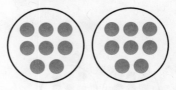

_____

**13.** 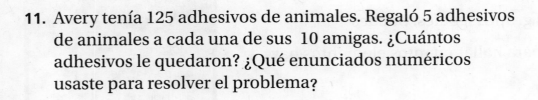 Lindsey tenía 10 pulgadas de cinta. Compró otros 3 trozos de cinta de 5 pulgadas de longitud cada uno. ¿Qué cantidad de cinta tiene ahora?

_____

**14.** El cumpleaños de Jack es en 4 semanas. ¿Cuántos días faltan para el cumpleaños de Jack? Describe cómo usarías una recta numérica para resolver el problema.

_____

_____

_____

Nombre _____

# Resolución de problemas •
# Representar la multiplicación

**Pregunta esencial** ¿Cómo puedes usar la estrategia *hacer un diagrama* para resolver problemas de uno y dos pasos?

**Objetivo de aprendizaje** Usarás la estrategia *dibuja un diagrama* para resolver problemas al dibujar modelos de barras

## Soluciona el problema (En el mundo)

Tres grupos de estudiantes están tomando clases de batería. Hay 8 estudiantes en cada grupo. ¿Cuántos estudiantes están tomando clases en total?

| Lee el problema | Resuelve el problema |
|---|---|
| **¿Qué debo hallar?**<br><br>Debo hallar cuántos _____<br><br>están tomando clases de batería.<br><br>**¿Qué información debo usar?**<br><br>Hay _____ grupos de estudiantes<br><br>tomando clases de batería. Hay _____<br><br>estudiantes en cada grupo.<br><br>**¿Cómo usaré la información?**<br><br>Haré un modelo de barras como ayuda<br><br>para ver _____<br><br>_____. | Completa el modelo de barras para mostrar la cantidad de bateristas.<br><br>Escribe 8 en cada casilla para mostrar los 8 estudiantes que hay en cada uno de los 3 grupos.<br><br>\| 8 \| _____ \| _____ \|<br><br>■ estudiantes<br><br>Puesto que los grupos son iguales, puedo multiplicar para hallar la cantidad de estudiantes que están tomando clases.<br><br>_____ × _____ = ■<br><br>_____ = ■<br><br>Entonces, hay ____ estudiantes en total. |

**Charla matemática**

**PRÁCTICAS Y PROCESOS MATEMÁTICOS ④**

**Usa modelos** ¿Cómo cambiaría el modelo de barras si hubiera 6 grupos de 4 estudiantes?

## 🔑 Haz otro problema

Doce estudiantes de la clase de la maestra Taylor quieren formar una banda. Siete estudiantes hicieron un tambor cada uno. El resto hizo 2 maracas cada uno. ¿Cuántas maracas se hicieron en total?

| Lee el problema | Resuelve el problema |
|---|---|
| **¿Qué debo hallar?** | **Anota los pasos que seguiste para resolver el problema.** |

| 7 | _____ |
|---|---|

12 estudiantes

**¿Qué información debo usar?**

**¿Cómo usaré la información?**

1. ¿Cuántas maracas hicieron los estudiantes en total?_____

2. ¿Cómo sabes que tu respuesta es razonable? _____

PRÁCTICAS Y PROCESOS MATEMÁTICOS ❶

**Evalúa** ¿Por qué no dibujarías 2 casillas y escribirías 5 en cada una?

## Comparte y muestra

**1.** Hay 6 grupos de 4 estudiantes que tocan la trompeta en la banda musical. ¿Cuántos estudiantes tocan la trompeta en la banda?

Primero, dibuja un modelo de barras para mostrar cada grupo de estudiantes.

Dibuja _____ casillas y escribe _____ en cada una.

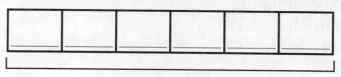

■ estudiantes

**Luego,** multiplica para hallar el número total de estudiantes que tocan la trompeta.

_____ × _____ = ■

_____ = ■

Entonces, _____ estudiantes tocan la trompeta en la banda musical.

**2.** ¿Qué pasaría si hubiera 4 grupos de 7 estudiantes que tocaran el saxofón? ¿Cuántos estudiantes tocarían el saxofón o la trompeta en total?

_____

## Por tu cuenta

**3.** PIENSA MÁS  Supón que hay 5 grupos de 4 estudiantes que tocan la trompeta. Delante de ellos hay 18 que tocan el saxofón. ¿Cuántos estudiantes tocan la trompeta o el saxofón?

_____

**4.** MÁS AL DETALLE  En un jardín hay 3 filas de plantas. Hay 5 plantas en cada fila. Seis de las plantas son de calabazas y el resto son plantas de maíz. ¿Cuántas plantas de maíz hay en el jardín?

_____

**Usa la pictografía para resolver los problemas 5 a 7.**

| Encuesta sobre instrumentos favoritos | |
| --- | --- |
| Flauta | ☺ ☺ |
| Trompeta | ☺ ☺ ☺ |
| Guitarra | ☺ ☺ ☺ ☺ ☺ |
| Tambor | ☺ ☺ ☺ ☺ |

Clave: Cada ☺ = 2 votos

5. En la pictografía se muestra cómo votaron los estudiantes de la clase de Jillian para elegir su instrumento musical favorito. ¿Cuántos estudiantes votaron por la guitarra?

_____

6. **MÁS** AL DETALLE   El día de la encuesta, hubo dos estudiantes ausentes. En la pictografía se muestran los votos del resto de los estudiantes, incluida Jillian. ¿Cuántos estudiantes hay en la clase en total? Explica tu respuesta.

_____

_____

_____

7. **PIENSA MÁS**   Jillian sumó la cantidad de votos de dos instrumentos y obtuvo un total de 12 votos. ¿De cuáles dos instrumentos sumó los votos?

_____ y _____

8. **PRÁCTICAS Y PROCESOS MATEMÁTICOS 8** **Usa razonamientos repetitivos** La flauta se inventó 26 años después que la armónica. La guitarra eléctrica se inventó 84 años después que la flauta. ¿Cuántos años después que la armónica se inventó la guitarra eléctrica?

_____

**Entrenador personal en matemáticas**

9. **PIENSA MÁS +**   Raúl compró 4 cajas con jugos de manzana y 3 cajas con jugos de uva. Hay 6 envases en cada caja. ¿Cuántos envases compró Raúl? Muestra tu trabajo.

_____

# Resolución de problemas •
# Representar la multiplicación

**Objetivo de aprendizaje** Usarás la estrategia *dibuja un diagrama* para resolver problemas al dibujar modelos de barras

**Haz un diagrama para resolver los problemas.**

1. Robert colocó algunos bloques de juguete en 3 hileras. En cada hilera hay 5 bloques. ¿Cuántos bloques hay en total?

   _____ 15 bloques _____

2. El Sr. Fernández coloca losetas en el piso de su cocina. Hay 2 hileras con 9 losetas en cada hilera. ¿Cuántas losetas hay en total?

   _____

3. En la huerta de Jillian hay 3 hileras de zanahorias, 2 hileras de frijoles verdes y 1 hilera de chícharos. En cada hilera hay 8 plantas. ¿Cuántas plantas hay en total?

   _____

4. María visita la tienda de alquiler de películas. En una pared hay 6 DVD en cada uno de los 5 estantes que hay. En otra pared hay 4 DVD en cada uno de los 4 estantes que hay. ¿Cuántos DVD hay en total?

   _____

5. En el centro de información de la escuela de Josh hay un área de computación. En cada una de las primeras 4 hileras hay 6 computadoras. En la quinta hilera hay 4 computadoras. ¿Cuántas computadoras hay en total?

   _____

6. **ESCRIBE** ▸ *Matemáticas* Describe un tipo de diagrama que dibujarías para ayudarte a resolver el problema.

   _____

   _____

## Repaso de la lección

**1.** En una tienda de videos hay 5 estantes de videojuegos. En cada estante hay 6 videojuegos. ¿Cuántos videojuegos hay en total?

_____

_____

**2.** Ken observa una banda militar. Ve 2 hileras de flautistas. En cada hilera hay 6 personas. Ve 8 trombonistas. ¿Cuántos flautistas y trombonistas ve Ken?

_____

_____

## Repaso en espiral

**3.** ¿Cuál es la suma de 438 y 382?

_____

_____

**4.** Estima la suma.

$$\begin{array}{r} 622 \\ + \phantom{0}84 \\ \hline \end{array}$$

_____

_____

**5.** Francine usa 167 globos plateados y 182 globos dorados para la fiesta de su tienda. ¿Cuántos globos plateados y dorados usa Francine en total?

_____

_____

**6.** Yoshi hace una pictografía. Cada dibujo de una pelota de fútbol representa dos goles que anotó para su equipo. La hilera de enero tiene 9 pelotas de fútbol. ¿Cuántos goles anotó Yoshi en enero?

_____

_____

PRACTICA MÁS CON EL
**Entrenador personal**
en matemáticas

Nombre _____

# Hacer modelos con matrices

**Pregunta esencial** ¿Cómo puedes usar matrices para representar la multiplicación y hallar factores?

**Objetivo de aprendizaje** Usarás matrices para representar la multiplicación y hallar factores.

## Soluciona el problema En el mundo

Muchas personas siembran tomates en sus jardines. Lucas siembra 3 hileras de plantas de tomate con 6 plantas en cada hilera. ¿Cuántas plantas de tomate hay en total?

### Actividad 1

**Materiales** ■ fichas cuadradas ■ tablero de matemáticas

• Para hacer una **matriz**, colocas el mismo número de fichas en cada hilera. Haz una matriz con 3 hileras de 6 fichas cuadradas cada una para mostrar las plantas de tomate.

• Ahora dibuja la matriz que hiciste.

▲ El tomate es una fuente importante de vitaminas.

• Halla el número total de fichas.

**Multiplica.**     3     ×     6 = _____

                 ↑             ↑
        cantidad    cantidad en
        de hileras   cada hilera

Entonces, hay _____ plantas de tomate en total.

**Charla matemática**

PRÁCTICAS Y PROCESOS MATEMÁTICOS ②

**Razona de forma abstracta** ¿Cambia el número de fichas si das vuelta a la matriz para mostrar 6 hileras de 3?

**Actividad 2 Materiales** ■ fichas cuadradas ■ tablero
de matemáticas

Usa 8 fichas cuadradas. Haz todas las matrices diferentes que
puedas con las 8 fichas. Dibuja las matrices. La primera está
hecha como ejemplo.

 ☐ ☐ ☐ ☐ ☐ ☐ ☐ ☐         **B**

1 hilera de 8                          8 hileras de _____

$1 \times 8 = 8$                       $8 \times$ _____ $= 8$

---

**C**                                  **D**

_____ hileras de _____              _____ hileras de _____

_____ $\times$ _____ $= 8$          _____ $\times$ _____ $= 8$

Puedes hacer _____ matrices diferentes con 8 fichas cuadradas.

**Comparte y muestra**

1. Completa. Usa la matriz.

_____ hileras de _____ = _____

_____ $\times$ _____ = _____

**Escribe un enunciado de multiplicación para la matriz.**

2.          _____

3.          _____

Nombre _____

**Escribe un enunciado de multiplicación para la matriz.**

**4.**

_____

**5.**

_____

**Dibuja una matriz para hallar el producto.**

**6.** $3 \times 6 =$ _____

**7.** $4 \times 7 =$ _____

---

**8.** MÁS AL DETALLE Deshawn hace una matriz de 3 hileras con 5 fichas. ¿Cuántas fichas tiene Deshawn si le agrega 2 hileras a la matriz?

_____

**9.** MÁS AL DETALLE Ming hace una matriz de 2 hileras con 7 fichas. Ella agrega 3 hileras más a la matriz. Escribe un enunciado de multiplicación que muestre la matriz de Ming.

_____

---

**10.** MÁS AL DETALLE Usa 6 fichas cuadradas. Haz todas las matrices diferentes que puedas con todas las fichas. Dibuja las matrices. Luego escribe un enunciado de multiplicación para cada matriz.

_____

_____

## Resolución de problemas · Aplicaciones

**Usa la tabla para resolver los problemas 11 y 12.**

11. **PRÁCTICAS Y PROCESOS MATEMÁTICOS ④**  **Usa modelos**  El Sr. Bloom planta verduras en su jardín. Dibuja una matriz y escribe el enunciado de multiplicación para mostrar cuántas plantas de maíz tiene el Sr. Bloom en su jardín.

_____

| El jardín del Sr. Bloom ||
| Verdura | Plantada en |
| --- | --- |
| Frijoles | 4 hileras de 6 |
| Zanahorias | 2 hileras de 8 |
| Maíz | 5 hileras de 9 |
| Remolacha | 4 hileras de 7 |

12. **PIENSA MÁS**  ¿El Sr. Bloom podría plantar las zanahorias en hileras iguales de 4? En ese caso, ¿cuántas hileras plantaría? Explícalo.

_____

_____

_____

13. **PRÁCTICAS Y PROCESOS MATEMÁTICOS ⑤**  **Comunica**  El Sr. Bloom tiene 12 plantas de fresa. Describe todas las matrices diferentes que podría hacer con todas sus plantas de fresa. La primera está hecha como ejemplo.

2 hileras de 6; _____

_____

14. **PIENSA MÁS**  Elizabeth sembró 5 hileras de pensamientos con 3 plantas en cada hilera. ¿Cuántos pensamientos sembró en total? Dibuja el resto de los cuadrados para formar una matriz que represente el problema. Luego, resuélvelo.

_____

# Hacer modelos con matrices

**Objetivo de aprendizaje** Usarás matrices para representar la multiplicación y hallar factores.

**Escribe un enunciado de multiplicación para la matriz.**

**1.**

$3 \times 7 =$ ___21___

**2.**

$2 \times 5 =$ _____

**Dibuja una matriz para hallar el producto.**

**3.** $4 \times 2 =$ _____

**4.** $2 \times 8 =$ _____

## Resolución de problemas · En el mundo

**5.** Lenny mueve las mesas de la cafetería de la escuela. Coloca todas las mesas en una matriz de $7 \times 4$. ¿Cuántas mesas hay en la cafetería?

_____

**6.** La maestra DiMeo dirige el coro de la escuela. Organizó a sus cantantes en 3 hileras. En cada hilera hay 8 cantantes. ¿Cuántos cantantes hay en total?

_____

**7.** **ESCRIBE** *Matemáticas* Escribe un problema que se pueda resolver dibujando una matriz. Luego dibuja la matriz y resuelve el problema.

_____

_____

## Repaso de la lección

**1.** ¿Qué enunciado de multiplicación se muestra en esta matriz?

**2.** ¿Qué enunciado de multiplicación se muestra en esta matriz?

## Repaso en espiral

**3.** Usa la tabla para hallar quién recorrió 700 millas más que Paul durante las vacaciones de verano.

| Vacaciones de verano | |
|---|---|
| **Nombre** | **Distancia en millas** |
| Paul | 233 |
| Andrew | 380 |
| Bonnie | 790 |
| Sara | 933 |
| Susan | 853 |

**4.** Usa la gráfica de barras para hallar qué color de cabello tiene la mayoría de los estudiantes.

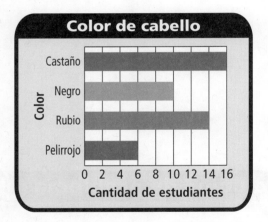

**5.** Spencer pidió 235 latas de tomate para preparar salsa para el festival. ¿Cuánto es 235 redondeado a la decena más próxima?

**6.** ¿Qué barra sería la más larga en una gráfica de barras de los datos?

| Cobertura preferida de pizza | |
|---|---|
| **Cobertura** | **Votos** |
| Queso | 5 |
| Salchichón | 4 |
| Verduras | 1 |
| Salchicha | 3 |

PRACTICA MÁS CON EL
**Entrenador personal en matemáticas**

Nombre _____

# La propiedad conmutativa de la multiplicación

**Pregunta esencial** ¿Cómo puedes usar la propiedad conmutativa de la multiplicación para hallar productos?

**Objetivo de aprendizaje** Usarás la propiedad conmutativa de la multiplicación para hallar productos.

 **Soluciona el problema** *En el mundo*

Dave trabaja en una tienda de aves. Dispone 15 cajas de alpiste en hileras sobre un estante. ¿De qué dos maneras puede disponer las cajas en hileras iguales?

• Encierra en un círculo el número que indica el producto.

**Actividad** **Haz una matriz.**

**Materiales** ■ fichas cuadradas ■ tablero de matemáticas

Dispón 15 fichas en 5 hileras iguales.
Haz un dibujo rápido de tu matriz.

¿Cuántas fichas hay en cada hilera? _____

¿Qué enunciado de multiplicación se muestra con tu matriz? _____
_____

Supón que Dave dispone las cajas en 3 hileras iguales.
Haz un dibujo rápido de tu matriz.

¿Cuántas fichas hay en cada hilera? _____

¿Qué enunciado de multiplicación se muestra con
tu matriz? _____

Entonces, las dos maneras en que Dave puede

disponer las 15 cajas son en _____ hileras de

3 o en 3 hileras de _____.

**Charla matemática** PRÁCTICAS Y PROCESOS MATEMÁTICOS ❼

**Identifica las relaciones** Cuando se usa una matriz para ayudar a resolver un problema de multiplicación, ¿por qué la respuesta permanece igual cuando se le da vuelta a la matriz?

**Propiedad de la multiplicación** La **propiedad conmutativa de la multiplicación** establece que al cambiar el orden de los factores, el producto se mantiene igual. Puedes pensarla como la propiedad de orden de la multiplicación.

2 × _____ = _____          3 × _____ = _____

> ### Idea matemática
> Las operaciones a las que se aplica la propiedad conmutativa de la multiplicación tienen los mismos factores en un orden diferente.
>
> 2 × 3 = 6 y 3 × 2 = 6

Entonces, 2 × _____ = 3 × _____.

- Explica en qué se parecen y en qué se diferencian los modelos.

_____

_____

**¡Inténtalo!** Haz un dibujo rápido a la derecha con el que muestres la propiedad conmutativa de la multiplicación. Luego completa los enunciados de multiplicación.

 **A**

_____ × 4 = _____          _____ × 3 = _____

**B**

2 × _____ = _____          5 × _____ = _____

Nombre _____

**1.** Escribe un enunciado de multiplicación para la matriz.

Charla matemática

**PRÁCTICAS Y PROCESOS MATEMÁTICOS ①**

**Entiende los problemas**
Explica qué significa el factor 2 en cada enunciado de multiplicación.

_____   _____

**Escribe un enunciado de multiplicación para el modelo.
Luego usa la propiedad conmutativa de la multiplicación
para escribir un enunciado de multiplicación relacionado.**

**2.**

____ × ____ = ____

____ × ____ = ____

**✓ 3.**

____ × ____ = ____

____ × ____ = ____

**✓ 4.**

____ × ____ = ____

____ × ____ = ____

**Escribe un enunciado de multiplicación para el modelo.
Luego usa la propiedad conmutativa de la multiplicación
para escribir un enunciado de multiplicación relacionado.**

**5.**

____ × ____ = ____

____ × ____ = ____

**6.**

____ × ____ = ____

____ × ____ = ____

**7.**

____ × ____ = ____

____ × ____ = ____

**PRÁCTICAS Y PROCESOS MATEMÁTICOS ②** **Razona** **Álgebra** **Escribe el factor desconocido.**

**8.** $3 \times 7 = \underline{\quad} \times 3$

**9.** $4 \times 5 = 10 \times \underline{\quad}$

**10.** $3 \times 6 = \underline{\quad} \times 9$

**11.** $6 \times \underline{\quad} = 4 \times 9$

**12.** $\underline{\quad} \times 8 = 4 \times 6$

**13.** $5 \times 8 = 8 \times \underline{\quad}$

## Resolución de problemas • Aplicaciones

14. Jenna usó piñas para hacer 18 comederos de aves con mantequilla de cacahuate. Colgó la misma cantidad de comederos en 6 árboles. Dibuja una matriz para mostrar cuántos comederos puso en cada árbol.

Puso _____ comederos de aves en cada árbol.

15. **MÁS AL DETALLE** El Sr. Diaz puso 6 hileras de vasos con 3 vasos en cada una. Luego colocó 3 hileras de vasos con 6 vasos en cada hilera. ¿Cuántos vasos colocó el Sr. Diaz en total?

_____

16. **MÁS AL DETALLE** Escribe dos problemas diferentes sobre 12 aves para mostrar 2 × 6 y 6 × 2. Resuelve los problemas.

_____

_____

17. **PIENSA MÁS** En el álbum de adhesivos de Dan, hay 4 hileras de 6 adhesivos de aves. En el álbum de Lindsey, hay 7 hileras de 5 adhesivos de aves. ¿Cuántos adhesivos de aves tienen?

_____

18. **PIENSA MÁS** Escribe la letra de cada enunciado de multiplicación de la izquierda junto al enunciado de multiplicación de la derecha que tenga el mismo valor.

Ⓐ 5 × 7 = ▪    [  ]  6 × 3 = ▪

Ⓑ 8 × 2 = ▪    [  ]  2 × 8 = ▪

Ⓒ 3 × 6 = ▪    [  ]  4 × 9 = ▪

Ⓓ 9 × 4 = ▪    [  ]  7 × 5 = ▪

# La propiedad conmutativa de la multiplicación

**Objetivo de aprendizaje** Usarás la propiedad conmutativa de la multiplicación para hallar productos.

**Escribe un enunciado de multiplicación para el modelo.**
**Luego usa la propiedad conmutativa de la multiplicación**
**para escribir un enunciado de multiplicación relacionado.**

**1.**

$$\underline{\quad 5 \quad} \times \underline{\quad 2 \quad} = \underline{\quad 10 \quad}$$

$$\underline{\quad 2 \quad} \times \underline{\quad 5 \quad} = \underline{\quad 10 \quad}$$

**2.**

___ × ___ = ___

___ × ___ = ___

**3.**

___ × ___ = ___

___ × ___ = ___

**4.**

___ × ___ = ___

___ × ___ = ___

## Resolución de problemas · En el mundo

**5.** En una tienda de jardinería se venden bandejas de plantas. En cada bandeja caben 2 hileras de 8 plantas. ¿Cuántas plantas hay en una bandeja?

_____

**6.** Jeff colecciona carros de juguete. Los exhibe en un estuche con 4 hileras. En cada hilera hay 6 carros. ¿Cuántos carros tiene Jeff?

_____

**7.** ▌ESCRIBE ▸ *Matemáticas* ¿En qué se parecen la propiedad conmutativa de la adición y la propiedad conmutativa de la multiplicación?

_____

_____

## Repaso de la lección

**1.** Escribe un enunciado que muestre la propiedad conmutativa de la multiplicación.

_____

_____

_____

_____

**2.** ¿Qué factor hace que el enunciado numérico sea verdadero?

$7 \times 4 = \blacksquare \times 7$

_____

## Repaso en espiral

**3.** La Sra. Williams manejó 149 millas el jueves y 159 millas el viernes. ¿Alrededor de cuántas millas manejó en total los dos días?

_____

_____

_____

**4.** Inés tiene 699 monedas de 1¢ y 198 monedas de 5¢. Estima cuántas monedas de 1¢ más que de 5¢ tiene Inés.

_____

_____

_____

**5.** Este año, el desfile tuvo 127 carros alegóricos. Esto es 34 carros alegóricos menos que el año pasado. ¿Cuántos carros alegóricos hubo en el desfile del año pasado?

_____

**6.** Jeremy hizo una tabla de conteo para registrar la manera en que sus amigos votaron por sus mascotas favoritas. En su tabla se muestra ||||| ||||| || junto a la opción Perro. ¿Cuántos amigos votaron por el perro?

_____

PRACTICA MÁS CON EL
**Entrenador personal**
en matemáticas

Nombre _____

# Multiplicar con 1 y con 0

**Pregunta esencial** ¿Qué ocurre cuando multiplicas
un número por 0 o por 1?

**Objetivo de aprendizaje** Comprenderás las
propiedades del 0 y del 1 en la
multiplicación.

## 🔑 Soluciona el problema

Luke ve 4 pilas para pájaros. Hay
2 pájaros en cada pila. ¿Qué enunciado
de multiplicación indica cuántos pájaros
hay en total?

🔒 **Haz un dibujo rápido para mostrar los pájaros
que hay en las pilas.**

- ¿Cuántas pilas para pájaros hay?

  _____

- ¿Cuántos pájaros ve Luke en cada

  una? _____

_____ × _____ = _____

Se va un pájaro de cada pila. Tacha 1 pájaro de cada una
de las pilas de arriba. ¿Qué enunciado de multiplicación
muestra el número total de pájaros que quedaron?

_____ × _____ = _____
↑       ↑       ↑

pilas para     pájaros que     cantidad total
pájaros     quedaron en cada pila     de pájaros

Ahora tacha otro pájaro de cada pila. ¿Qué enunciado
de multiplicación muestra el número total de pájaros
que quedaron en las pilas?

_____ × _____ = _____
↑       ↑       ↑

pilas para     pájaros que quedaron     cantidad total
pájaros     en cada pila     de pájaros

 **Charla matemática**

**PRÁCTICAS Y PROCESOS MATEMÁTICOS** ❶

**Analiza** ¿Qué pasaría
si hubiera 5 pilas para
pájaros y 0 pájaros en
cada una? ¿Cuál sería el
producto? Explícalo.

- ¿Cómo quedaron las pilas para pájaros? _____

## 🔑 Ejemplo 1

Jenny tiene 2 láminas de adhesivos de aves. Hay 4 adhesivos en cada lámina. ¿Cuántos adhesivos tiene en total?

$2 \times 4 =$ _____    Piensa: 2 grupos de 4

Entonces, Jenny tiene _____ adhesivos en total.

Supón que Jenny usa 1 lámina de adhesivos. ¿Con qué operación se muestra cuántos adhesivos le quedan?

_____ $\times$ _____ $=$ _____    Piensa: 1 grupo de 4

Entonces, a Jenny le quedan _____ adhesivos.

Ahora, Jenny usa todos los adhesivos que le quedaban. ¿Con qué operación se muestra cuántos adhesivos le quedan?

_____ $\times$ _____ $=$ _____    Piensa: 0 grupos de 4

Entonces, a Jenny le quedan _____ adhesivos.

> **! Para evitar errores**
> Un 0 en un enunciado de multiplicación significa que hay 0 grupos o 0 cosas en un grupo, entonces el producto siempre es 0.

- ¿Qué indica cada número en $0 \times 4 = 0$?

_____

_____

---

**1.** ¿Qué patrón observas cuando multiplicas con 1 como uno de los factores?

**Piensa:** $1 \times 2 = 2$    $1 \times 3 = 3$    $1 \times 4 = 4$

_____

_____

> La **propiedad de identidad de la multiplicación** establece que el producto de cualquier número por 1 es ese número.
>
> $7 \times 1 = 7$    $6 \times 1 = 6$
> $1 \times 7 = 7$    $1 \times 6 = 6$

**2.** ¿Qué patrón observas cuando multiplicas con 0 como uno de los factores?

**Piensa:** $0 \times 1 = 0$    $0 \times 2 = 0$    $0 \times 5 = 0$

_____

_____

> La **propiedad del cero de la multiplicación** establece que el producto de cero por cualquier número es cero.
>
> $0 \times 5 = 0$    $0 \times 8 = 0$
> $5 \times 0 = 0$    $8 \times 0 = 0$

Nombre _____

**1.** ¿Qué enunciado de multiplicación corresponde a esta ilustración? Halla el producto.

_____

**Halla el producto.**

**2.** $5 \times 1 =$ ____    **3.** $0 \times 2 =$ ____    ✓**4.** $4 \times 0 =$ ____    ✓**5.** $1 \times 6 =$ ____

**6.** $3 \times 0 =$ ____    **7.** $1 \times 2 =$ ____    **8.** $0 \times 6 =$ ____    **9.** $8 \times 1 =$ ____

> **Charla matemática**
>
> **PRÁCTICAS Y PROCESOS MATEMÁTICOS ⑥**
>
> **Compara** Explica en qué se diferencian $3 \times 1$ y $3 + 1$.

**Por tu cuenta**

**Halla el producto.**

**10.** $3 \times 1 =$ ____    **11.** $8 \times 0 =$ ____    **12.** $1 \times 9 =$ ____    **13.** $0 \times 7 =$ ____

**PRÁCTICAS Y PROCESOS MATEMÁTICOS ②** **Razona** **Álgebra** **Completa el enunciado de multiplicación.**

**14.** ____ $\times 1 = 15$    **15.** $1 \times 28 =$ ____    **16.** $0 \times 46 =$ ____    **17.** $36 \times 0 =$ ____

**18.** ____ $\times 5 = 5$    **19.** $19 \times$ ____ $= 0$    **20.** ____ $\times 0 = 0$    **21.** $7 \times$ ____ $= 7$

**22.** Noah llevó al mercado 7 canastas de verduras. Cada canasta tenía una sandía. ¿Cuántas sandías llevó Noah?

**23.** _MÁS AL DETALLE_ Mason y Alexis tienen cada uno una bolsa de canicas. Hay 9 canicas en cada bolsa. ¿Cuántas canicas tienen en total?

**24.** _MÁS AL DETALLE_ Cada caja contiene 6 marcadores negros y 4 marcadores rojos. Derek tiene 0 cajas de marcadores. Escribe un enunciado numérico que muestre cuántos marcadores tiene Derek. Explica cómo hallaste la respuesta.

_____

_____

## Resolución de problemas • Aplicaciones

**Usa la tabla para resolver los Problemas 25 a 27.**

**25.** En el circo, Jon vio 5 monociclos. ¿Cuántas ruedas tienen los monociclos en total? Escribe un enunciado de multiplicación.

_____ × _____ = _____

**26.** **¿Cuál es la pregunta?** Julia multiplicó por 1 y usó la información de la tabla. El resultado es 3.

_____

_____

**27.** _PIENSA MÁS_   Brian vio algunos vehículos en el circo. Vio 17 ruedas en total. Si 2 de los vehículos son carros, ¿cuántos vehículos son bicicletas y triciclos?

_____

**28.** _ESCRIBE ▸ Matemáticas_   Escribe un problema en el que se deba multiplicar por 1 o por 0. Muestra cómo resolver tu problema.

_____

_____

| Vehículos en el circo | |
|---|---|
| **Tipo de vehículo** | **Cantidad de ruedas** |
| Carro | 4 |
| Triciclo | 3 |
| Bicicleta | 2 |
| Monociclo | 1 |

**29.** _PIENSA MÁS_   Elige Verdadero o Falso en cada enunciado de multiplicación para resolver los Problemas 29a a 29d.

**29a.** $6 × 0 = 0$      ○ Verdadero      ○ Falso

**29b.** $0 × 9 = 9 × 0$      ○ Verdadero      ○ Falso

**29c.** $1 × 0 = 1$      ○ Verdadero      ○ Falso

**29d.** $3 × 1 = 3$      ○ Verdadero      ○ Falso

# Multiplicar con 1 y con 0

**Objetivo de aprendizaje** Comprenderás las propiedades del 0 y del 1 en la multiplicación.

**Halla el producto.**

**1.** $1 \times 4 = \underline{\quad 4 \quad}$　　**2.** $0 \times 8 = \underline{\quad\quad}$　　**3.** $0 \times 4 = \underline{\quad\quad}$　　**4.** $1 \times 6 = \underline{\quad\quad}$

**5.** $3 \times 0 = \underline{\quad\quad}$　　**6.** $0 \times 9 = \underline{\quad\quad}$　　**7.** $8 \times 1 = \underline{\quad\quad}$　　**8.** $1 \times 2 = \underline{\quad\quad}$

**9.** $10 \times 1 = \underline{\quad\quad}$　　**10.** $2 \times 0 = \underline{\quad\quad}$　　**11.** $5 \times 1 = \underline{\quad\quad}$　　**12.** $1 \times 0 = \underline{\quad\quad}$

**13.** $0 \times 0 = \underline{\quad\quad}$　　**14.** $1 \times 3 = \underline{\quad\quad}$　　**15.** $9 \times 0 = \underline{\quad\quad}$　　**16.** $1 \times 1 = \underline{\quad\quad}$

## Resolución de problemas

**17.** Peter está en la obra de teatro de la escuela. Su maestro entregó 1 copia de la obra a cada uno de los 6 estudiantes que actuarán. ¿Cuántas copias de la obra entregó el maestro?

_____

**18.** Hay 4 cartones de huevos sobre la mesa. En cada cartón hay 0 huevos. ¿Cuántos huevos hay en total?

_____

**19.** **ESCRIBE** ▸ *Matemáticas* Un grupo tiene 5 personas y cada persona tiene 1 barra de granola. Otro grupo tiene 5 personas y cada persona tiene 0 barras de granola. ¿Cuál grupo tiene más barras de granola? Explica.

_____

_____

_____

## Repaso de la lección

**1.** En cada soporte para bicicletas hay 0 bicicletas. Si hay 8 soportes para bicicletas, ¿cuántas bicicletas hay en total?

_____

**2.** ¿Cuál es el producto?

$$1 \times 0 = \underline{\phantom{00}}$$

_____

## Repaso en espiral

**3.** El Sr. Ellis manejó 197 millas el lunes y 168 millas el martes. ¿Cuántas millas manejó en total?

_____

**4.** ¿Qué enunciado de multiplicación se muestra en la matriz?

_____

**Usa la gráfica de barras para responder las preguntas 5 y 6.**

**5.** ¿Cuántos carros se lavaron el viernes y el sábado juntos?

_____

**6.** ¿Cuántos carros más se lavaron el sábado que el domingo?

_____

PRACTICA MÁS CON EL
**Entrenador personal en matemáticas**

# ✓ Repaso y prueba del Capítulo 3

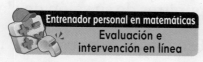

Entrenador personal en matemáticas
**Evaluación e
intervención en línea**

1. Hay 3 botes en el lago. En cada bote hay seis personas. ¿Cuántas personas viajan en los botes? Dibuja grupos iguales para representar el problema y explica cómo lo resolviste.

_____ personas

2. Nadia tiene 4 planchas de adhesivos. Hay 8 adhesivos en cada plancha. Escribió el siguiente enunciado numérico para representar la cantidad total de adhesivos.

$$4 \times 8 = 32$$

¿Qué enunciado numérico relacionado también representa la cantidad total de adhesivos que tiene?

Ⓐ $\qquad 8 + 4 = ▨$

Ⓑ $4 + 4 + 4 + 4 = ▨$

Ⓒ $\qquad 8 \times 8 = ▨$

Ⓓ $\qquad 8 \times 4 = ▨$

3. Lindsay salió de paseo por el parque nacional Yellowstone durante dos días. El primer salto en la recta numérica muestra cuántas aves vio el primer día. Vio la misma cantidad de aves el segundo día.

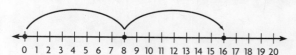

Escribe el enunciado de multiplicación que se muestra en la recta numérica. _____ × _____ = _____

APRENDE EN
LÍNEA
Opciones de evaluación
**Prueba del capítulo**

**4.** Paco dibujó una matriz para mostrar la cantidad de pupitres de su salón de clases.

Escribe un enunciado de multiplicación para la matriz.

---

**5.** Alondra hace 4 collares. Usa 5 cuentas en cada collar.

Para resolver los problemas 5a a 5d, elige Sí o No para indicar si se puede usar cada enunciado numérico para hallar la cantidad total de cuentas que usa Alondra.

5a. $4 \times 5 = \blacksquare$  ○ Sí  ○ No

5b. $4 + 4 + 4 + 4 = \blacksquare$  ○ Sí  ○ No

5c. $5 + 5 + 5 + 5 = \blacksquare$  ○ Sí  ○ No

5d. $5 + 4 = \blacksquare$  ○ Sí  ○ No

**6.** John vendió 3 canastas con manzanas en el mercado. Cada canasta tenía 9 manzanas. ¿Cuántas manzanas vendió John? Haz un modelo de barras para resolver el problema.

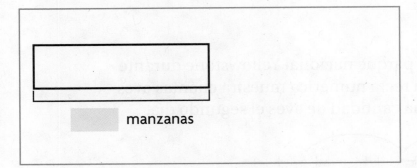

manzanas

7. Elige los enunciados numéricos que muestren la propiedad conmutativa de la multiplicación. Marca todos los que sean correctos.

Ⓐ  $3 \times 2 = 2 \times 3$

Ⓑ  $4 \times 9 = 4 \times 9$

Ⓒ  $5 \times 0 = 0$

Ⓓ  $6 \times 1 = 1 \times 6$

Ⓔ  $7 \times 2 = 14 \times 1$

8. Un mozo llevó 6 canastas con 5 panecillos en cada una. ¿Cuántos panecillos llevó? Muestra tu trabajo.

_____ panecillos

9. Sonya necesita 3 trozos iguales de alambre para hacer 3 pulseras. El salto en la recta numérica muestra la longitud en pulgadas de uno de los trozos de alambre. ¿Cuántas pulgadas de alambre necesitará Sonya para hacer 3 pulseras?

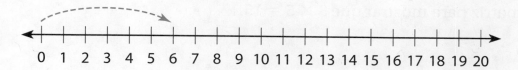

0  1  2  3  4  5  6  7  8  9  10  11  12  13  14  15  16  17  18  19  20

_____ pulgadas

10. Josh tiene 4 perros. Cada perro come 2 galletas para perros por día. ¿Cuántas galletas necesitará Josh para dar a todos sus perros el sábado y el domingo?

_____ galletas

11. **MÁS AL DETALLE** Jorge colocó 28 latas de pintura en una estantería de su tienda.

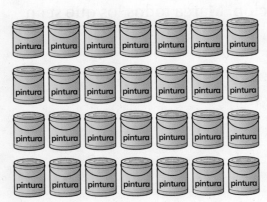

Elige otras formas en que Jorge podría colocar la misma cantidad de latas. Marca todas las opciones correctas.

(A) 2 hileras de 14

(D) 8 hileras de 3

(B) 1 hilera de 28

(E) 7 hileras de 4

(C) 6 hileras de 5

12. Elige el número que hace que la oración sea verdadera.

El producto de cualquier número y $\boxed{\begin{array}{c} 0 \\ 1 \\ 10 \end{array}}$ es cero.

13. James hizo esta matriz para mostrar que $3 \times 5 = 15$.

**Parte A**

James dice que $5 \times 3 = 15$. ¿Tiene razón? Dibuja una matriz para explicar tu respuesta.

_____

**Parte B**

¿Qué propiedad numérica respalda tu respuesta?

_____

_____

**14.** Julio tiene una colección de monedas. Ordena las monedas en 2 grupos iguales. Hay 6 monedas en cada grupo. ¿Cuántas monedas tiene Julio? Usa la recta numérica para mostrar tu trabajo.

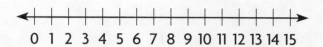

_____ monedas

**15.** **MÁS AL DETALLE** Landon junta tarjetas de colección.

**Parte A**

Ayer, Landon clasificó sus tarjetas en 4 grupos. Cada grupo tenía 7 tarjetas. Dibuja un modelo de barras para mostrar las tarjetas de Landon. ¿Cuántas tarjetas tiene?

**Parte B**

_____ tarjetas

Landon compró hoy 3 paquetes más de tarjetas de colección. Cada paquete tiene 8 tarjetas. Escribe un enunciado de multiplicación para mostrar cuántas tarjetas compró Landon hoy. Luego halla cuántas tarjetas tiene Landon ahora. Muestra tu trabajo.

_____

**16.** Un monociclo tiene una sola rueda. Escribe un enunciado de multiplicación para mostrar cuántas ruedas tienen 9 monociclos.

_____ × _____ = _____

**17.** Para resolver 8 problemas de matemáticas, Carlos demoró 5 minutos con cada uno. Puede usar la operación 8 × 5 para hallar el tiempo total que demoró en resolver los problemas.

Para resolver los problemas 17a a 17d, elige Sí o No para indicar las opciones que son iguales a 8 × 5.

| | | |
|---|---|---|
| 17a.   8 + 5 | ○ Sí | ○ No |
| 17b.   5 + 5 + 5 + 5 + 5 | ○ Sí | ○ No |
| 17c.   8 + 8 + 8 + 8 + 8 | ○ Sí | ○ No |
| 17d.   5 + 5 + 5 + 5 + 5 + 5 + 5 + 5 | ○ Sí | ○ No |

**18.** Lucy y su mamá hicieron tacos. Los ordenaron en 7 platos, con 2 tacos cada uno.

Elige los enunciados numéricos que muestren todos los tacos que hicieron Lucy y su mamá. Marca todas las opciones que sean correctas.

(A) $2 + 2 + 2 + 2 + 2 + 2 + 2 = 14$

(B) $2 + 7 = 9$

(C) $7 + 7 = 14$

(D) $8 + 6 = 14$

(E) $2 \times 7 = 14$

**19.** PIENSA MÁS · Jayson está armando 5 títeres con medias. Pega 2 botones en cada títere para hacer los ojos. Pega 1 pompón en cada títere para hacer la nariz.

Entrenador personal en matemáticas

**Parte A**

Escribe la cantidad total de botones y pompones que usa. Escribe un enunciado de multiplicación para cada uno.

**Ojos**

_____ botones

_____ × _____ = _____

**Narices**

_____ pompones

_____ × _____ = _____

**Parte B**

Después de hacer 5 títeres, a Jayson le quedan 4 botones y 3 pompones. ¿Cuál es el mayor número de títeres que puede hacer con esos elementos si quiere que todos los títeres sean iguales? Dibuja modelos y úsalos para explicar tu respuesta.

Como máximo, puede hacer _____ títeres más.

_____

_____

_____

_____

# Estrategias y operaciones de multiplicación

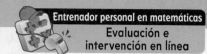

## ✓ Muestra lo que sabes

Comprueba si comprendes las destrezas importantes.

Nombre _____

▶ **Dobles y dobles más uno** Escribe las operaciones de dobles y de dobles más uno.

**1.**

___ + ___ = ___        ___ + ___ = ___

**2.**

___ + ___ = ___        ___ + ___ = ___

▶ **Grupos iguales** Completa.

**3.**         **4.**

___ grupos de ___        ___ grupos de ___

___ en total        ___ en total

## Matemáticas En el mundo

Stephen debe usar estas pistas para hallar una cápsula del tiempo enterrada.

• Comienza con un número que sea el producto de 3 y 4.

• Duplica el producto y ve a ese número.

• Suma 2 decenas y halla el número que es 1 menos que esa suma.

Piensa como un detective matemático para ayudarlo a hallar la cápsula del tiempo.

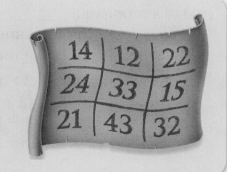

| 14 | 12 | 22 |
| 24 | 33 | 15 |
| 21 | 43 | 32 |

▶ **Visualízalo** • • • • • • • • • • • • • • • • • • • • • • • • • • • • • • • •

**Usa las palabras marcadas con una ✓ para completar
el diagrama de árbol.**

**Propiedades de la multiplicación**

| **Propiedad** | **Propiedad** | **Propiedad** |
|---|---|---|
| ‾‾‾‾‾‾‾‾‾‾‾ | ‾‾‾‾‾‾‾‾‾‾‾ | ‾‾‾‾‾‾‾‾‾‾‾ |
| **de la multiplicación** | **de la multiplicación** | **de la multiplicación** |
| $1 \times 4 = 4$ | $(4 \times 2) \times 3 =$ $4 \times (2 \times 3)$ | $3 \times 2 = 2 \times 3$ |

▶ **Comprende el vocabulario** • • • • • • • • • • • • • • • • • • • • •

**Completa las oraciones con las palabras nuevas.**

**1.** La propiedad _____ de la multiplicación
establece que si se modifica la agrupación de los factores, el
producto no cambia.

**2.** Un _____ de 5 es cualquier producto que tenga a
5 como uno de sus factores.

**3.** La propiedad _____ establece que multiplicar
una suma por un número es lo mismo que multiplicar cada
sumando por ese número y luego sumar los productos.

Ejemplo: $2 \times 8 = 2 \times (4 + 4)$
$2 \times 8 = (2 \times 4) + (2 \times 4)$
$2 \times 8 = 8 + 8$
$2 \times 8 = 16$

• **Libro interactivo del estudiante**
• **Glosario multimedia**

APRENDE EN LÍNEA

# Vocabulario del Capítulo 4

**factor**

factor

22

**matriz**

array

39

**múltiplo**

multiple

47

**producto**

product

62

**propiedad asociativa de la multiplicación**

Associative Property of Multiplication

63

**propiedad conmutativa de la multiplicación**

Commutative Property of Multiplication

65

**propiedad de identidad de la multiplicación**

Identity Property of Multiplication

67

**propiedad distributiva**

Distributive Property

70

Un conjunto de objetos ordenados en hileras y columnas.

columna

hilera →

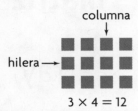

$3 \times 4 = 12$

Un número que es multiplicado por otro número para obtener un producto.

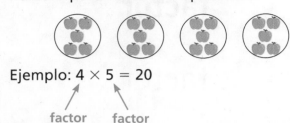

Ejemplo: $4 \times 5 = 20$

factor    factor

El resultado a un problema de multiplicación.

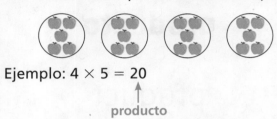

Ejemplo: $4 \times 5 = 20$

producto

Un número que es el producto de dos números de conteo.

$$
\begin{array}{cccc}
6 & 6 & 6 & 6 \\
\times\,1 & \times\,2 & \times\,3 & \times\,4 \\
\hline
6 & 12 & 18 & 24
\end{array}
$$

números de conteo

múltiplos de 6

La propiedad que establece que puedes multiplicar dos factores en cualquier orden y obtener el mismo producto.

Ejemplo: $4 \times 3 = 3 \times 4$

La propiedad que establece que al cambiar la forma de reagrupar los factores, el producto permanece igual.

Ejemplo: $(5 \times 4) \times 3 = 5 \times (4 \times 3)$

La propiedad que establece que multiplicar una suma por un número es lo mismo que multiplicar cada sumando por el número y luego sumar los productos.

Ejemplo: $5 \times 8 = 5 \times (4 + 4)$
$5 \times 8 = (5 \times 4) + (5 \times 4)$
$5 \times 8 = 20 + 20$
$5 \times 8 = 40$

La propiedad que establece que el producto de cualquier número por 1 es ese número.

Ejemplo: $17 \times 1 = 17$

# Adivina la palabra

**Recuadro de palabras**

factores

matrices

múltiplo

producto

propiedad asociativa de la multiplicación

propiedad conmutativa de la multiplicación

propiedad de identidad de la multiplicación

propiedad distributiva

Para 3 a 4 jugadores

## Materiales

- cronómetro

## Instrucciones

1. Túrnense para jugar.

2. Elige un término matemático, pero no lo digas en voz alta.

3. Pon 1 minuto en el cronómetro.

4. Da una pista de una palabra sobre tu término. Dale a cada jugador una oportunidad para que adivine tu término.

5. Si nadie adivina, repite el Paso 4 con una pista diferente. Repite hasta que un jugador adivine el término o se acabe el tiempo.

6. El jugador que adivine el término obtiene 1 punto. Si el jugador puede usar la palabra en una oración, obtiene 1 punto más. Luego, es su turno de elegir una palabra.

7. Ganará la partida el primer jugador que obtenga 10 puntos.

# Escríbelo

**Elige una idea. Escribe sobre ella.**

- Explica cómo resolver este problema: $4 \times 6 =$ _____.
- Explica la propiedad distributiva.
- Escribe sobre un tema en el Capítulo 4 que haya sido difícil de aprender. Explica cómo llegaste a entenderlo.

Nombre _____

# Multiplicar por 2 y por 4

**Pregunta esencial** ¿Cómo puedes multiplicar por 2 y por 4?

**Objetivo de aprendizaje** Usarás grupos de igual tamaño, igual número de "saltos" en una recta numérica y dobles para multiplicar por 2 y por 4.

## Soluciona el problema En el mundo

Dos estudiantes participan en una obra de teatro. Cada estudiante tiene 3 disfraces. ¿Cuántos disfraces tienen en total?

Multiplicar cuando hay dos grupos iguales es como sumar dobles.

- ¿Qué te indica la palabra "cada"?

  _____

- ¿Cómo puedes hallar la cantidad de disfraces que tienen los 2 estudiantes?

  _____

 **Halla 2 × 3.**

| REPRESENTA | PIENSA | ANOTA |
|---|---|---|
| Dibuja fichas para indicar los disfraces. | 2 grupos de 3<br><br>3 + 3<br><br>6 | $2 \times 3 = 6$<br><br>↑ cuántos grupos   ↑ cuántos en cada grupo   ↑ cuántos en total |

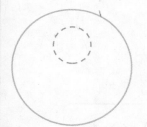 

Entonces, los 2 estudiantes tienen _____ disfraces en total.

## ¡Inténtalo!

$2 \times 1 = 1 + 1 = 2$

$2 \times 2 = 2 + 2 = 4$

$2 \times \underline{\phantom{xx}} = 3 + \underline{\phantom{xx}} = 6$

$2 \times \underline{\phantom{xx}} = 4 + \underline{\phantom{xx}} = 8$

$2 \times \underline{\phantom{xx}} = 5 + \underline{\phantom{xx}} = \underline{\phantom{xx}}$

$2 \times \underline{\phantom{xx}} = 6 + \underline{\phantom{xx}} = \underline{\phantom{xx}}$

$2 \times \underline{\phantom{xx}} = 7 + \underline{\phantom{xx}} = \underline{\phantom{xx}}$

$2 \times \underline{\phantom{xx}} = 8 + \underline{\phantom{xx}} = \underline{\phantom{xx}}$

$2 \times \underline{\phantom{xx}} = 9 + \underline{\phantom{xx}} = \underline{\phantom{xx}}$

 **Charla matemática**

PRÁCTICAS Y PROCESOS MATEMÁTICOS ❷

**Razonar de forma abstracta.** ¿Qué puedes decir sobre el producto cuando multiplicas por 2?

**🔑 Cuenta de 2 en 2.**

Cuando hay 2 en cada grupo, puedes contar
de 2 en 2 para hallar cuántos hay en total.

Hay 4 estudiantes y cada uno tiene 2 disfraces.
¿Cuántos disfraces tienen en total?

Dibuja los saltos en la recta numérica para contar salteado.

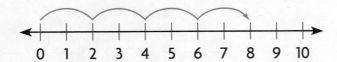

Entonces, los 4 estudiantes tienen _____ en total.

• ¿Cómo puedes decidir si contar de 2 en 2 o duplicar?

_____

**🔑 Ejemplo** Usa dobles para hallar 4 × 5.

Cuando multiplicas por 4, puedes multiplicar por
2 y luego duplicar el producto.

| MULTIPLICA POR 2 | DUPLICA EL PRODUCTO |
|---|---|

4 × 5          2 × 5 = 10                    10 + 10 = 20

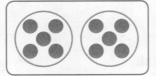 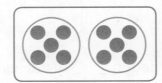 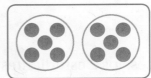

Entonces, 4 × 5 = ____.

## Comparte y muestra 🖊 MATH BOARD

**1.** Duplica 2 × 7 para hallar 4 × 7.

Multiplica por 2.  2 × 7 = ____

Duplica el producto.  14 + 14 = ____

Entonces, 4 × 7 = ____.

 **Charla matemática**

 PRÁCTICAS Y PROCESOS MATEMÁTICOS ⑦

**Identifica relaciones**
Explica por qué conocer
el producto de 2 × 8
te ayuda a hallar el
producto de 4 × 8.

Nombre _____

**Escribe un enunciado de multiplicación para el modelo.**

2.

_____ × _____ = _____

3.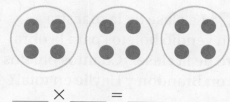

_____ × _____ = _____

**Halla el producto.**

4.  6
   ×2

5.  9
   ×4

6.  2
   ×7

7.  8
   ×4

8.  5
   ×2

**Por tu cuenta**

**Halla el producto. Usa tu tablero de matemáticas.**

9.  10
   × 4

10.  2
    ×9

11.  4
    ×6

12.  7
    ×2

13.  2
    ×0

14.  4
    ×3

15.  2
    ×8

16.  4
    ×4

17.  10
    × 2

18.  4
    ×5

**PRÁCTICAS Y PROCESOS MATEMÁTICOS 7** Busca estructuras **Álgebra** Completa la tabla para los factores 2 y 4.

| × | 1 | 2 | 3 | 4 | 5 | 6 | 7 | 8 | 9 | 10 |
|---|---|---|---|---|---|---|---|---|---|---|
| 19. 2 | | | | | | | | | | |
| 20. 4 | | | | | | | | | | |

**PRÁCTICAS Y PROCESOS MATEMÁTICOS 2** Razona de forma cuantitativa **Álgebra** Escribe el número desconocido.

21. $4 \times 8 = 16 +$ _____

22. $20 = 2 \times$ _____

23. $8 \times 2 = 10 +$ _____

24. **PIENSA MÁS** Lindsay, Louis, Sally y Matt llevaron 5 invitados cada uno a la obra de teatro escolar. ¿Cuántos invitados en total llevaron a la obra de teatro escolar? Explícalo.

_____

## Soluciona el problema *En el mundo*

**25.** **MÁS AL DETALLE** La clase de la maestra Peterson vendió boletos para la obra de teatro de la clase. ¿Cuántos boletos vendieron Brandon y Haylie en total?

| Boletos para la obra de teatro | |
|---|---|
| Brandon | 🎟️🎟️🎟️🎟️ |
| Haylie | 🎟️🎟️🎟️🎟️🎟️🎟️🎟️ |
| Elizabeth | 🎟️🎟️🎟️🎟️🎟️🎟️🎟️ |

Clave: Cada 🎟️ = 2 boletos vendidos.

**a.** ¿Qué debes hallar?

_____

_____

**b.** ¿Por qué debes multiplicar para hallar la cantidad de boletos ilustrados? Explícalo.

_____

_____

**c.** Muestra los pasos que seguiste para resolver el problema.

**d.** Completa las oraciones.

Brandon vendió _____ boletos

Haylie vendió _____ boletos

En total, Brandon y Haylie vendieron

_____ boletos.

**26.** **PRÁCTICAS Y PROCESOS MATEMÁTICOS ①** **Analiza** Supón que Sam vende 20 boletos para la obra de teatro de la escuela. ¿Cuántos boletos debería haber en la pictografía de arriba para representar sus ventas? Explícalo.

_____

_____

**27.** **PIENSA MÁS** Alex va al banco a cambiar algunos billetes de 1 dólar por monedas de 25¢. Por cada dólar le dan cuatro monedas de 25¢. Elige la cantidad de monedas que Alex podría recibir. Elige todas las opciones posibles.

- (A) 16
- (B) 18
- (C) 24
- (D) 32
- (E) 50

# Multiplicar por 2 y por 4

**Objetivo de aprendizaje** Usarás grupos de igual tamaño, igual número de "saltos" en una recta numérica y dobles para multiplicar por 2 y por 4.

**Escribe un enunciado de multiplicación para el modelo.**

**1.**

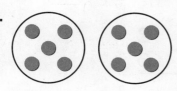

**Piensa:** Hay 2 grupos de 5 fichas.

__2__ × __5__ = __10__

**2.**

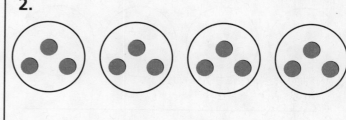

___ × ___ = ___

**Halla el producto.**

**3.**  2
   × 6

**4.**  4
   × 8

**5.**  2
   × 3

**6.**  4
   × 6

 **Resolución de problemas** En el mundo

**7.** El lunes, Steven leyó 9 páginas de su nuevo libro. Para terminar el primer capítulo el martes, debe leer el doble de las páginas que leyó el lunes. ¿Cuántas páginas debe leer el martes?

_____

**8.** En la escuela de Courtney se está llevando a cabo una noche de juegos en familia. En cada mesa hay 4 jugadores. Hay 7 mesas en total. ¿Cuántos jugadores hay en la noche de juegos en familia?

_____

**9.** ESCRIBE ▸*Matemáticas* Explica cómo puedes usar los dobles cuando multiplicas por 4 para calcular 4 × 8.

_____

_____

## Repaso de la lección

**1.** ¿Qué enunciado de multiplicación se relaciona con el modelo?

_____

_____

**2.** Halla el producto.

$$\begin{array}{r} 2 \\ \times\ 8 \\ \hline \end{array}$$

## Repaso en espiral

**3.** Juan hizo una pictografía para mostrar los colores favoritos de sus amigos. Esta es su clave.

Cada  = 2 amigos.

¿Cuántos amigos representan

?

_____

**4.** En la tabla se muestra la longitud de algunos senderos para caminatas.

| Senderos para caminatas | |
|---|---|
| Nombre | Longitud (en pies) |
| Sendero de la montaña | 844 |
| Sendero del lago | 792 |
| Sendero de la armonía | 528 |

¿Cuántos pies más largo es el Sendero de la montaña que el Sendero de la armonía?

_____

**5.** Halla la suma.

$$\begin{array}{r} 527 \\ +\ 154 \\ \hline \end{array}$$

**6.** En una gráfica de barras se muestra que los libros de deportes recibieron 9 votos. Si la escala va de 0 a 20 de 2 en 2, ¿dónde debe terminar la barra de los libros de deportes?

_____

PRACTICA MÁS CON EL
**Entrenador personal en matemáticas**

Nombre _____

# Multiplicar por 5 y por 10

**Pregunta esencial** ¿Cómo puedes multiplicar por 5 y por 10?

**Objetivo de aprendizaje** Usarás igual número de "saltos" sobre una recta numérica y modelos para multiplicar por 5 y por 10.

## Soluciona el problema

Marcel está haciendo 6 banjos de juguete. Necesita 5 cuerdas para cada banjo. ¿Cuántas cuerdas necesita en total?

 **Cuenta salteado.**

Cuenta salteado de 5 en 5 hasta que hayas dicho 6 números.

5, _____, _____, _____, _____, _____

$6 \times 5 =$ _____

Entonces, Marcel necesita _____ cuerdas en total.

- ¿Cuántos banjos está haciendo Marcel? _____

- ¿Cuántas cuerdas tiene cada banjo? _____

##  Ejemplo 1 Usa una recta numérica.

Cada cuerda mide 10 pulgadas de longitud. ¿Cuántas pulgadas de cuerda usará Marcel para cada banjo?

Piensa: 1 salto = 10 pulgadas

0    5    10    15    20    25    30    35    40    45    50

- Dibuja 5 saltos para las 5 cuerdas. Salta 10 espacios cada vez para contar la longitud de cada cuerda.

- Llegarás a 10, _____, _____, _____, y _____.     $5 \times 10 =$ _____

Los números 10, 20, 30, 40 y 50 son múltiplos de 10.

Entonces, Marcel usará _____ pulgadas de cuerda para cada banjo.

Un **múltiplo** de 10 es cualquier producto que tenga a 10 como uno de sus factores.

Charla matemática

**PRÁCTICAS Y PROCESOS MATEMÁTICOS** ①

**Analiza** ¿Qué puedes decir sobre los múltiplos de 10?

## Ejemplo 2 Usa un modelo de barras.

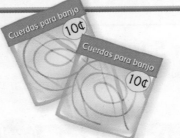

Marcel compró 3 paquetes de cuerdas.
Cada paquete costó 10¢. ¿Cuánto costaron
los paquetes en total?

| REPRESENTA | PIENSA | ANOTA |
|---|---|---|

REPRESENTA

| 10¢ | 10¢ | 10¢ |
|---|---|---|

PIENSA

1 unidad → 10¢

3 unidades → _____ × _____

ANOTA

_____ × _____ = _____

Entonces, los paquetes de cuerdas costaron _____ en total.

## Comparte y muestra

**1.** ¿Cómo puedes usar esta recta numérica para hallar $8 \times 5$?

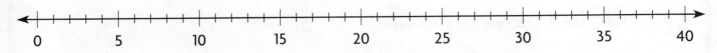

```
0      5      10      15      20      25      30      35      40
```

_____

_____

**Charla matemática**

PRÁCTICAS Y PROCESOS MATEMÁTICOS ③

Aplica ¿Por qué si sabes el resultado de $4 \times 5$ te ayuda a hallar $4 \times 10$?

**Halla el producto.**

**2.** $2 \times 5 =$ _____

**3.** _____ $= 6 \times 10$

**4.** _____ $= 5 \times 5$

**5.** $10 \times 7 =$ _____

**6.**   10
    $\times\ 4$

**7.**    5
    $\times 6$

**8.**   10
    $\times\ 0$

**9.**     5
    $\times 3$

**10.**    7
    $\times 5$

**11.**    5
    $\times 10$

**12.**    4
    $\times 5$

**13.**    9
    $\times 10$

Nombre _____

## Por tu cuenta

**Halla el producto.**

**14.** $5 \times 1 =$ _____

**15.** _____ $= 10 \times 2$

**16.** _____ $= 4 \times 5$

**17.** $10 \times 10 =$ _____

**18.** $10 \times 0 =$ _____

**19.** $10 \times 5 =$ _____

**20.** _____ $= 1 \times 5$

**21.** _____ $= 5 \times 9$

**22.**    3
     $\times 4$

**23.**    5
     $\times 0$

**24.**    4
     $\times 8$

**25.**    10
     $\times 5$

---

**PRÁCTICAS Y PROCESOS MATEMÁTICOS 7** **Identifica relaciones** **Álgebra** **Usa las ilustraciones para hallar los números desconocidos.**

**26.**

$3 \times$ _____ $=$ _____

**27.**

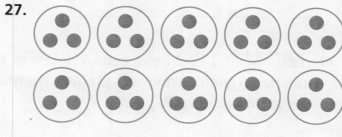

_____ $\times 3 =$ _____

---

**PRÁCTICAS Y PROCESOS MATEMÁTICOS 4** **Usa un diagrama** **Completa el modelo de barras para resolver los problemas.**

**28.** Marcel tocó 5 canciones con el banjo. Si cada canción duró 8 minutos, ¿cuánto tiempo estuvo tocando?

[    ] minutos

_____

**29.** Hay 6 músicos que tocan el banjo. Si cada uno necesita 10 partituras, ¿cuántas partituras se necesitan en total?

[    ] partituras

_____

**30.** *MÁS AL DETALLE* Chris tiene 5 pilas de DVD en una repisa. Cada pila tiene 10 DVD. Si Chris agrega 2 pilas más idénticas de DVD a las repisas, ¿cuántos DVD tendrá Chris?

_____

**31.** *MÁS AL DETALLE* Mark está haciendo 10 cometas. Usa 5 yardas de cinta para cada cometa. Hasta ahora ha hecho 2 de las cometas. ¿Cuántas yardas de cinta necesitará Mark para hacer el resto de las cometas?

_____

## Resolución de problemas • Aplicaciones

**Usa la tabla para resolver los problemas 32 a 34.**

**32.** John y su papá tienen 7 banjos. Quieren cambiar las cuerdas de todos los banjos. ¿Cuántas cuerdas deben comprar? Escribe un enunciado de multiplicación para resolver el problema.

_____

| Instrumentos de cuerdas | |
|---|---|
| **Instrumento** | **Cuerdas** |
| Guitarra | 6 |
| Banjo | 5 |
| Mandolina | 8 |
| Violín | 4 |

**33.** **MÁS AL DETALLE**   El Sr. Lemke tiene 5 guitarras, 4 banjos y 2 mandolinas. ¿Cuántas cuerdas tienen los instrumentos del Sr. Lemke en total?

_____

**34.** **PIENSA MÁS**   La orquesta tiene 5 violines y 3 guitarras que necesitan cuerdas nuevas. ¿Cuántas cuerdas en total necesitan ser reemplazadas? Explícalo.

_____

_____

**35.** **ESCRIBE** ▸ *Matemáticas*   **¿Cuál es el error?**  El Sr. James tiene 3 banjos. El Sr. Lewis tiene 5 veces la cantidad de banjos que tiene el Sr. James. Riley dice que el Sr. Lewis tiene 12 banjos. Describe su error.

_____

_____

**36.** **PIENSA MÁS**   Encierra en un círculo el número que hace que el enunciado de multiplicación sea verdadero.

$$5 \times \begin{array}{|c|} \hline 7 \\ 8 \\ 9 \\ \hline \end{array} = 45$$

# Multiplicar por 5 y por 10

## Halla el producto.

**1.** $5 \times 7 =$ ___35___

**2.** $5 \times 1 =$ _____

**3.** $2 \times 10 =$ _____

**4.** _____ $= 8 \times 5$

**5.** $1 \times 10 =$ _____

**6.** _____ $= 4 \times 5$

**7.** $5 \times 10 =$ _____

**8.** $7 \times 5 =$ _____

**9.**
$$\begin{array}{r} 5 \\ \times\ 6 \\ \hline \end{array}$$

**10.**
$$\begin{array}{r} 10 \\ \times\ 7 \\ \hline \end{array}$$

**11.**
$$\begin{array}{r} 5 \\ \times\ 3 \\ \hline \end{array}$$

**12.**
$$\begin{array}{r} 10 \\ \times\ 4 \\ \hline \end{array}$$

**13.**
$$\begin{array}{r} 5 \\ \times\ 0 \\ \hline \end{array}$$

**14.**
$$\begin{array}{r} 10 \\ \times\ 8 \\ \hline \end{array}$$

**15.**
$$\begin{array}{r} 5 \\ \times\ 2 \\ \hline \end{array}$$

**16.**
$$\begin{array}{r} 10 \\ \times\ 6 \\ \hline \end{array}$$

## Resolución de problemas En el mundo

**17.** Ginger toma 10 monedas de 5¢ para comprar algunos lápices en la tienda de la escuela. ¿Cuántos centavos tiene Ginger para gastar?

_____

**18.** En el gimnasio de la escuela Evergreen hay 3 canchas de básquetbol. En cada cancha juegan 5 jugadores. ¿Cuántos jugadores hay en total?

_____

**19.** **ESCRIBE** ▶*Matemáticas* Michelle compró algunos molinetes por un dólar y pagó en monedas de 10¢. ¿Cuántas monedas de 10¢ usó? Explica.

_____

_____

# Repaso de la lección

**1.** La Sra. Hinely cultiva rosas. Hay 6 rosas en cada uno de sus 10 rosales. ¿Cuántas rosas hay en total en los rosales de la Sra. Hinely?

_____

**2.** Halla el producto.

$$\begin{array}{r} 5 \\ \times\ 8 \\ \hline \end{array}$$

# Repaso en espiral

**3.** La clase del maestro Miller votó para decidir dónde ir de excursión. Usa la pictografía para hallar qué opción obtuvo más votos.

| Opciones para la excursión | |
|---|---|
| Centro de ciencias | ★★ |
| Acuario | ★★★⯪ |
| Zoológico | ★★★★ |
| Museo | ★★ |
| Clave: Cada ★ = 2 votos. | |

_____

**4.** Zack hizo la siguiente tabla para su encuesta.

| Jugo favorito | |
|---|---|
| **Sabor** | **Votos** |
| Uva | 16 |
| Naranja | 10 |
| Fresa | 9 |
| Manzana | 12 |

¿Cuántos votos se obtuvieron en total?

_____

**5.** ¿Cuál de los siguientes números es par?

25, 28, 31, 37

_____

_____

**6.** Estima la suma.

$$\begin{array}{r} 479 \\ +\ \ 89 \\ \hline \end{array}$$

_____

_____

PRACTICA MÁS CON EL
Entrenador personal
en matemáticas

Nombre _____

# Multiplicar por 3 y por 6

**Pregunta esencial** ¿Cuáles son algunas maneras de multiplicar por 3 y por 6?

**Objetivo de aprendizaje** Usarás estrategias para multiplicar por 3 y por 6.

## Soluciona el problema

Sabrina está haciendo triángulos con palillos de dientes. Usa 3 palillos para cada triángulo. Hace 4 triángulos. ¿Cuántos palillos usa Sabrina?

- ¿Por qué Sabrina necesita 3 palillos de dientes para cada triángulo?

_____

_____

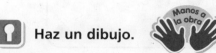 **Haz un dibujo.**

**PASO 1**

Completa los 4 triángulos.

**PASO 2**

Cuenta salteado por el número de lados. _____, _____, _____, _____

¿Cuántos triángulos hay en total? _____

¿Cuántos palillos de dientes hay en cada triángulo? _____

¿Cuántos palillos de dientes hay en total?

4 × _____ = _____

4 triángulos tienen _____ palillos de dientes.

Entonces, Sabrina usa _____ palillos.

**Charla matemática**

**PRÁCTICAS Y PROCESOS MATEMÁTICOS ②**

**Razona de forma abstracta** ¿Cómo puedes usar lo que sabes acerca de la cantidad de palillos que se necesitan para hacer 4 triángulos para hallar la cantidad de palillos que se necesitan para hacer 8 triángulos?

**¡Inténtalo!** **Halla la cantidad de palillos que se necesitan para hacer 6 triángulos.**

Haz un dibujo rápido como ayuda.
¿Cómo hallaste la respuesta?

_____

_____

_____

Jessica usa palitos planos para hacer 6 octágonos.
¿Cuántos palitos planos usará en total?

## 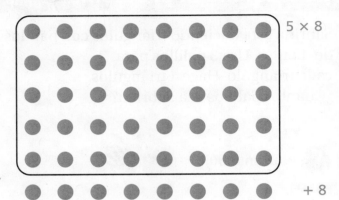 De una manera   Usa operaciones con 5 y la suma.   ▲ Un octágono tiene 8 lados.

Para multiplicar un factor por 6, multiplícalo
por 5 y luego suma el factor.

$6 \times 7 = 5 \times 7 + 7 = 42$

$6 \times 6 = 5 \times 6 +$ _____ $=$ _____

$6 \times 8 = 5 \times$ _____ $+$ _____ $=$ _____

$6 \times 9 =$ _____ $\times$ _____ $+$ _____ $=$ _____

Entonces, Jessica usará _____ palitos planos.

$5 \times 8$

$+ 8$

## De otras maneras

### A  Usa dobles.

Cuando al menos uno de los factores es un número par, puedes usar dobles. $6 \times 8 =$ ▮

Primero multiplica por la mitad del número par.     $3 \times 8 =$ _____

Después de multiplicar, duplica el producto.     _____ $+ 24 =$ _____

$6 \times 8 =$ _____

### B  Usa una tabla de multiplicar.

Manos a la obra

Halla el producto de $6 \times 8$ donde se
encuentran la hilera 6 y la columna 8.

$6 \times 8 =$ _____

• Sombrea la hilera correspondiente a 3 en
la tabla. Luego compara las hileras de los
números 3 y 6. ¿Qué puedes decir sobre
sus productos?

_____

_____

| ×  | 0 | 1 | 2 | 3 | 4 | 5 | 6 | 7 | 8 | 9 | 10 |
|----|---|---|---|---|---|---|---|---|---|---|----|
| 0  | 0 | 0 | 0 | 0 | 0 | 0 | 0 | 0 | 0 | 0 | 0 |
| 1  | 0 | 1 | 2 | 3 | 4 | 5 | 6 | 7 | 8 | 9 | 10 |
| 2  | 0 | 2 | 4 | 6 | 8 | 10 | 12 | 14 | 16 | 18 | 20 |
| 3  | 0 | 3 | 6 | 9 | 12 | 15 | 18 | 21 | 24 | 27 | 30 |
| 4  | 0 | 4 | 8 | 12 | 16 | 20 | 24 | 28 | 32 | 36 | 40 |
| 5  | 0 | 5 | 10 | 15 | 20 | 25 | 30 | 35 | 40 | 45 | 50 |
| 6  | 0 | 6 | 12 | 18 | 24 | 30 | 36 | 42 | 48 | 54 | 60 |
| 7  | 0 | 7 | 14 | 21 | 28 | 35 | 42 | 49 | 56 | 63 | 70 |
| 8  | 0 | 8 | 16 | 24 | 32 | 40 | 48 | 56 | 64 | 72 | 80 |
| 9  | 0 | 9 | 18 | 27 | 36 | 45 | 54 | 63 | 72 | 81 | 90 |
| 10 | 0 | 10 | 20 | 30 | 40 | 50 | 60 | 70 | 80 | 90 | 100 |

Nombre _____

**1.** Usa operaciones por 5 y la suma para hallar $6 \times 4 = $ ▪.

$6 \times 4 = $ _____ $\times$ _____ $+$ _____ $=$ _____

$6 \times 4 = $ _____

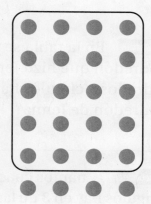

> **Charla matemática**
>
> PRÁCTICAS Y PROCESOS MATEMÁTICOS **6**
>
> **Explica** cómo usarías operaciones por 5 y la suma para hallar $6 \times 3$.

### Halla el producto.

**2.** $6 \times 1 = $ _____     **3.** _____ $= 3 \times 7$     ✓ **4.** _____ $= 6 \times 5$     ✓ **5.** $3 \times 9 = $ _____

## Por tu cuenta

### Halla el producto.

**6.** $2 \times 3 = $ _____     **7.** _____ $= 3 \times 6$     **8.** _____ $= 3 \times 0$     **9.** $1 \times 6 = $ _____

**10.** $\begin{array}{r} 3 \\ \times 6 \\ \hline \end{array}$     **11.** $\begin{array}{r} 8 \\ \times 3 \\ \hline \end{array}$     **12.** $\begin{array}{r} 6 \\ \times 7 \\ \hline \end{array}$     **13.** $\begin{array}{r} 3 \\ \times 3 \\ \hline \end{array}$     **14.** $\begin{array}{r} 10 \\ \times 6 \\ \hline \end{array}$

**PRÁCTICAS Y PROCESOS MATEMÁTICOS ②** Usa el razonamiento **Álgebra** Completa la tabla.

| Multiplica por 3. | |
|---|---|
| Factor | Producto |
| **15.** 4 | |
| **16.** | 18 |

| Multiplica por 6. | |
|---|---|
| Factor | Producto |
| **17.** 5 | |
| **18.** 7 | |

**19.**

| Multiplica por ▪. | |
|---|---|
| Factor | Producto |
| 3 | 15 |
| **20.** 2 | |

## Resolución de problemas · Aplicaciones En el mundo

**Usa la tabla para resolver los problemas 21 y 22.**

| Piezas de edredón | |
|---|---|
| Figura | Cantidad en una pieza de edredón |
| Cuadrado | 6 |
| Triángulo | 4 |
| Círculo | 4 |

**21.** MÁS AL DETALLE En la tabla se detallan las piezas de edredón que hizo Jenna. ¿Cuántos cuadrados y círculos hay en 6 de las piezas de edredón de Jenna?

_____

**22.** MÁS AL DETALLE ¿Cuántos cuadrados más que triángulos hay en 3 de las piezas de edredón de Jenna?

_____

**23.** PIENSA MÁS Alicia usa palitos planos para hacer figuras. Si usara un palito plano para cada lado de la figura, ¿necesitaría más palitos planos para 5 cuadrados o para 6 triángulos? Explícalo.

_____

_____

_____

**24.** PRÁCTICAS Y PROCESOS MATEMÁTICOS ③ **Aplica** Haz un dibujo y usa palabras para explicar la propiedad conmutativa de la multiplicación con los factores 3 y 4.

_____

_____

**25.** PIENSA MÁS Omar lee 6 páginas de su libro cada noche. ¿Cuántas páginas leerá Omar en 7 noches?

Usa la matriz para explicar cómo sabes que tu respuesta es correcta.

_____

_____

Nombre _____

# Multiplicar por 3 y por 6

**Objetivo de aprendizaje** Usarás estrategias para multiplicar por 3 y por 6.

**Halla el producto.**

**1.** $6 \times 4 = \underline{24}$  **2.** $3 \times 7 = \underline{\quad}$  **3.** $\underline{\quad} = 2 \times 6$  **4.** $\underline{\quad} = 3 \times 5$

**Piensa:** Puedes usar dobles.
$$3 \times 4 = 12$$
$$12 + 12 = 24$$

**5.** $1 \times 3 = \underline{\quad}$  **6.** $\underline{\quad} = 6 \times 8$  **7.** $3 \times 9 = \underline{\quad}$  **8.** $\underline{\quad} = 6 \times 6$

**9.** $\begin{array}{r} 4 \\ \times\ 3 \\ \hline \end{array}$  **10.** $\begin{array}{r} 6 \\ \times\ 5 \\ \hline \end{array}$  **11.** $\begin{array}{r} 2 \\ \times\ 3 \\ \hline \end{array}$  **12.** $\begin{array}{r} 6 \\ \times\ 3 \\ \hline \end{array}$

**13.** $\begin{array}{r} 10 \\ \times\ 6 \\ \hline \end{array}$  **14.** $\begin{array}{r} 3 \\ \times\ 6 \\ \hline \end{array}$  **15.** $\begin{array}{r} 7 \\ \times\ 6 \\ \hline \end{array}$  **16.** $\begin{array}{r} 3 \\ \times\ 0 \\ \hline \end{array}$

## Resolución de problemas · En el mundo

**17.** James conectó 3 batazos en cada uno de sus partidos de béisbol. Ha jugado 4 partidos de béisbol. ¿Cuántos batazos ha conectado en total?

_____

**18.** La Sra. Burns está comprando panecillos. Hay 6 panecillos en cada caja. Si compra 5 cajas, ¿cuántos panecillos comprará?

_____

**19.** **ESCRIBE** ▸*Matemáticas* Explica en qué se parece multiplicar por 6 a multiplicar por 3.

_____
_____

## Repaso de la lección

**1.** Paco compra un cartón de huevos. En el cartón hay 2 hileras de huevos. Hay 6 huevos en cada hilera. ¿Cuántos huevos hay en el cartón?

_____

**2.** Halla el producto.

$$\begin{array}{r} 9 \\ \times\ 3 \\ \hline \end{array}$$

## Repaso en espiral

**3.** Halla la diferencia.

$$\begin{array}{r} 568 \\ -\ 283 \\ \hline \end{array}$$

**4.** Dwight encestó el doble de canastas en la segunda mitad del partido de básquetbol que las que encestó en la primera mitad. Encestó 5 canastas en la primera mitad. ¿Cuántas canastas encestó en la segunda mitad?

_____

**5.** En la pictografía de Jane, el símbolo ☺ representa 2 estudiantes. Una hilera de la pictografía tiene 8 símbolos. ¿A cuántos estudiantes representa una hilera?

_____

**6.** ¿Qué enunciado de multiplicación se muestra en la siguiente matriz?

_____

PRACTICA MÁS CON EL
Entrenador personal
en matemáticas

# La propiedad distributiva

**Pregunta esencial** ¿Cómo puedes usar la propiedad distributiva para hallar productos?

**Objetivo de aprendizaje** Usarás matrices y la propiedad distributiva para representar un producto.

## 🔑 Soluciona el problema  En el mundo

Mark compró 6 peces nuevos para su acuario. Pagó $7 por cada pez. ¿Cuánto gastó en total?

Halla 6 × $7.

Puedes usar la propiedad distributiva para resolver el problema.

La **propiedad distributiva** establece que multiplicar una suma por un número es lo mismo que multiplicar cada sumando por ese número y luego sumar los productos.

• Describe los grupos de este problema.

_____

• Encierra en un círculo los números que usarás para resolver el problema.

**Recuerda**

**suma:** el resultado de un problema de suma

**sumandos:** los números que se suman

## 🔑 Actividad   **Materiales** ■ fichas cuadradas

Haz una matriz con fichas cuadradas para mostrar 6 hileras de 7.

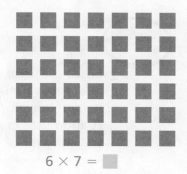

6 × 7 = ■

6 × 7 = ■
6 × 7 = 6 × (5 + 2)
6 × 7 = (6 × 5) + (6 × 2)

6 × 7 = _____ + _____

6 × 7 = _____

Entonces, Mark gastó $ _____ en la compra de sus pececillos nuevos.

Separa la matriz para hacer dos matrices más pequeñas de operaciones que conozcas.

6 × 5          6 × 2

**Piensa:** 7 = 5 + 2

Multiplica cada sumando por 6.

Suma los productos.

**PRÁCTICAS Y PROCESOS MATEMÁTICOS ❷**

**Razona de forma cuantitativa** ¿De qué otras maneras podrías separar la matriz de 6 × 7?

## ¡Inténtalo!

Supón que Mark compró 9 pececillos y pagó $6 por cada pececillo.

Puedes separar una matriz de 9 × 6 en dos matrices más pequeñas de operaciones que conozcas. Una manera es pensar en 9 como 5 + 4. Dibuja una línea para mostrar esta manera. Luego halla el producto.

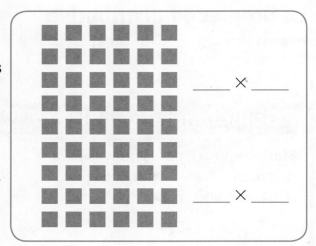

_____ × _____

_____ × _____

9 × 6 = (_____ × _____) + (_____ × _____)

9 × 6 = _____ + _____

Entonces, Mark gastó $_____ en los 9 pececillos.

**Comparte y muestra** MATH BOARD

1. Dibuja una línea para mostrar cómo podrías separar esta matriz de 6 × 8 en dos matrices más pequeñas de operaciones que conozcas.

- ¿Qué números multiplicas? _____ y _____

  _____ y _____

- ¿Qué números sumas? _____ + _____

6 × 8 = 6 × (_____ + _____)

6 × 8 = (_____ × _____) + (_____ × _____)

6 × 8 = _____ + _____

6 × 8 = _____

**Escribe una manera de separar la matriz. Luego halla el producto.**

**Charla matemática** PRÁCTICAS Y PROCESOS MATEMÁTICOS ⑦

**Busca estructuras** ¿Por qué debes sumar para hallar el producto total cuando usas la propiedad distributiva?

2.

_____

_____

3.

_____

_____

## Por tu cuenta

**4.** MÁS AL DETALLE Sombrea las fichas para hacer una matriz en la que se muestre una operación con 7, 8 ó 9 como factor. Escribe la operación. Explica cómo hallaste el producto.

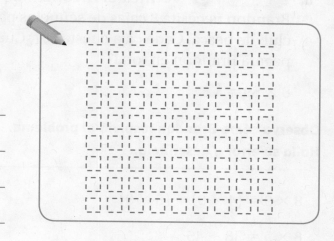

_____

_____

_____

**5.** PIENSA MÁS Robin dice: "Puedo hallar $8 \times 7$ si multiplico $3 \times 7$ y lo duplico". ¿Tiene sentido su enunciado? Explica tu respuesta.

_____

_____

**6.** MÁS AL DETALLE Kent compra 5 bolsas de patatas que cuestan $7 cada una. Si le paga a la cajera $40, ¿cuánto debe recibir de cambio Kent?

_____

**7.** PIENSA MÁS En los ejercicios 7a a 7d, elige Sí o No para indicar si la suma o producto es igual a $7 \times 5$.

**7a.** $7 + (3 + 2) = \blacksquare$      ○ Sí     ○ No

**7b.** $7 \times (3 + 2) = \blacksquare$      ○ Sí     ○ No

**7c.** $(5 \times 4) + (5 \times 3) = \blacksquare$      ○ Sí     ○ No

**7d.** $(7 \times 2) + (7 \times 5) = \blacksquare$      ○ Sí     ○ No

## Resolución de problemas • Aplicaciones

**¿Cuál es el error?**

8. **PRÁCTICAS Y PROCESOS MATEMÁTICOS ③** **Verifica el razonamiento de otros**
Brandon necesita 8 cajas de señuelos para su club de pesca. Cada caja cuesta $9. ¿Cuánto pagará Brandon en total?

$8 \times \$9 = \blacksquare$

**Observa cómo Brandon resolvió el problema.**
**Halla su error y descríbelo.**

$8 \times 9 = (4 \times 9) + (5 \times 9)$

$8 \times 9 = 36 + 45$

$8 \times 9 = 81$

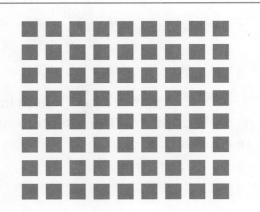

_____

_____

**Usa la matriz como ayuda para resolver el problema**
**y corrige su error.**

$8 \times 9 = (4 + 4) \times 9$

$8 \times 9 = (\underline{\phantom{xx}} \times \underline{\phantom{xx}}) + (\underline{\phantom{xx}} \times \underline{\phantom{xx}})$

$8 \times 9 = \underline{\phantom{xx}} + \underline{\phantom{xx}}$

$8 \times 9 = \underline{\phantom{xx}}$

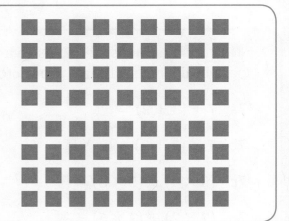

Entonces, Brandon pagará $ _____ por los señuelos.

# La propiedad distributiva

**Objetivo de aprendizaje** Usarás matrices y la propiedad distributiva para representar un producto.

**Escribe una manera de separar la matriz.**

**Luego halla el producto.**

1.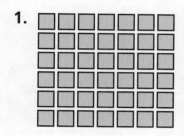

$$(3 \times 7) + (3 \times 7)$$

$$42$$

2.

_____

_____

## Resolución de problemas En el mundo

3. En la biblioteca se colocaron 2 hileras de 8 sillas para una función de títeres. ¿Cuántas sillas hay en total? Usa la propiedad distributiva para resolver el problema.

_____

4. En una banda de música hay 4 hileras de trompetistas con 10 trompetistas en cada hilera. ¿Cuántos trompetistas hay en la banda de música? Usa la propiedad distributiva para resolver el problema.

_____

5. **ESCRIBE** ▸ *Matemáticas* ¿De qué maneras puedes separar $7 \times 9$ aplicando la propiedad distributiva?

_____

_____

## Repaso de la lección

**1.** Completa el enunciado numérico para demostrar la propiedad distributiva.

$7 \times 6 =$

_____

_____

_____

**2.** ¿Cuál es una manera de separar la matriz?

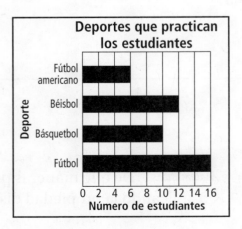

_____

_____

_____

## Repaso en espiral

**3.** Se colocaron 448 sillas en el auditorio para la obra de tercer grado. ¿Cuánto es 448 redondeado a la decena más próxima?

_____

**4.** Halla la diferencia.

$$400 \\ - \ 296$$

**5.** Hay 662 refrigerios de frutas en un cajón y 186 en otro. ¿Cuántos refrigerios hay en total?

$$622 \\ + \ 186$$

**6.** ¿Qué deporte practican 6 estudiantes?

**Deportes que practican los estudiantes**

Deporte:
- Fútbol americano
- Béisbol
- Básquetbol
- Fútbol

Número de estudiantes: 0 2 4 6 8 10 12 14 16

_____

_____

PRACTICA MÁS CON EL
Entrenador personal
en matemáticas

Nombre _____

# Multiplicar por 7

**Pregunta esencial** ¿Qué estrategias puedes usar para multiplicar por 7?

**Objetivo de aprendizaje** Usarás matrices y las propiedades de las operaciones para multiplicar por siete.

## 🔑 Soluciona el problema En el mundo

La familia de Jason tiene un nuevo cachorro. A Jason le corresponde pasear al cachorro una vez al día. ¿Cuántas veces paseará Jason al cachorro en 4 semanas?

Halla $4 \times 7$.

- ¿Con qué frecuencia pasea Jason al cachorro?

  _____

- ¿Cuántos días tiene 1 semana?

  _____

### 🔑 De una manera Usa la propiedad conmutativa de la multiplicación.

Si conoces $7 \times 4$, puedes usar esa operación para hallar $4 \times 7$.

Puedes cambiar el orden de los factores y el producto no cambia.

$7 \times 4 =$ _____, entonces $4 \times 7 =$ _____.

Entonces, Jason paseará al cachorro _____ veces en 4 semanas.

### 🔑 De otras maneras

**A** Usa la propiedad distributiva.

**PASO 1** Completa la matriz para mostrar 4 hileras de 7.

_____

**PASO 2** Dibuja una línea para separar la matriz en dos matrices más pequeñas de operaciones que conozcas.

_____

**PASO 3** Multiplica las operaciones de las matrices más pequeñas. Suma los productos.

Entonces, $4 \times 7 =$ _____.

$4 \times$ _____ = _____      $4 \times$ _____ = _____

_____ + _____ = _____

Charla matemática

**PRÁCTICAS Y PROCESOS MATEMÁTICOS ⑧**

**Generaliza** ¿Por qué aplicarías la propiedad distributiva como una estrategia para multiplicar?

**Capítulo 4   215**

**B** Usa una operación que conozcas.

Multiplica. $4 \times 7 = $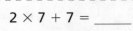

- Comienza con una operación que conozcas.

- Suma un grupo de 7 para hallar $3 \times 7$.

- Luego suma 7 más para hallar $4 \times 7$.

$2 \times 7 = $ _____

---

$2 \times 7 + 7 = $ _____

---

$3 \times 7 + 7 = $ _____

Entonces, $4 \times 7 = $ _____.

**Comparte y muestra**

1. **Explica** cómo podrías separar una matriz para hallar $6 \times 7$. Dibuja una matriz para mostrar tu trabajo.

_____

_____

**Charla matemática**

PRÁCTICAS Y PROCESOS MATEMÁTICOS **1**

**Aplica** ¿Cómo puedes usar dobles para hallar $8 \times 7$?

**Halla el producto.**

2. $9 \times 7 = $ _____     3. _____ $= 5 \times 7$     ✓ 4. _____ $= 7 \times 3$     ✓ 5. $1 \times 7 = $ _____

**Por tu cuenta**

**Halla el producto.**

6. _____ $= 7 \times 7$     7. $6 \times 7 = $ _____     8. _____ $= 7 \times 10$     9. _____ $= 7 \times 2$

10.   7      11.   6      12.   9      13.   8      14.   1      15.   4
  $\times 3$     $\times 7$     $\times 7$     $\times 7$     $\times 7$     $\times 7$

16. **MÁS AL DETALLE** Anders hace 7 vasos con frutas. Coloca 2 uvas verdes, 2 uvas rojas y 2 uvas negras en cada vaso. ¿Cuántas uvas usa Anders para los vasos con frutas?

_____

## Resolución de problemas • Aplicaciones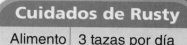

**Usa la tabla para resolver los problemas 17 a 19.**

| Cuidados de Rusty | |
|---|---|
| Alimento | 3 tazas por día |
| Agua | 4 tazas por día |
| Baño | 2 veces por mes |

**17.** Lori tiene un perro llamado Rusty. ¿Cuántos baños recibirá Rusty en 7 meses?

_____

**18.** **PIENSA MÁS** ¿Cuántas tazas más de agua que de alimento recibirá Rusty en 1 semana?

_____

**19.** **MÁS AL DETALLE** El perro de Tim, Medianoche, come 28 tazas de alimento en una semana. Come la misma cantidad de alimento cada día. ¿Cuántas tazas de alimento más comerá Medianoche que Rusty por día? Explícalo.

_____

_____

_____

**ESCRIBE** *Matemáticas* • **Muestra tu trabajo**

**20.** José pasea a su perro 10 millas cada semana. ¿Cuántas millas caminan en 7 semanas?

_____

**21.** **PRÁCTICAS Y PROCESOS MATEMÁTICOS 7** **Busca estructuras** Dave lleva a Zoey, su perra, a dar un paseo de 3 millas dos veces por día. ¿Cuántas millas caminan en una semana?

_____

**22.** **PIENSA MÁS** Alia ordena algunas cartas en 7 hileras iguales de 7 cartas cada una. ¿Cuántas cartas ordena Alia?

_____

## Conectar con la Lectura

### Resume

Para mantenerte saludable, debes seguir una dieta equilibrada y hacer ejercicio todos los días.

En la tabla se muestran las porciones diarias recomendadas para estudiantes de tercer grado. Debes comer las cantidades correctas de los distintos grupos de alimentos.

Supón que quieres contar a tus amigos lo que aprendiste acerca de cómo tener una alimentación saludable. ¿Cómo podrías resumir lo que aprendiste?

Cuando *resumes,* vuelves a decir la información más importante de forma más corta como ayuda para entender lo que has leído.

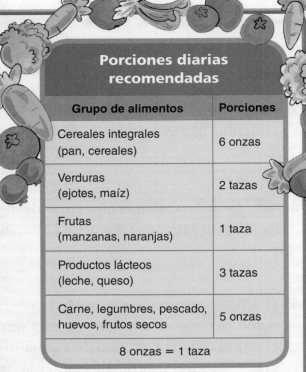

**Porciones diarias recomendadas**

| Grupo de alimentos | Porciones |
|---|---|
| Cereales integrales (pan, cereales) | 6 onzas |
| Verduras (ejotes, maíz) | 2 tazas |
| Frutas (manzanas, naranjas) | 1 taza |
| Productos lácteos (leche, queso) | 3 tazas |
| Carne, legumbres, pescado, huevos, frutos secos | 5 onzas |

8 onzas = 1 taza

- Para mantenerte saludable, debes seguir una

  _____ equilibrada y _____ todos los días.

- Un estudiante de tercer grado debe consumir 3 tazas de _____,
  como leche y queso, todos los días.

- Un estudiante de tercer grado debe comer _____
  de verduras y de frutas todos los días.

  ¿Cuántas tazas de verduras y de frutas debe comer un estudiante de tercer

  grado en 1 semana? _____

  **Recuerda: 1 semana** = 7 días

- Un estudiante de tercer grado debe comer _____ de cereales
  integrales, como pan y cereales, todos los días.

  ¿Cuántas onzas de cereales integrales debe comer un estudiante de tercer

  grado en 1 semana? _____

# Multiplicar por 7

**Objetivo de aprendizaje** Usarás matrices y las propiedades de las operaciones para multiplicar por siete.

## Halla el producto.

1. $6 \times 7 = \underline{\quad 42 \quad}$

2. $\underline{\qquad} = 7 \times 9$

3. $\underline{\qquad} = 1 \times 7$

4. $3 \times 7 = \underline{\qquad}$

5. $7 \times 7 = \underline{\qquad}$

6. $\underline{\qquad} = 2 \times 7$

7. $7 \times 8 = \underline{\qquad}$

8. $\underline{\qquad} = 4 \times 7$

9. $\begin{array}{r} 7 \\ \times\ 5 \\ \hline \end{array}$

10. $\begin{array}{r} 7 \\ \times\ 1 \\ \hline \end{array}$

11. $\begin{array}{r} 6 \\ \times\ 7 \\ \hline \end{array}$

12. $\begin{array}{r} 7 \\ \times\ 4 \\ \hline \end{array}$

13. $\begin{array}{r} 2 \\ \times\ 7 \\ \hline \end{array}$

14. $\begin{array}{r} 10 \\ \times\ 7 \\ \hline \end{array}$

15. $\begin{array}{r} 3 \\ \times\ 7 \\ \hline \end{array}$

16. $\begin{array}{r} 7 \\ \times\ 9 \\ \hline \end{array}$

17. $\begin{array}{r} 8 \\ \times\ 7 \\ \hline \end{array}$

18. $\begin{array}{r} 7 \\ \times\ 0 \\ \hline \end{array}$

## Resolución de problemas  En el mundo

19. Julie compra un par de aretes a $7. Ahora le gustaría comprar el mismo tipo de aretes para 2 de sus amigas. ¿Cuánto gastará en los 3 pares de aretes?

20. Owen y su familia irán a acampar en 8 semanas. Hay 7 días en 1 semana. ¿Cuántos días hay en 8 semanas?

21. **ESCRIBE** ▸*Matemáticas* Explica cómo aplicarías la propiedad conmutativa de la multiplicación para resolver $7 \times 3$.

## Repaso de la lección

**1.** Halla el producto.

$$\begin{array}{r} 7 \\ \times\ 8 \\ \hline \end{array}$$

**2.** ¿Qué producto se muestra en la matriz?

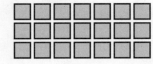

_____

## Repaso en espiral

**3.** De los siguientes números, ¿cuáles son pares?

6, 12, 18, 24, 30

**4.** ¿Cuántas personas más eligieron perros labradores que caniches?

| Raza de perro favorita | |
|---|---|
| Perro | Número |
| Pastor alemán | 58 |
| Labrador | 65 |
| Caniche | 26 |

_____

**5.** ¿Cuánto es 94 redondeado a la decena más próxima?

**6.** Jack tiene 5 palitos planos. Necesita 4 veces ese número para un proyecto. ¿Cuántos palitos planos necesita Jack en total?

_____

© Houghton Mifflin Harcourt Publishing Company

PRACTICA MÁS CON EL
Entrenador personal
en matemáticas

#  Revisión de la mitad del capítulo

## Vocabulario

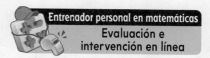
Entrenador personal en matemáticas
Evaluación e intervención en línea

**Elige el término del recuadro que mejor corresponda para completar la oración.**

| Vocabulario |
|---|
| múltiplo |
| propiedad |
| conmutativa |
| de la multiplicación |
| propiedad distributiva |

1. Un _____ de 4 es cualquier producto que tenga a 4 como uno de sus factores. (pág. 197)

2. Este es un ejemplo de la propiedad _____.

$$3 \times 8 = (3 \times 6) + (3 \times 2)$$

Esta propiedad establece que multiplicar una suma por un número es lo mismo que multiplicar cada sumando por ese número y luego sumar los productos. (pág. 209)

## Conceptos y destrezas

**Escribe una manera de separar la matriz. Luego halla el producto.**

3.

_____

_____

4.

_____

_____

**Halla el producto.**

5. $3 \times 1 = $ _____

6. $5 \times 6 = $ _____

7. _____ $= 7 \times 7$

8. $2 \times 10 = $ _____

9. $\begin{array}{r} 2 \\ \times 1 \\ \hline \end{array}$

10. $\begin{array}{r} 6 \\ \times 6 \\ \hline \end{array}$

11. $\begin{array}{r} 8 \\ \times 7 \\ \hline \end{array}$

12. $\begin{array}{r} 6 \\ \times 0 \\ \hline \end{array}$

13. $\begin{array}{r} 3 \\ \times 8 \\ \hline \end{array}$

**14.** Lori vio 6 luciérnagas. Cada una tenía 6 patas. ¿Cuántas patas tenían las luciérnagas en total?

_____

**15.** *MÁS AL DETALLE* Zach sacó a pasear a su perro dos veces por día durante 7 días. Moira paseó al suyo tres veces por día durante 5 días. ¿Qué perro salió más veces a pasear? ¿Cuántas veces más?

_____

**16.** *MÁS AL DETALLE* Annette compra 4 cajas de lápices. Hay 8 lápices en cada caja. Jordan compra 3 cajas de lápices de 10 lápices cada una. ¿Quién compra más lápices? ¿Cuántos más?

_____

**17.** Shelly puede pintar 4 dibujos en un día. ¿Cuántos dibujos puede pintar en 7 días?

_____

Nombre _____

# La propiedad asociativa de la multiplicación

**Objetivo de aprendizaje** Usarás la propiedad asociativa de la multiplicación para hallar un producto.

**Pregunta esencial** ¿Cómo puedes usar la propiedad asociativa de la multiplicación para hallar productos?

RELACIONA Has aprendido la propiedad asociativa de la suma. Si se cambia la agrupación de los sumandos, la suma no cambia.

$$(2 + 3) + 4 = 2 + (3 + 4)$$

> **Idea matemática**
> Siempre multiplica primero los números que están entre paréntesis.

La **propiedad asociativa de la multiplicación** establece que si se modifica la agrupación de los factores, el producto no cambia. También se la llama propiedad de agrupación de la multiplicación.

$$2 \times (3 \times 4) = (2 \times 3) \times 4$$

## Soluciona el problema En el mundo

Cada carrito de la montaña rusa tiene 2 hileras de asientos. En cada hilera hay 2 asientos. Cada tren tiene 3 carritos. ¿Cuántos asientos en total hay en cada tren?

- Subraya lo que debes hallar.
- Describe la agrupación de los asientos.

_____

 **Usa una matriz.**

Puedes usar una matriz para mostrar $3 \times (2 \times 2)$.

$3 \times (2 \times 2) = $ ▦

$3 \times$ _____ = _____

Entonces, hay 3 carritos con 4 asientos cada uno.

En total, hay _____ asientos en cada tren de la montaña rusa.

Puedes cambiar la agrupación con los paréntesis y el producto no cambia.

$(3 \times 2) \times 2 = $ ▦

_____ $\times 2 = $ _____

> Charla matemática  PRÁCTICAS Y PROCESOS MATEMÁTICOS ⑧
>
> **Generaliza** ¿Por qué no cambia el resultado cuando multiplicas 3 números juntos al cambiar la colocación de los paréntesis?

**Capítulo 4  223**

## Ejemplo  Usa las propiedades conmutativa y asociativa.

También puedes cambiar el orden de los factores.
El producto es el mismo.

$(4 \times 3) \times 2 = $ ▨

$4 \times (3 \times 2) = $ ▨    Propiedad asociativa

$4 \times \underline{\hspace{3em}} = \underline{\hspace{3em}}$

---

$4 \times (3 \times 2) = $ ▨

$4 \times (2 \times 3) = $ ▨    Propiedad conmutativa

$(4 \times 2) \times 3 = $ ▨    Propiedad asociativa

$\underline{\hspace{3em}} \times 3 = \underline{\hspace{3em}}$

## Comparte y muestra   MATH BOARD

1. Halla el producto de 5, 2 y 3. Escribe otra manera de agrupar los factores. ¿El producto cambia? ¿Por qué?

_____

_____

**Escribe otra manera de agrupar los factores. Luego halla el producto.**

2. $(2 \times 1) \times 7$

_____

_____

3. $3 \times (3 \times 4)$

_____

_____

4. $5 \times (2 \times 5)$

_____

_____

5. $3 \times (2 \times 6)$

_____

_____

6. $2 \times (2 \times 5)$

_____

_____

7. $(1 \times 3) \times 6$

_____

_____

Charla matemática

**Usa el razonamiento** ¿Por qué aplicarías tanto la propiedad conmutativa como la asociativa cuando resuelves un problema de multiplicación?

Nombre _____

## Por tu cuenta

**Escribe otra manera de agrupar los factores. Luego halla el producto.**

**8.** $(2 \times 3) \times 3$

_____

_____

**9.** $(8 \times 3) \times 2$

_____

_____

**10.** $2 \times (5 \times 5)$

_____

_____

**11.** $(3 \times 2) \times 4$

_____

_____

**12.** $(6 \times 1) \times 4$

_____

_____

**13.** $2 \times (2 \times 6)$

_____

_____

**Práctica: Copia y resuelve** Usa los paréntesis y las propiedades de la multiplicación. Luego, halla el producto.

**14.** $6 \times 5 \times 2$

**15.** $2 \times 3 \times 5$

**16.** $3 \times 1 \times 6$

**17.** $2 \times 5 \times 6$

**18.** $2 \times 0 \times 8$

**19.** $1 \times 9 \times 4$

**PIENSA MÁS** **Álgebra** Halla el factor desconocido.

**20.** $7 \times (2 \times \underline{\quad}) = 56$

**21.** $30 = 6 \times (5 \times \underline{\quad})$

**22.** $\underline{\quad} \times (2 \times 2) = 32$

**23.** $42 = 7 \times (2 \times \underline{\quad})$

**24.** $8 \times (5 \times \underline{\quad}) = 40$

**25.** $0 = \underline{\quad} \times (25 \times 1)$

**26.** **MÁS AL DETALLE** ¿Qué enunciado numérico representa esta matriz? Escribe otra manera de agrupar los factores.

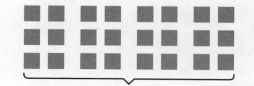

_____

_____

**27.** **MÁS AL DETALLE** Jamal tiene 65 parches para colchas. Si hace 2 colchas con 5 filas de 6 parches en cada colcha, ¿cuántos parches le sobrarán?

## Resolución de problemas • Aplicaciones

Usa la gráfica para resolver los problemas 28 y 29.

28. **PRÁCTICAS Y PROCESOS MATEMÁTICOS ②** **Representa un problema**
Cada carrito del tren de la montaña rusa *Steel Force* tiene 3 hileras de 2 asientos cada una. ¿Cuántos asientos tiene el tren? Haz un dibujo rápido.

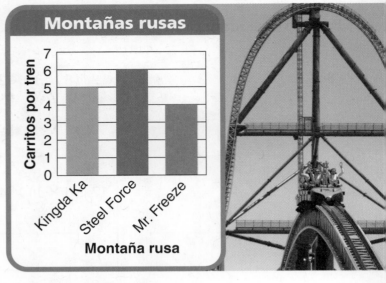

**Montañas rusas**

Carritos por tren

Kingda Ka · Steel Force · Mr. Freeze

Montaña rusa

_____

29. **PIENSA MÁS** Un tren de la montaña rusa *Kingda Ka* tiene 4 asientos por carrito, excepto el último carrito, que tiene solo 2 asientos. ¿Cuántos asientos tiene un tren de *Kingda Ka*?

ESCRIBE ▶ *Matemáticas*
**Muestra tu trabajo**

_____

30. **MÁS AL DETALLE** ¿Tiene sentido? Cada semana, Kelly trabaja 2 días, 4 horas cada día, y gana $5 por hora. Luis trabaja 5 días, 2 horas cada día, y gana $4 por hora. Kelly dice que los dos ganan la misma cantidad de dinero. ¿Tiene sentido este enunciado? Muestra tu trabajo.

_____

_____

31. **PIENSA MÁS** Clayton está empacando 3 cajas. Coloca 3 bolsas con almuerzos en cada una. Hay 4 emparedados en cada bolsa. ¿Cuántos emparedados empacó Clayton? Muestra tu trabajo.

_____

# La propiedad asociativa de la multiplicación

**Objetivo de aprendizaje** Usarás la propiedad asociativa de la multiplicación para hallar un producto.

**Escribe otra manera de agrupar los factores. Luego halla el producto.**

**1.** $(3 \times 2) \times 5$

$3 \times (2 \times 5)$
_____

30
_____

**2.** $(4 \times 3) \times 2$

_____

_____

**3.** $2 \times (2 \times 8)$

_____

_____

**4.** $9 \times (2 \times 1)$

_____

_____

**5.** $2 \times (3 \times 6)$

_____

_____

**6.** $(4 \times 2) \times 5$

_____

_____

**Usa paréntesis y las propiedades de la multiplicación. Luego halla el producto.**

**7.** $9 \times 1 \times 5 =$ _____

**8.** $3 \times 3 \times 2 =$ _____

**9.** $2 \times 4 \times 3 =$ _____

**10.** $7 \times 2 \times 3 =$ _____

**11.** $4 \times 1 \times 3 =$ _____

**12.** $10 \times 2 \times 4 =$ _____

## Resolución de problemas  En el mundo

**13.** Beth y María irán a la feria del condado. El boleto cuesta $4 por persona por día. Planean ir 3 días. ¿Cuánto pagarán las niñas por los 3 días en total?

_____

**14.** La huerta de Randy tiene 3 hileras de zanahorias con 3 plantas en cada hilera. El próximo año planea plantar 4 veces el número de hileras de 3 plantas. ¿Cuántas plantas tendrá el año próximo?

_____

**15.** ESCRIBE *Matemáticas* ¿Por qué aplicarías la propiedad asociativa de la multiplicación para resolver $(10 \times 4) \times 2$? ¿Cómo reagruparías los factores?

_____

## Repaso de la lección

**1.** Hay 2 asientos en cada vagón de un tren de paseo. En cada asiento viajan dos personas. Si un tren tiene 5 vagones, ¿cuántas personas entran en un tren en total?

_____

**2.** Crystal tiene 2 CD en cada caja. Tiene 3 cajas en cada uno de sus 6 estantes. ¿Cuántos CD tiene Crystal en total?

_____

## Repaso en espiral

**3.** Halla la suma.

$$472 + 186$$

**4.** Trevor hizo una pictografía para mostrar cuántos minutos montó en bicicleta cada estudiante la semana pasada. Esta es su clave.

Cada 🍊 = 10 minutos.

¿Qué representa 🍊🍊🍊?

_____

**5.** Madison tiene 142 adhesivos en su colección. ¿Cuánto es 142 redondeado a la decena más próxima?

_____

**6.** Hay 5 páginas con fotos. En cada página hay 6 fotos. ¿Cuántas fotos hay en total?

_____

PRACTICA MÁS CON EL
**Entrenador personal**
en matemáticas

Nombre _____

# Patrones en la tabla de multiplicar

**Pregunta esencial** ¿Cómo puedes usar las propiedades de la multiplicación para explicar los patrones que hay en la tabla de multiplicar?

**Objetivo de aprendizaje** Crearás y ampliarás patrones numéricos usando la tabla de multiplicar.

 **Soluciona el problema** En el mundo

Puedes usar una tabla de multiplicar para explorar patrones numéricos.

## 🔑 Actividad 1

**Materiales** ■ tablero de matemáticas

| × | 0 | 1 | 2 | 3 | 4 | 5 | 6 | 7 | 8 | 9 | 10 |
|---|---|---|---|---|---|---|---|---|---|---|----|
| 0 | | | | | | | | | | | |
| 1 | | | | | | | | | | | |
| 2 | | | | | | | | | | | |
| 3 | | | | | | | | | | | |
| 4 | | | | | | | | | | | |
| 5 | | | | | | | | | | | |
| 6 | | | | | | | | | | | |
| 7 | | | | | | | | | | | |
| 8 | | | | | | | | | | | |
| 9 | | | | | | | | | | | |
| 10 | | | | | | | | | | | |

- Escribe los productos correspondientes en los casilleros verdes. ¿Qué puedes decir de los productos?

_____

_____

Escribe en tu tablero de matemáticas los enunciados de multiplicación para los productos. ¿Qué puedes decir de los factores?

_____

- ¿Sucederá lo mismo en los casilleros amarillos? **Explícalo** con una propiedad que conozcas.

_____

Escribe los productos en los casilleros amarillos.

- Completa las columnas de 1, 5 y 6. Mira a lo largo de cada hilera y compara los productos. ¿Qué observas?

_____

¿Qué propiedad se demuestra aquí?

_____

 **Charla matemática**

**PRÁCTICAS Y PROCESOS MATEMÁTICOS 7**

**Busca un patrón** ¿Cómo puedes usar patrones en una tabla de multiplicar para hallar otros productos?

## Actividad 2

**Materiales** ■ crayones de color amarillo y azul

| ×  | 0 | 1  | 2  | 3  | 4  | 5  | 6  | 7  | 8  | 9  | 10  |
|----|---|----|----|----|----|----|----|----|----|----|-----|
| 0  | 0 | 0  | 0  | 0  | 0  | 0  | 0  | 0  | 0  | 0  | 0   |
| 1  | 0 | 1  | 2  | 3  | 4  | 5  | 6  | 7  | 8  | 9  | 10  |
| 2  | 0 | 2  | 4  | 6  | 8  | 10 | 12 | 14 | 16 | 18 | 20  |
| 3  | 0 | 3  | 6  | 9  | 12 | 15 | 18 | 21 | 24 | 27 | 30  |
| 4  | 0 | 4  | 8  | 12 | 16 | 20 | 24 | 28 | 32 | 36 | 40  |
| 5  | 0 | 5  | 10 | 15 | 20 | 25 | 30 | 35 | 40 | 45 | 50  |
| 6  | 0 | 6  | 12 | 18 | 24 | 30 | 36 | 42 | 48 | 54 | 60  |
| 7  | 0 | 7  | 14 | 21 | 28 | 35 | 42 | 49 | 56 | 63 | 70  |
| 8  | 0 | 8  | 16 | 24 | 32 | 40 | 48 | 56 | 64 | 72 | 80  |
| 9  | 0 | 9  | 18 | 27 | 36 | 45 | 54 | 63 | 72 | 81 | 90  |
| 10 | 0 | 10 | 20 | 30 | 40 | 50 | 60 | 70 | 80 | 90 | 100 |

- Sombrea las hileras de 0, 2, 4, 6, 8 y 10 de amarillo.

- ¿Qué patrón observas en cada hilera sombreada?

  _____

  _____

- Compara las hileras de 2 y 4. ¿Qué puedes decir

  de los productos? _____

  _____

- Sombrea las columnas de 1, 3, 5, 7 y 9 con azul.

- ¿Qué puedes decir de los productos de cada
  columna sombreada?

  _____

- Compara los productos de los casilleros verdes. ¿Qué observas?
  ¿Qué puedes decir de los factores?

  _____

- ¿Qué otros patrones observas?

  _____

  _____

## Comparte y muestra

1. Usa la tabla para escribir los productos de la hilera de 2.

   _____, _____, _____, _____, _____,

   _____, _____, _____, _____, _____, _____

   Describe un patrón que observes.

   _____

**PRÁCTICAS Y PROCESOS MATEMÁTICOS** ①

**Analiza** ¿Qué observas acerca del producto de cualquier número y el número 2?

**¿Es el producto par o impar? Escribe *par* o *impar*.**

**2.** $5 \times 8$ _____     **3.** $6 \times 3$ _____     **4.** $3 \times 5$ _____     ✓ **5.** $4 \times 4$ _____

230

**Usa la tabla de multiplicar. Describe un patrón que observes.**

**6.** en la columna de 10

_____

_____

✓ **7.** en la columna de 8

_____

_____

### Por tu cuenta

**¿Es el producto par o impar? Escribe *par* o *impar*.**

**8.** $4 \times 8$ _____

**9.** $5 \times 5$ _____

**10.** $7 \times 4$ _____

**11.** $2 \times 9$ _____

**12.** MÁS AL DETALLE  Usa la tabla de multiplicar. Vuelve a escribir el patrón correctamente.

6, 12, 18, 22, 30, 36 _____

### Resolución de problemas • Aplicaciones En el mundo

**Completa la tabla. Luego describe un patrón que observes en los productos.**

**13.**

| × | 2 | 4 | 6 | 8 | 10 |
|---|---|---|---|---|----|
| 5 | | | | | |

_____

_____

**14.**

| × | 1 | 3 | 5 | 7 | 9 |
|---|---|---|---|---|---|
| 5 | | | | | |

_____

_____

**15.** PIENSA MÁS  **Explica** cuál es la relación entre los patrones de los dígitos de las unidades en los productos y los factores de los ejercicios 13 y 14.

_____

_____

_____

Entrenador personal en matemáticas

**16.** PIENSA MÁS ➕  Helene eligió un número impar para multiplicar por los factores de esta tabla. Escribe par o impar para describir cada producto.

| × | 1 | 2 | 3 | 4 | 5 |
|---|---|---|---|---|---|
| número impar | | | | | |

**¿Tiene sentido?**

**17.** **PRÁCTICAS Y PROCESOS MATEMÁTICOS ③** **Argumenta** ¿Qué enunciado tiene sentido? ¿Qué enunciado no tiene sentido? Explica tu razonamiento.

El producto de un número par y un número impar es par.

El producto de dos números pares es par.

**Trabajo de Gunter**

impar    par    par
↓        ↓      ↓
3    ×    4    =    12

Puedo encerrar en un círculo 2 grupos iguales de 6 y no sobra ninguna ficha. Entonces, el producto es par.

**Trabajo de Giselle**

par    par    par
↓      ↓      ↓
2    ×    6    =    12

Puedo encerrar en un círculo 6 pares y no sobra ninguna ficha. Entonces, el producto es par.

_____

_____

**18.** **MÁS AL DETALLE** Escribe un enunciado acerca del producto de dos números impares. Da un ejemplo para mostrar por qué es verdadero.

_____

_____

_____

# Patrones en la tabla de multiplicar

**Objetivo de aprendizaje** Crearás y ampliarás patrones numéricos usando la tabla de multiplicar.

**¿Es el poducto par o impar? Escribe *par* o *impar*.**

**1.** $2 \times 7 =$ ___par___      Piensa: Los productos con el factor 2 son pares.

**2.** $4 \times 6 =$ _____      **3.** $8 \times 3 =$ _____

**Usa la tabla de multiplicar. Describe un patrón que observes.**

**4.** en la columna correspondiente a 5

_____

_____

**5.** en la hilera correspondiente a 10

_____

_____

**6.** en las hileras correspondientes a 3 y 6

_____

_____

| × | 0 | 1 | 2 | 3 | 4 | 5 | 6 | 7 | 8 | 9 | 10 |
|---|---|---|---|---|---|---|---|---|---|---|---|
| 0 | 0 | 0 | 0 | 0 | 0 | 0 | 0 | 0 | 0 | 0 | 0 |
| 1 | 0 | 1 | 2 | 3 | 4 | 5 | 6 | 7 | 8 | 9 | 10 |
| 2 | 0 | 2 | 4 | 6 | 8 | 10 | 12 | 14 | 16 | 18 | 20 |
| 3 | 0 | 3 | 6 | 9 | 12 | 15 | 18 | 21 | 24 | 27 | 30 |
| 4 | 0 | 4 | 8 | 12 | 16 | 20 | 24 | 28 | 32 | 36 | 40 |
| 5 | 0 | 5 | 10 | 15 | 20 | 25 | 30 | 35 | 40 | 45 | 50 |
| 6 | 0 | 6 | 12 | 18 | 24 | 30 | 36 | 42 | 48 | 54 | 60 |
| 7 | 0 | 7 | 14 | 21 | 28 | 35 | 42 | 49 | 56 | 63 | 70 |
| 8 | 0 | 8 | 16 | 24 | 32 | 40 | 48 | 56 | 64 | 72 | 80 |
| 9 | 0 | 9 | 18 | 27 | 36 | 45 | 54 | 63 | 72 | 81 | 90 |
| 10 | 0 | 10 | 20 | 30 | 40 | 50 | 60 | 70 | 80 | 90 | 100 |

## Resolución de problemas

**7.** Carl sombrea una hilera de la tabla de multiplicar. Los productos de la hilera son todos pares. Los dígitos de las unidades en los productos se repiten: 0, 4, 8, 2, 6. ¿Qué hilera sombrea Carl?

_____

**8.** Jenna dice que ninguna hilera ni columna contiene productos con números impares solamente. ¿Estás de acuerdo? Explícalo.

_____

_____

_____

**9.** [ESCRIBE] ▸*Matemáticas* Haz un dibujo que muestre un ejemplo de un producto de dos números pares. Escribe el enunciado de multiplicación correspondiente.

_____

## Repaso de la lección

**1.** ¿El producto de 4 × 9 es par o impar?

**2.** Describe este patrón:

10, 15, 20, 25, 30

_____

_____

_____

## Repaso en espiral

**3.** Lexi tiene 2 latas de pelotas de tenis. Hay 3 pelotas de tenis en cada lata. Compra 2 latas más. ¿Cuántas pelotas de tenis tiene en total ahora?

**4.** Usa la pictografía.

¿Cuántos estudiantes tienen ojos verdes?

_____

_____

**5.** Sasha compró 3 cajas de lápices. Si cada caja tiene 6 lápices, ¿cuántos lápices compró Sasha en total?

**6.** Halla la suma.

$$219 + 763$$

_____

PRACTICA MÁS CON EL
Entrenador personal
en matemáticas

Nombre _____

# Multiplicar por 8

**Pregunta esencial** ¿Qué estrategias puedes usar para multiplicar por 8?

**Objetivo de aprendizaje** Usarás estrategias y la propiedad asociativa de la multiplicación para multiplicar por 8.

## 🔑 Soluciona el problema En el mundo

Un escorpión tiene 8 patas. ¿Cuántas patas tienen 5 escorpiones?

Halla 5 × 8.

### 🔑 De una manera Usa dobles.

$$5 \times 8 = \blacksquare$$
$$\swarrow \searrow$$
$$4 + 4$$

**Piensa:** El factor 8 es un número par. 4 + 4 = 8

$$5 \times 4 = \underline{\phantom{xxxx}}$$

20 duplicado es _____.

$$5 \times 8 = \underline{\phantom{xxxx}}$$

Entonces, 5 escorpiones tienen _____ patas.

- ¿Cuántas patas tiene un escorpión?

  _____

- ¿Qué se te pide que halles?

  _____

  _____

### 🔑 De otra manera Usa una recta numérica.

Usa la recta numérica para mostrar 5 saltos de 8.

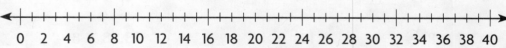

0  2  4  6  8  10  12  14  16  18  20  22  24  26  28  30  32  34  36  38  40

Entonces, 5 saltos de 8 es _____.    _____ × _____ = _____

⚠ **Para evitar errores**

Asegúrate de contar los espacios entre las marcas, no las marcas.

- **Describe** dos maneras diferentes en las que puedes usar dobles para hallar 6 × 8.

  _____

  _____

## 🔑 **Ejemplo** Usa la propiedad asociativa de la multiplicación.

Los escorpiones tienen dos ojos en la parte superior de la cabeza y, por lo general, de dos a cinco pares a lo largo de los ángulos frontales de la cabeza. Si cada escorpión tiene 6 ojos, ¿cuántos ojos tendrían 8 escorpiones en total?

$8 \times 6 = $ ■

$8 \times 6 = (2 \times 4) \times 6$      **Piensa:** $8 = 2 \times 4$

$8 \times 6 = 2 \times (4 \times 6)$      Usa la propiedad asociativa.

$8 \times 6 = 2 \times$ _____      Multiplica. $4 \times 6$

$8 \times 6 = $ _____ + _____      Duplica el producto.

$8 \times 6 = $ _____

**Charla matemática**    PRÁCTICAS Y PROCESOS MATEMÁTICOS ③

**Aplica** Cuando multiplicas por 8, ¿será el producto siempre par?

## Comparte y muestra   MATH BOARD

**1. Explica** una manera en que puedes hallar $4 \times 8$.

_____

**Halla el producto.**

**2.** $3 \times 8 = $ _____     **3.** _____ $= 8 \times 2$    ✓**4.** _____ $= 7 \times 8$    ✓**5.** $9 \times 8 = $ _____

## Por tu cuenta

**Halla el producto.**

**6.** _____ $= 6 \times 8$     **7.** $10 \times 8 = $ _____     **8.** _____ $= 8 \times 3$     **9.** $1 \times 8 = $ _____

**10.** $4 \times 8 = $ _____     **11.** $5 \times 8 = $ _____     **12.** $0 \times 8 = $ _____     **13.** $8 \times 8 = $ _____

**14.** $\begin{array}{r} 6 \\ \times\,8 \\ \hline \end{array}$    **15.** $\begin{array}{r} 8 \\ \times\,2 \\ \hline \end{array}$    **16.** $\begin{array}{r} 5 \\ \times\,8 \\ \hline \end{array}$    **17.** $\begin{array}{r} 3 \\ \times\,8 \\ \hline \end{array}$    **18.** $\begin{array}{r} 10 \\ \times\,8 \\ \hline \end{array}$    **19.** $\begin{array}{r} 7 \\ \times\,8 \\ \hline \end{array}$

**20.** _MÁS AL DETALLE_ Jamal compró 4 paquetes de postales de animales y 5 paquetes de postales de naturaleza. Si cada paquete tiene 6 postales, ¿cuántas postales compró Jamal?

_____

Nombre _____

**Usa la tabla para resolver los problemas 21 a 24.**

**21.** ¿Alrededor de cuánta lluvia cae en el desierto de Chihuahua en 6 años? **Explica** cómo puedes usar dobles para hallar la respuesta.

_____

_____

| Lluvias anuales promedio en desiertos de América del Norte | |
|---|---|
| **Desierto** | **Pulgadas** |
| Chihuahua | 8 |
| Gran Cuenca | 9 |
| Mojave | 4 |
| Sonora | 9 |

**22.** _MÁS AL DETALLE_ En 2 años, ¿alrededor de cuántas pulgadas de lluvia más caerán en el desierto de Sonora que en el de Chihuahua? **Explica**.

_____

_____

**23.** _PRÁCTICAS Y PROCESOS MATEMÁTICOS_ ⑥ **Describe un método** Vuelve a mirar el Problema 22. Escribe y demuestra cómo resolver un problema similar en que compares dos desiertos.

_____

_____

**24.** _PIENSA MÁS_ ¿Cómo puedes calcular cuántas pulgadas de lluvia caerán en el desierto de Mojave en 20 años?

_____

_____

**25.** _PIENSA MÁS_ En los ejercicios 25a a 25d, elige Verdadero o Falso para cada enunciado de multiplicación.

25a. $3 \times (2 \times 4) = 24$ ○ Verdadero ○ Falso

25b. $4 \times 8 = 32$ ○ Verdadero ○ Falso

25c. $7 \times 8 = 72$ ○ Verdadero ○ Falso

25d. $2 \times (5 \times 8) = 80$ ○ Verdadero ○ Falso

Hay 90 especies de escorpiones en los Estados Unidos. Solo 3 especies de escorpiones viven en Arizona: el escorpión de la corteza, el escorpión peludo del desierto y el escorpión de cola rayada.

### Datos sobre los escorpiones

**Los escorpiones:**

- miden entre 1 y 4 pulgadas de longitud.
- se alimentan mayormente de insectos.
- brillan bajo la luz ultravioleta.

**Tienen:**

- 8 patas para caminar.
- 2 pinzas largas, como garras, para sostener el alimento.
- una cola curva, con un aguijón en la punta, que sostienen sobre el cuerpo.

▲ Los escorpiones brillan bajo la luz ultravioleta.

**26.** ¿Cuántas especies de escorpiones *no* viven en Arizona?

_____

**27.** Los estudiantes vieron 8 escorpiones. ¿Qué enunciados de multiplicación pueden ayudarte a hallar cuántas pinzas y patas tienen los 8 escorpiones en total?

_____

**28.** MÁS AL DETALLE En una exhibición había 3 escorpiones bajo la luz ultravioleta. Ocho grupos de 4 estudiantes vieron la exhibición. ¿Cuántos estudiantes vieron cómo brillaban los escorpiones?

_____

Nombre _____

# Multiplicar por 8

**Objetivo de aprendizaje** Usarás estrategias y la propiedad asociativa de la multiplicación para multiplicar por 8.

**Halla el producto.**

**1.** $8 \times 10 = \underline{\quad 80 \quad}$　　**2.** $8 \times 8 = \underline{\qquad}$　　**3.** $8 \times 5 = \underline{\qquad}$　　**4.** $3 \times 8 = \underline{\qquad}$

**5.** $\underline{\qquad} \times 4 = 8$　　**6.** $8 \times 7 = \underline{\qquad}$　　**7.** $6 \times 8 = \underline{\qquad}$　　**8.** $\underline{\qquad} \times 9 = 8$

**9.** $\begin{array}{r} 8 \\ \times\ 8 \\ \hline \end{array}$　　**10.** $\begin{array}{r} 9 \\ \times\ 8 \\ \hline \end{array}$　　**11.** $\begin{array}{r} 8 \\ \times\ 3 \\ \hline \end{array}$　　**12.** $\begin{array}{r} 8 \\ \times\ 1 \\ \hline \end{array}$　　**13.** $\begin{array}{r} 4 \\ \times\ 8 \\ \hline \end{array}$

## Resolución de problemas  En el mundo

**14.** Hay 6 equipos en la liga de básquetbol. Cada equipo tiene 8 jugadores. ¿Cuántos jugadores hay en total?

_____

**15.** Lynn tiene 4 pilas de monedas de 25¢. Hay 8 monedas de 25¢ en cada pila. ¿Cuántas monedas de 25¢ tiene Lynn en total?

_____

**16.** Tomás está preparando 7 canastas para una feria. Coloca 8 manzanas en cada canasta. ¿Cuántas manzanas hay en las canastas en total?

_____

**17.** Hay 10 lápices en una caja. Si Jenna compra 8 cajas, ¿cuántos lápices comprará?

_____

**18.** ∥ESCRIBE∥ ▸*Matemáticas* ¿Qué dos factores puedes duplicar para calcular $8 \times 4$? Explica.

_____

_____

## Repaso de la lección

**1.** Halla el producto.

$$5 \times 8 =$$

_____

**2.** Hay 7 tarántulas en la exposición de arañas del zoológico. Cada tarántula tiene 8 patas. ¿Cuántas patas tienen las 7 tarántulas en total?

_____

## Repaso en espiral

**3.** Halla la diferencia.

$$\begin{array}{r} 652 \\ -\phantom{0}99 \\ \hline \end{array}$$

**4.** La biblioteca de la escuela recibió un pedido de 232 libros nuevos. ¿Cuánto es 232 redondeado a la decena más próxima?

_____

**5.** En la pictografía de Sam se muestra que 8 estudiantes eligieron pizza como su comida favorita. La clave para la gráfica es la siguiente:

Cada ☺ = 2 estudiantes.

¿Cuántas ☺ deben aparecer junto a la palabra pizza en la pictografía?

_____

**6.** Tashia compra 5 bolsas de naranjas. Cada bolsa tiene 4 naranjas. ¿Cuántas naranjas compra Tashia en total?

_____

PRACTICA MÁS CON EL
Entrenador personal
en matemáticas

Nombre _____

# Multiplicar por 9

**Pregunta esencial** ¿Qué estrategias puedes usar para multiplicar por 9?

**Objetivo de aprendizaje** Usarás la propiedad distributiva y patrones para multiplicar por 9.

## 🔑 Soluciona el problema

La clase de Olivia está estudiando el sistema solar. Siete estudiantes hacen modelos del sistema solar. Cada modelo tiene 9 esferas (ocho para los planetas y una para Plutón, un planeta enano). ¿Cuántas esferas necesitan los 7 estudiantes para todos los modelos?

Halla $7 \times 9$.

• ¿Qué se te pide que halles?

_____

_____

• ¿Cuántos estudiantes hacen

modelos? _____

## 🔓 De una manera   Usa la propiedad distributiva.

### Ⓐ Con la multiplicación y la suma

$$7 \times 9 = \blacksquare$$

**Piensa:** $9 = 3 + 6$

$$7 \times 9 = 7 \times (3 + 6)$$

Multiplica cada sumando por 7.   $7 \times 9 = (7 \times 3) + (7 \times 6)$

Suma los productos.   $7 \times 9 = \underline{\hspace{1cm}} + \underline{\hspace{1cm}}$

$$7 \times 9 = \underline{\hspace{1cm}}$$

### Ⓑ Con la multiplicación y la resta

$$7 \times 9 = \blacksquare$$

**Piensa:** $9 = 10 - 1$

$$7 \times 9 = 7 \times (10 - 1)$$

Multiplica cada número por 7.   $7 \times 9 = (7 \times 10) - (7 \times 1)$

Resta los productos.   $7 \times 9 = \underline{\hspace{1cm}} - \underline{\hspace{1cm}}$

$$7 \times 9 = \underline{\hspace{1cm}}$$

Entonces, los 7 estudiantes necesitan _____ esferas para todos los modelos.

## 🔑 De otra manera  Usa patrones de 9.

En la tabla se muestran las operaciones por 9.

- ¿Qué puedes decir del dígito de las decenas del producto?

  El dígito de las decenas es _____ menos que el factor que se

  multiplica por 9.

- ¿Qué puedes decir de la suma de los dígitos del producto?

  La suma de los dígitos del producto siempre es _____.

  Entonces, para multiplicar 7 × 9, piensa que el dígito de las

  decenas es _____ y el dígito de las unidades es _____. El

  producto es _____.

| Multiplica por 9. | |
|---|---|
| Factores | Producto |
| 1 × 9 | 9 |
| 2 × 9 | 18 |
| 3 × 9 | 27 |
| 4 × 9 | 36 |
| 5 × 9 | 45 |
| 6 × 9 | 54 |
| 7 × 9 | |
| 8 × 9 | |
| 9 × 9 | |

**¡Inténtalo!**  **Completa la tabla de arriba.**

Usa los patrones para hallar 8 × 9 y 9 × 9.

## Comparte y muestra  MATH BOARD

**Charla matemática**  PRÁCTICAS Y PROCESOS MATEMÁTICOS ⑤

Usa patrones Explica cómo puedes calcular con facilidad el producto de 3 × 9.

1. ¿Cuál es el dígito de las decenas del

   producto de 3 × 9? _____

   Piensa: ¿Qué número es 1 menos que 3?

**Halla el producto.**

2. 9 × 8 = _____      3. _____ = 2 × 9       4. _____ = 6 × 9      ✅ 5. 9 × 1 = _____

## Por tu cuenta

**Halla el producto.**

6. 4 × 9 = _____      7. 5 × 9 = _____      8. 10 × 9 = _____      9. 1 × 9 = _____

10. $\begin{array}{r} 9 \\ \times 5 \\ \hline \end{array}$      11. $\begin{array}{r} 9 \\ \times 3 \\ \hline \end{array}$      12. $\begin{array}{r} 6 \\ \times 9 \\ \hline \end{array}$      13. $\begin{array}{r} 7 \\ \times 9 \\ \hline \end{array}$      14. $\begin{array}{r} 4 \\ \times 9 \\ \hline \end{array}$

Nombre _____

**15.** $2 \times 9 \bigcirc 3 \times 6$    **16.** $5 \times 9 \bigcirc 6 \times 7$    **17.** $1 \times 9 \bigcirc 3 \times 3$

**18.** $9 \times 4 \bigcirc 7 \times 5$    **19.** $9 \times 0 \bigcirc 2 \times 3$    **20.** $5 \times 8 \bigcirc 3 \times 9$

## Resolución de problemas • Aplicaciones En el mundo

**Usa la tabla para resolver los problemas 21 a 24.**

**21.** La cantidad de lunas de uno de los planetas se puede hallar si multiplicas $7 \times 9$. ¿De qué planeta se trata?

_____

**22.** MÁS AL DETALLE Este planeta tiene 9 veces la cantidad de lunas que tienen Marte y la Tierra juntos. ¿De qué planeta se trata? **Explica** tu respuesta.

_____

_____

_____

| Lunas | |
|---|---|
| Planeta | Cantidad de lunas |
| Tierra | 1 |
| Marte | 2 |
| Júpiter | 63 |
| Saturno | 47 |
| Urano | 27 |
| Neptuno | 13 |

**23.** PIENSA MÁS Urano tiene 27 lunas. ¿Qué operación de multiplicación por 9 se puede usar para calcular el número de lunas que tiene Urano? Describe cómo puedes hallar la operación.

_____

_____

_____

**24.** PRÁCTICAS Y PROCESOS MATEMÁTICOS ② **Usa el razonamiento** Nueve estudiantes hicieron modelos de Marte y sus lunas. El resultado es 18. ¿Cuál es la pregunta?

_____

## ♦ Soluciona el problema · En el mundo

**25.** La biblioteca de la escuela tiene 97 libros sobre el espacio. John y 3 amigos retiraron 9 libros cada uno. ¿Cuántos libros sobre el espacio quedan en la biblioteca de la escuela?

**a.** ¿Qué debes hallar? _____

_____

**b.** Describe una manera de hallar la respuesta. _____

_____

**c.** Muestra los pasos que seguiste para resolver el problema.

**d.** Completa las oraciones.

La biblioteca tiene _____ libros sobre el espacio.

Multiplica _____ × _____ para hallar cuántos libros en total retiraron John y sus 3 amigos.

Después de hallar la cantidad de libros

que retiraron, _____

para hallar la cantidad de libros que

quedan en la biblioteca.

Entonces, quedan _____ libros sobre el espacio en la biblioteca.

**26.** **PIENSA MÁS** Encierra en un círculo el símbolo que hace que el enunciado de multiplicación sea correcto.

$$9 \times 7 \quad \boxed{\begin{matrix} > \\ < \\ = \end{matrix}} \quad 3 \times (3 \times 7)$$

# Multiplicar por 9

**Objetivo de aprendizaje** Usarás la propiedad distributiva y patrones para multiplicar por 9.

## Halla el producto.

**1.** $10 \times 9 =$ ___90___

**2.** $2 \times 9 =$ _____

**3.** $9 \times 4 =$ _____

**4.** $0 \times 9 =$ _____

**5.** $1 \times 9 =$ _____

**6.** $8 \times 9 =$ _____

**7.** $9 \times 5 =$ _____

**8.** $6 \times 9 =$ _____

**9.**  $\begin{array}{r} 9 \\ \times\ 4 \\ \hline \end{array}$

**10.**  $\begin{array}{r} 5 \\ \times\ 9 \\ \hline \end{array}$

**11.**  $\begin{array}{r} 9 \\ \times\ 7 \\ \hline \end{array}$

**12.**  $\begin{array}{r} 2 \\ \times\ 9 \\ \hline \end{array}$

**13.**  $\begin{array}{r} 9 \\ \times\ 9 \\ \hline \end{array}$

## Resolución de problemas  En el mundo

**14.** Hay 9 posiciones en el equipo de sóftbol. Se prueban 3 personas para cada posición. ¿Cuántas personas se prueban en total?

_____

**15.** Carlos compró un libro a $9. Ahora le gustaría comprar otros 4 libros al mismo precio. ¿Cuánto tendrá que pagar en total por los otros 4 libros?

_____

**16.** **ESCRIBE** ▸*Matemáticas* Explica cómo sabes si debes sumar o restar cuando aplicas la propiedad distributiva para multiplicar.

_____

_____

## Repaso de la lección

**1.** Halla el producto.

$$7 \times 9 =$$

**2.** Claire compra 5 boletos para el musical de la escuela secundaria. Cada boleto cuesta $9. ¿Cuánto cuestan los boletos en total?

## Repaso en espiral

**3.** En la tabla se muestra el color de cabello de las niñas de la clase de Kim. ¿Cuántas niñas tienen cabello marrón?

| Clase de Kim | |
|---|---|
| **Color de cabello** | **Número de niñas** |
| Marrón | ЩН I |
| Negro | III |
| Rubio | IIII |
| Rojo | I |

**4.** Miguel recogió 9 camisas de la tintorería. El lavado de cada camisa costó $4. ¿Cuánto gastó Miguel en el lavado de las 9 camisas?

**5.** En una pictografía, cada ilustración de una pelota de béisbol es igual a 5 partidos ganados por un equipo. La hilera de los Halcones tiene 7 pelotas de béisbol. ¿Cuántos partidos han ganado los Halcones?

**6.** Una matriz tiene 8 hileras con 4 círculos en cada hilera. ¿Cuántos círculos hay en la matriz?

PRACTICA MÁS CON EL
Entrenador personal
en matemáticas

Nombre _____

# Resolución de problemas • La multiplicación

**Pregunta esencial** ¿Cómo puedes usar la estrategia *hacer una tabla* para resolver problemas de multiplicación?

**Objetivo de aprendizaje** Usarás la estrategia *hacer una tabla* para organizar y hallar patrones para resolver problemas de multiplicación.

## 🔑 Soluciona el problema En el mundo

Scott tiene un álbum de estampillas. En algunas páginas, hay 1 estampilla y en otras hay 2. Si Scott tiene 18 estampillas, muestra de cuántas maneras diferentes puede ponerlas en el álbum. Usa el siguiente organizador gráfico para resolver el problema.

## Lee el problema

### ¿Qué debo hallar?

_____

_____

_____

### ¿Qué información debo usar?

Scott tiene _____ estampillas. En algunas

páginas hay _____ estampilla y en otras,

hay _____ estampillas.

### ¿Cómo usaré la información?

Haré una _____ para mostrar todas las formas posibles de organizar las estampillas en el álbum.

## Resuelve el problema

Haz una tabla para mostrar la cantidad de páginas con 1 estampilla y con 2.

Cada hilera debe sumar _____ , que es la cantidad total de estampillas.

| Páginas con 2 estampillas | Páginas con 1 estampilla | Estampillas en total |
|---|---|---|
| 8 | 2 | 18 |
| 7 | 4 | 18 |
| 6 | 6 | 18 |
| 5 |  | 18 |
|  | 10 | 18 |
| 3 | 12 |  |
| 2 |  |  |
|  |  |  |

Entonces, hay _____ maneras diferentes.

**1.** ¿Qué patrones numéricos observas en la tabla?

_____

_____

## 🔓 Haz otro problema

¿Qué pasaría si  Scott comprara 3 estampillas más y ahora tuviera 21 estampillas? En algunas páginas del álbum hay 1 estampilla y en otras, hay 2 estampillas. Muestra de cuántas maneras diferentes podría poner la cantidad impar de estampillas en el álbum.

| Lee el problema | Resuelve el problema |
|---|---|
| **¿Qué debo hallar?** | |
| **¿Qué información debo usar?** | |
| **¿Cómo usaré la información?** | Entonces, hay _____ maneras diferentes. |

**2.** ¿Qué patrones observas en esta tabla? _____

_____

**3.** ¿En qué se diferencian estos patrones de los

patrones de la tabla de la página 247? _____

_____

_____

Nombre _____

1. La mamá de Aarón está preparando limonada. Para cada jarra, usa 1 taza de jugo de limón, 1 taza de azúcar y 6 tazas de agua. ¿Cuántas tazas de ingredientes en total usará para preparar 5 jarras de limonada?

   **Primero,** haz una tabla para mostrar la cantidad de tazas de jugo de limón, azúcar y agua que hay en 1 jarra de limonada.

   **A continuación,** multiplica para hallar la cantidad de tazas de agua que se necesitan para cada jarra de limonada.

   **Piensa:** Por cada jarra, la cantidad de tazas de agua aumenta de 6 en 6.

   **Por último,** usa la tabla para resolver el problema.

| Cantidad de jarras | 1 | 2 | 3 | | 5 |
|---|---|---|---|---|---|
| Tazas de jugo de limón | 1 | | 3 | | |
| Tazas de azúcar | 1 | 2 | | | |
| Tazas de agua | 6 | 12 | | 24 | |
| Cantidad de tazas de ingredientes en total | 8 | | | | |

Entonces, en 5 jarras de limonada hay _____ tazas de

jugo de limón, _____ tazas de azúcar y _____ tazas de agua.

Esto hace _____ tazas de ingredientes en total.

2. ¿Qué pasaría si se necesitaran 4 limones para llenar 1 taza de jugo de limón? ¿Cuántos limones se necesitarían para preparar 5 jarras? Explica cómo puedes usar la tabla como ayuda para hallar la respuesta.

_____

_____

_____

3. ¿Qué patrón observas en la cantidad total de tazas de ingredientes?

_____

_____

## Por tu cuenta

**4.** Julie vio 3 águilas cada uno de los días que hizo observación de aves. ¿Cuántas águilas vio Julie en 6 días?

_____

**5.** **PRÁCTICAS Y PROCESOS MATEMÁTICOS ②** **Usa el razonamiento** Greg tiene un billete de 1 dólar, monedas de 25¢ y monedas de 10¢. ¿De cuántas maneras puede sumar $1.75?

Escribe las maneras. _____

_____

_____

**6.** **PIENSA MÁS** Cammi necesita 36 postales. Compra 4 paquetes de 10 postales. ¿Cuántas postales le sobran? Explícalo.

_____

_____

_____

**7.** **MÁS AL DETALLE** Phillip tiene 8 libros en cada uno de sus 3 estantes. Su tía le regala 3 libros nuevos. ¿Cuántos libros tiene Phillip ahora?

_____

**Entrenador personal en matemáticas**

**8.** **PIENSA MÁS +** Stuart tiene algunas pesas de 2 onzas, 3 onzas y 4 onzas. ¿De cuántas maneras diferentes puede combinar las pesas para tener un total de 12 onzas? Escribe las maneras.

_____

_____

_____

_____

# Resolución de problemas • La multiplicación

**Objetivo de aprendizaje** Usarás la estrategia *hacer una tabla* para organizar y hallar patrones para resolver problemas de multiplicación.

**Resuelve.**

1. Henry tiene un álbum nuevo para sus tarjetas de béisbol. Hay páginas en las que caben 6 tarjetas y páginas en las que caben 3 tarjetas. Si Henry tiene 36 tarjetas, ¿de cuántas maneras diferentes las puede colocar en su álbum?

| Páginas con 6 tarjetas | 1 | 2 | 3 | 4 | 5 |
|---|---|---|---|---|---|
| Páginas con 3 tarjetas | 10 | 8 | 6 | 4 | 2 |
| Total de tarjetas | 36 | 36 | 36 | 36 | 36 |

Henry puede colocar las tarjetas en su álbum de __5__ maneras.

2. La Sra. Hernández tiene 17 plantas de tomate que quiere plantar en hileras. Colocará 2 plantas en algunas hileras y 1 planta en las otras. ¿De cuántas maneras diferentes puede plantar las plantas de tomate? Haz una tabla para resolver el problema.

| Hileras con 2 plantas | |
|---|---|
| Hileras con 1 planta | |
| Total de plantas | |

La Sra. Hernández puede plantar las plantas de tomate de _____ maneras.

3. **ESCRIBE** ▸*Matemáticas* Escribe un problema en el que puedas usar la estrategia de hacer una tabla para resolverlo. Luego, resuelve el problema.

_____

_____

## Repaso de la lección

**1.** En la tabla de la derecha se muestran las diferentes maneras en que Cameron puede exhibir sus 12 carros de juguete en estantes. ¿En cuántos estantes colocará 2 carros si en 8 de los estantes coloca 1 carro en cada uno?

| Estantes con 1 carro | 2 | 4 | 6 | 8 | 10 |
|---|---|---|---|---|---|
| Estantes con 2 carros | 5 | 4 | 3 | ■ | ■ |
| Total de carros | 12 | 12 | 12 | 12 | 12 |

_____

## Repaso en espiral

**2.** Halla la suma.

$$\begin{array}{r} 317 \\ + \ 151 \\ \hline \end{array}$$

**3.** La cafetería de la escuela tiene un pedido de 238 almuerzos calientes. ¿Cuánto es 238 redondeado a la decena más próxima?

_____

**4.** Tyler hizo una pictografía para mostrar los colores favoritos de los estudiantes. Esta es su clave.

Cada ● = 3 votos.

Si 12 estudiantes votaron por el color verde, ¿cuántos ● habrá en la hilera del color verde de la pictografía?

**5.** En cada soporte para bicicletas de la escuela hay 5 bicicletas. Hay 6 soportes para bicicletas. ¿Cuántas bicicletas hay en total en los soportes?

_____

PRACTICA MÁS CON EL
**Entrenador personal en matemáticas**

## ✓ Repaso y prueba del Capítulo 4

1. La Sra. Ruiz acomodó carreteles de hilo en 4 cajas. Cada caja contiene 5 carreteles. ¿Cuántos carreteles de hilo tiene la señora Ruiz?

   Dibuja círculos para representar el problema. Luego, resuélvelo.

   ┌────────┐  ┌────────┐  ┌────────┐  ┌────────┐
   │        │  │        │  │        │  │        │
   │        │  │        │  │        │  │        │
   └────────┘  └────────┘  └────────┘  └────────┘

   _____

   _____

   _____

2. En los ejercicios 2a a 2d, elige Verdadero o Falso para cada enunciado de multiplicación.

   2a.  $2 \times 8 = 16$      ○ Verdadero    ○ Falso

   2b.  $5 \times 8 = 40$      ○ Verdadero    ○ Falso

   2c.  $6 \times 8 = 56$      ○ Verdadero    ○ Falso

   2d.  $8 \times 8 = 64$      ○ Verdadero    ○ Falso

3. Betina piensa escribir un diario personal. Algunas páginas tendrán una sola anotación y otras tendrán dos anotaciones. Si Betina quiere escribir 10 anotaciones, ¿de cuántas maneras distintas puede escribirlas en su diario?

   ┌──────────────────────────────────────────┐
   │                                          │
   │                                          │
   │                                          │
   └──────────────────────────────────────────┘

4. Una semana tiene 7 días. ¿Cuántos días hay en 4 semanas?

   _____ días

**5.** Encierra en círculos grupos que representen 3 × (2 × 3).

**6.** Darío guarda todos sus pares de zapatos en su armario. Elige la cantidad de zapatos que Darío podría tener en su armario. Marca todas las opciones correctas.

(A) 3          (D) 7

(B) 4          (E) 8

(C) 6

**7.** MÁS AL DETALLE  Lisa completó la tabla para describir el producto de un misterioso factor de un dígito y diferentes números.

| × | 1 | 2 | 3 | 4 | 5 |
|---|---|---|---|---|---|
| ? | par | par | par | par | par |

**Parte A**

Escribe todos los números que podrían ser el número misterioso de un dígito.

_____

**Parte B**

Explica por qué sabes que has elegido todas las posibilidades correctas.

_____

_____

_____

Nombre _____

**8.** Kate dibujó 7 octógonos. Un octógono tiene 8 lados.
¿Cuántos lados dibujó Kate?

_____ lados

**9.** José compró 6 bolsas de harina. Cada bolsa pesa 5 libras.
¿Cuántas libras de harina compró José?

_____ libras

**10.** Separa la matriz para demostrar que
$8 \times 6 = (4 \times 6) + (4 \times 6)$.

**11.** Encierra en un círculo el símbolo que hace que el enunciado
de multiplicación sea correcto.

$$9 \times 6 \quad \boxed{\begin{array}{c} > \\ < \\ = \end{array}} \quad 3 \times (3 \times 9)$$

**12.** Roberto quiere exhibir sus 18 tarjetas de deportes en un
álbum. En algunas páginas caben 2 tarjetas y en otras 3.
¿De cuántas maneras diferentes puede exhibir sus tarjetas?

_____ maneras distintas

**13.** Un carpintero fabrica taburetes que tienen 3 patas cada uno. ¿Cuántas patas necesita el carpintero para fabricar 5 taburetes? Usa la matriz para explicar cómo sabes que tu respuesta es correcta.

_____

_____

**14.** Etta compra una cinta y la corta en 7 partes de igual longitud. Cada parte mide 9 pulgadas. ¿Cuánto medía la cinta que compró Etta?

_____ pulgadas

**15.** Antoine y 3 amigos se reparten algunas monedas de 1 centavo en partes iguales. Cada amigo agrupa sus monedas en 3 pilas iguales de 5 monedas de 1 centavo cada una.

Escribe un enunciado de multiplicación que muestre el número total de monedas de 1 centavo.

_____

**16.** Luke está preparando botiquines de primeros auxilios. Quiere poner 3 vendas grandes y 4 vendas pequeñas en cada botiquín. ¿Cuántas vendas necesita para todos los botiquines? Muestra tu trabajo.

_____ vendas

**17.** En los ejercicios 17a a 17d, elige Verdadero o Falso para cada ecuación.

17a.   $3 \times 7 = 21$        ○ Verdadero        ○ Falso

17b.   $5 \times 7 = 28$        ○ Verdadero        ○ Falso

17c.   $8 \times 7 = 49$        ○ Verdadero        ○ Falso

17d.   $9 \times 7 = 63$        ○ Verdadero        ○ Falso

**18.** Encierra en un círculo el número que hace que el enunciado de multiplicación sea verdadero.

$$10 \times \begin{array}{|c|} \hline 4 \\ 5 \\ 8 \\ \hline \end{array} = 40$$

**19.** En los ejercicios 19a a 19d, elige Sí o No para indicar si el enunciado numérico tiene el mismo valor que $8 \times 6$.

19a.   $8 + (4 \times 2) = \blacksquare$        ○ Sí        ○ No

19b.   $(8 \times 4) + (8 \times 2) = \blacksquare$        ○ Sí        ○ No

19c.   $(6 \times 4) + (6 \times 2) = \blacksquare$        ○ Sí        ○ No

19d.   $6 \times (4 + 4) = \blacksquare$        ○ Sí        ○ No

**20.** Chloe compró 4 boletos para ir al cine. Cada boleto le costó $6. ¿Cuánto le costaron los boletos en total?

$ _____

**21.** Escribe un enunciado de multiplicación con los siguientes números y símbolos.

_____

**22.** PIENSA MÁS   Louis comenzó una tabla que muestra un patrón de multiplicación.

### Parte A

Completa la tabla. Describe el patrón que ves en los productos.

| × | 1 | 2 | 3 | 4 | 5 | 6 | 7 | 8 | 9 | 10 |
|---|---|---|---|---|---|---|---|---|---|----|
| 3 | 3 | 6 | 9 | | | | | | | |

_____

_____

### Parte B

Si multiplicaras 3 × 37, ¿el producto sería un número par o un número impar? Usa la tabla para explicar tu razonamiento.

_____

_____

_____

_____

_____

**23.** Usa la recta numérica para mostrar el producto de 4 × 8.

$4 \times 8 =$ _____

## Muestra lo que sabes

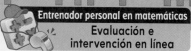

**Entrenador personal en matemáticas**
Evaluación e intervención en línea

Comprueba si comprendes las destrezas importantes.

Nombre _____

▶ **Sumar decenas** **Indica cuántas decenas hay. Luego suma.**

**1.** $30 + 30 =$ ▪

_____ decenas + _____ decenas =

_____ decenas

$30 + 30 =$ _____

**2.** $40 + 50 =$ ▪

_____ decenas + _____ decenas =

_____ decenas

$40 + 50 =$ _____

▶ **Reagrupar decenas en centenas** **Escribe los números que faltan.**

**3.** 35 decenas = _____ centenas y _____ decenas

**4.** 52 decenas = _____ centenas y _____ decenas

**5.** 97 decenas = _____ centenas y _____ decenas

▶ **Operaciones de multiplicación hasta 9** **Halla el producto.**

**6.** $3 \times 9 =$ _____    **7.** $4 \times 5 =$ _____    **8.** $7 \times 6 =$ _____    **9.** $8 \times 2 =$ _____

Matemáticas **En el mundo**

En la exposición de mariposas del museo habrá 60 especies diferentes de mariposas dispuestas en una matriz. Cada hilera tiene 6 mariposas. ¿Cuántas hileras habrá en la exposición de mariposas?

Próxima apertura de la exposición de mariposas

▶ **Visualízalo** • • • • • • • • • • • • • • • • • • • • • • • • • • •

**Usa las palabras marcadas con ✓ para completar el diagrama de árbol.**

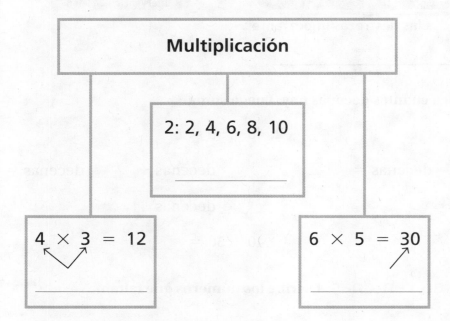

**Palabras de repaso**

centenas

decenas

✓ factores

matriz

✓ múltiplos

patrón

✓ producto

propiedad conmutativa de la multiplicación

propiedad distributiva

unidades

valor posicional

**Palabra nueva**

ecuación

▶ **Comprende el vocabulario** • • • • • • • • • • • • • • • • • • • •

**Lee la definición. Escribe la palabra nueva o de repaso que corresponda.**

1. Un conjunto ordenado de números u objetos en el que el orden te ayuda a predecir lo que sigue.

2. Un conjunto de objetos dispuestos en hileras y columnas.

3. Un enunciado numérico que incluye un signo de la igualdad para mostrar que dos cantidades son iguales.

4. La propiedad que establece que multiplicar una suma por un número es lo mismo que multiplicar cada sumando por ese número y luego sumar los productos.

5. El valor que tiene cada dígito de un número según la ubicación del dígito.

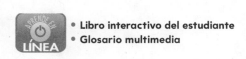

• **Libro interactivo del estudiante**
• **Glosario multimedia**

# Vocabulario del Capítulo 5

**ecuación**

equation

17

**factor**

factor

22

**matriz**

array

39

**patrón**

Pattern

57

**producto**

product

62

**propiedad conmutativa de la multiplicación**

Commutative Property of Multiplication

65

**propiedad distributiva**

Distributive Property

70

**valor posicional**

place value

83

Un número que se multiplica por otro número para hallar un producto

Ejemplo: 4 × 5 = 20

factor   factor

Un enunciado numérico que usa el signo de la igualdad para establecer que dos cantidades son iguales

Ejemplo: 9 × 2 = 18 es una ecuación

Un grupo ordenado de números u objetos en donde el orden ayuda a predecir cuál sigue después

Ejemplo: 2, 4, 6, 8, 10, 2, 4, 6, 8, 10

Un grupo de objetos agrupados en hileras y columnas

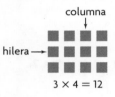

columna

hilera →

3 × 4 = 12

La propiedad que establece que se pueden multiplicar dos factores en cualquier orden y se obtendrá el mismo producto

Ejemplo: 4 × 3 = 3 × 4

El resultado en un problema de multiplicación

Ejemplo: 4 × 5 = 20

producto

El valor de cada dígito en un número, de acuerdo con la posición del dígito

| MILLONES | | | MILLARES | | | UNIDADES | | |
|---|---|---|---|---|---|---|---|---|
| Centenas | Decenas | Unidades | Centenas | Decenas | Unidades | Centenas | Decenas | Unidades |
| | | 1, | 3 | 9 | 2, | 0 | 0 | 0 |
| | | 1 × 1,000,000 | 3 × 100,000 | 9 × 10,000 | 2 × 1,000 | 0 × 100 | 0 × 10 | 0 × 1 |
| | | 1,000,000 | 300,000 | 90,000 | 2,000 | 0 | 0 | 0 |

La propiedad que establece que multiplicar una suma por un número es igual que multiplicar cada sumando por el número y sumar los resultados

Ejemplo: 5 × 8 = 5 × (4 + 4)
5 × 8 = (5 × 4) + (5 × 4)
5 × 8 = 20 + 20
5 × 8 = 40

# ¡Toma una!

**Para 3 jugadores**

## Materiales

- 4 juegos de tarjetas de palabras

## Instrucciones

1. Se reparten 5 tarjetas a cada jugador. Formen un montón con las tarjetas restantes.

2. Cuando sea tu turno, pregunta a algún jugador si tiene una palabra que coincida con una de tus tarjetas de palabras.

3. Si el jugador tiene la palabra, te da la tarjeta de palabras a ti.
   - Si acertaste, quédate con la tarjeta y coloca el par que coincide frente a ti. Vuelve a jugar.
   - Si estás equivocado, devuelve la tarjeta. Tu turno terminó.

4. Si el jugador no tiene la palabra, contesta: "¡Toma una!". Tomas una tarjeta del montón.

5. Si la tarjeta que obtuviste coincide con una de tus tarjetas de palabras, sigue las instrucciones del Paso 3. Si no coincide, tu turno terminó.

6. El juego terminará cuando un jugador se quede sin tarjetas. Ganará la partida el jugador con la mayor cantidad de pares.

## Recuadro de palabras

ecuación

factores

matriz

patrón

producto

propiedad conmutativa de la multiplicación

propiedad distributiva

valor posicional

# Escríbelo

**Reflexiona**

**Elige una idea. Escribe sobre ella.**

- Trabaja con un compañero para explicar e ilustrar dos maneras de multiplicar con múltiplos de 10. Haz tu dibujo en una hoja aparte.

- Escribe un párrafo en el que se usen al menos tres de estas palabras.

  ecuación   factores   patrón   valor posicional   producto

- Piensa en lo que aprendiste en la clase de hoy. Completa una de estas oraciones.

  Aprendí que yo _____.

  Me sorprendió que yo _____.

  Noté que yo _____.

  Descubrí que yo _____.

  Me sentí contento porque yo _____.

Nombre _____

# Describir patrones

**Pregunta esencial** ¿Cuáles son algunas de las maneras en las que puedes describir un patrón en una tabla?

**Objetivo de aprendizaje** Ampliarás y describirás reglas para patrones en tablas y las explicarás usando las propiedades de las operaciones.

## Soluciona el problema En el mundo

El club de campo está organizando un campamento. Cada campista necesitará una linterna. Una linterna lleva 4 pilas. ¿Cuántas pilas se necesitan para 8 linternas?

Puedes describir el patrón en una tabla.

| Linternas | 1 | 2 | 3 | 4 | 5 | 6 | 7 | 8 |
|---|---|---|---|---|---|---|---|---|
| Pilas | 4 | 8 | 12 | 16 | 20 | 24 | 28 | ■ |

**Piensa:** Cuenta de 1 en 1.

**Piensa:** Cuenta de 4 en 4.

### De una manera Describe un patrón que observes a lo largo de las hileras.

**PASO 1** Busca un patrón para completar la tabla. A medida que observas a lo largo de las hileras, puedes ver que la cantidad de pilas aumenta en 4 por cada linterna.

Entonces, suma _____ pilas por cada linterna.

_____

**PASO 2** Usa el patrón para hallar la cantidad de pilas que hay en 8 linternas.

Suma _____ a 28 pilas.   28 + 4 = _____

Entonces, para 8 linternas se necesitan _____ pilas.

### De otra manera Describe un patrón que observes en las columnas.

**PASO 1** Compara las columnas de la tabla para hallar un patrón. Puedes multiplicar el número de linternas por 4 para hallar la cantidad de pilas que se necesitan.

_____

**PASO 2** Usa el patrón para hallar cuántas pilas se necesitan para 8 linternas.

8 × 4 = _____

**Para evitar errores**

Comprueba que tu patrón funcione con todos los números de la tabla.

**Charla matemática**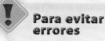

PRÁCTICAS Y PROCESOS MATEMÁTICOS 7

**Busca un patrón** ¿Encuentras algún otro patrón en la tabla de las linternas y las baterías?

© Houghton Mifflin Harcourt Publishing Company • Image Credits: ©Sonya Farrell/Getty Images

**¡Inténtalo!** Describe un patrón. Luego completa la tabla.

Los campistas necesitan 5 paquetes de pilas. Si hay 8 pilas en cada paquete, ¿cuántas pilas habrá en 5 paquetes?

| Paquetes de pilas | Número de pilas |
|:---:|:---:|
| 1 | 8 |
| 2 | 16 |
| 3 | |
| 4 | 32 |
| 5 | |

**Usa la suma.**

Describe un patrón.

Suma _____ pilas por cada paquete.

**Usa la multiplicación.**

Describe un patrón.

Multiplica el número de paquetes de pilas por _____.

Entonces, habrá _____ pilas en 5 paquetes.

## Comparte y muestra

1. ¿Cómo puedes describir un patrón para hallar el precio de 4 paquetes de pilas?

_____

_____

| Paquetes de pilas | 1 | 2 | 3 | 4 |
|:---:|:---:|:---:|:---:|:---:|
| Precio | $3 | $6 | $9 | |

**Describe un patrón para la tabla. Luego completa la tabla.**

2.

| Tiendas de campaña | Faroles |
|:---:|:---:|
| 2 | 4 |
| 3 | 6 |
| 4 | 8 |
| 5 | 10 |
| 6 | |
| 7 | |

3.

| Adultos | 1 | 2 | 3 | 4 | 5 |
|:---:|:---:|:---:|:---:|:---:|:---:|
| Campistas | 6 | 12 | 18 | | |

_____

_____

Charla matemática

PRÁCTICAS Y PROCESOS MATEMÁTICOS ①

**Describe** cómo usas tu descripción de un patrón para completar una tabla.

Nombre _____

**Describe un patrón para la tabla. Luego completa la tabla.**

**4.**

| Horas | 1 | 2 | 3 | 4 | 5 |
|---|---|---|---|---|---|
| Millas recorridas | 2 | 4 | 6 | | |

**5.**

| Cabañas | 3 | 4 | 5 | 6 | 7 |
|---|---|---|---|---|---|
| Campistas | 27 | 36 | 45 | | |

**6.**

| Cabañas | Camas |
|---|---|
| 1 | 5 |
| 2 | 10 |
| 3 | |
| 4 | 20 |
| 5 | |
| 6 | |

**7.**

| Adultos | Estudiantes |
|---|---|
| 2 | 12 |
| 3 | 18 |
| 4 | |
| 5 | 30 |
| 6 | |
| 7 | |

**8.** _PIENSA MÁS_   Los estudiantes llevaron a cabo un proyecto de artesanías durante el campamento. Usaron 2 diseños con piñas pequeñas y 1 diseño con piñas grandes. Completa la tabla para hallar cuántos diseños se usaron para las diferentes cantidades de proyectos.

| Proyectos | 1 | 2 | 3 | | | | | | | |
|---|---|---|---|---|---|---|---|---|---|---|
| Diseño pequeño | 2 | | | | | | | | | |
| Diseño grande | 1 | | | | | | | | | |

**9.** _MÁS AL DETALLE_   Isaac usa 4 cuentas rojas y 3 cuentas azules para hacer un cinturón. ¿Cuántas cuentas usará para hacer 4 cinturones?

**10.** _MÁS AL DETALLE_   Corey usa 5 fichas amarillas y 4 fichas verdes para hacer un diseño. ¿Cuántas fichas necesitará para repetir el diseño 5 veces?

## Resolución de problemas • Aplicaciones

PRÁCTICAS Y PROCESOS MATEMÁTICOS ④ **Usa gráficas** Usa la gráfica con dibujos para resolver los problemas 11 a 13.

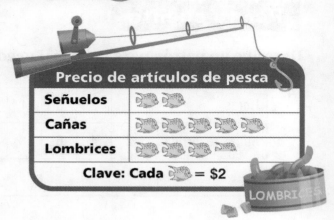

**Precio de artículos de pesca**

| Señuelos | |
|---|---|
| Cañas | |
| Lombrices | |

**Clave: Cada** = $2

11. Jena compró 3 cañas de pescar. ¿Cuánto gastó en total?

_____

12. **MÁS AL DETALLE**   Noah compró 1 caña de pescar, 2 señuelos y 1 envase de lombrices. ¿Cuánto costaron en total?

_____

13. **ESCRIBE** ▸*Matemáticas*   Ryan compró 8 señuelos. **Explica** cómo puedes usar la propiedad conmutativa para hallar el precio.

_____

_____

14. **MÁS AL DETALLE**   El precio del alquiler de un bote es $7 por persona. Un bote puede llevar hasta 6 personas. Hay que pagar $3 por poner cada bote en el agua. ¿Cuál es el precio total para un grupo de 6? Explícalo.

_____

15. Un grupo de estudiantes y adultos salen en un viaje de estudios en camionetas. En cada camioneta, pueden viajar 8 estudiantes y 2 adultos. ¿Cuantas personas pueden viajar en 4 camionetas?

_____

**Entrenador personal en matemáticas**

16. **PIENSA MÁS ✚**   Completa la tabla. Amir dijo que una regla para el patrón que muestra la tabla es "Multiplica por 4". ¿Tiene razón? Explica cómo sabes que tu respuesta es razonable.

| Latas | 2 | 3 | 4 | | 6 |
|---|---|---|---|---|---|
| Duraznos | 8 | 12 | | 20 | |

_____

Nombre _____

# Describir patrones

**Objetivo de aprendizaje** Ampliarás y describirás reglas para patrones en tablas y las explicarás usando las propiedades de las operaciones.

**Describe un patrón para la tabla. Luego completa la tabla.**

**1.**

| Bandejas | 1 | 2 | 3 | 4 | 5 |
|---|---|---|---|---|---|
| Panecillos | 6 | 12 | 18 | 24 | 30 |

Suma 6 panecillos por cada

bandeja; multiplica el número de

bandejas por 6.

**2.**

| Carros | 2 | 3 | 4 | 5 | 6 |
|---|---|---|---|---|---|
| Ruedas | 8 | 12 | 16 | | |

_____

_____

_____

**3.**

| Flores | 2 | 3 | 4 | 5 | 6 |
|---|---|---|---|---|---|
| Floreros | 14 | | 28 | | 42 |

_____

_____

_____

**4.**

| Arañas | 1 | 2 | 3 | 4 | 5 |
|---|---|---|---|---|---|
| Patas | 8 | | 24 | | 40 |

_____

_____

_____

## Resolución de problemas

**5.** Caleb compró 5 cajas de yogur. Cada caja tiene 8 envases de yogur. ¿Cuántos envases de yogur compró Caleb?

_____

**6.** Libby compró 4 cajas de lápices. Cada caja tiene 6 lápices. ¿Cuántos lápices compró Libby?

_____

**7.** **ESCRIBE** ▸*Matemáticas* ¿Cómo puedes hallar un patrón que te ayude a completar una tabla?

_____

_____

## Repaso de la lección

**1.** Describe el patrón en la tabla.

| Mesas | 1 | 2 | 3 | 4 | 5 |
|-------|---|---|---|---|---|
| Sillas | 5 | 10 | 15 | 20 | 25 |

**2.** ¿Qué número completa esta tabla?

| Mariposas | 3 | 4 | 5 | 6 | 7 |
|-----------|---|---|---|---|---|
| Alas | 12 | 16 | 20 | ■ | 28 |

_____

_____

## Repaso en espiral

**3.** Jennilee compró 7 cajas de crayones. Hay 6 crayones en cada caja. ¿Cuántos crayones compró Jennilee en total?

**4.** Maverick compró 5 talonarios de boletos para el circo. Cada talonario tiene 5 boletos. ¿Cuántos boletos tiene Maverick en total?

_____

_____

**5.** Bailey paseó su perro 2 veces por día durante 9 días. ¿Cuántas veces paseó Bailey su perro en total?

**6.** La compañía de árboles de Drew envía perales en grupos de 4. Ayer, la compañía envió 8 grupos de perales. ¿Cuántos perales se enviaron en total?

_____

_____

PRACTICA MÁS CON EL
Entrenador personal
en matemáticas

Nombre _____

# Hallar números desconocidos

**Pregunta esencial** ¿Cómo puedes usar una matriz o una tabla de multiplicar para hallar un factor o un producto desconocido?

**Objetivo de aprendizaje** Usarás una matriz o una tabla de multiplicar para hallar un factor o producto desconocido.

## Soluciona el problema

Tanisha planea invitar a 24 personas a una merienda. Cada paquete contiene 8 invitaciones. ¿Cuántos paquetes de invitaciones debe comprar?

Una **ecuación** es un enunciado numérico que incluye un signo de la igualdad para mostrar que dos cantidades son iguales.

Un símbolo o una letra pueden representar un número desconocido. Puedes escribir la ecuación $n \times 8 = 24$ para hallar cuántos paquetes de invitaciones necesita Tanisha. Halla el número $n$ que hace que la ecuación sea verdadera.

- ¿A cuántas personas invitará

  Tanisha? _____

- ¿Cuántas invitaciones hay en

  1 paquete? _____

**Usa una matriz.**

- Completa el dibujo para mostrar una matriz de 24 fichas cuadradas con 8 fichas cuadradas en cada hilera.

**Charla matemática**

PRÁCTICAS Y PROCESOS MATEMÁTICOS ⑥

**Explica** de qué manera la matriz representa el problema. ¿Qué relación hay entre los factores y la matriz?

$$n \quad \times \quad 8 \quad = \quad 24$$
$$\uparrow \qquad \quad \uparrow \qquad \quad \uparrow$$

**factor**
cantidad
de hileras

**factor**
cantidad en
cada hilera

**producto**
cantidad
total

- Cuenta cuántas hileras de 8 fichas hay.     **Piensa:** ¿Qué número multiplicado por 8 es igual a 24?

Hay _____ hileras de 8 fichas. El factor desconocido es _____.  $n =$ _____

_____ $\times 8 = 24$   Comprueba.

_____ $= 24$ ✓ La ecuación es verdadera.

Entonces, Tanisha necesita _____ paquetes de invitaciones.

🔑 **Usa una tabla de multiplicar.**

$3 \times 8 = $

**Piensa:** El símbolo ▇ representa el producto desconocido.

Halla el producto de $3 \times 8$ donde se encuentra la hilera 3 con la columna 8.

El producto desconocido es _____.

▇ = _____

$3 \times 8 = $ _____   Comprueba.

$24 = $ _____ ✓ La ecuación es verdadera.

| × | 0 | 1 | 2 | 3 | 4 | 5 | 6 | 7 | 8 | 9 | 10 |
|---|---|---|---|---|---|---|---|---|---|---|----|
| 0 | 0 | 0 | 0 | 0 | 0 | 0 | 0 | 0 | 0 | 0 | 0 |
| 1 | 0 | 1 | 2 | 3 | 4 | 5 | 6 | 7 | 8 | 9 | 10 |
| 2 | 0 | 2 | 4 | 6 | 8 | 10 | 12 | 14 | 16 | 18 | 20 |
| 3 | 0 | 3 | 6 | 9 | 12 | 15 | 18 | 21 | 24 | 27 | 30 |
| 4 | 0 | 4 | 8 | 12 | 16 | 20 | 24 | 28 | 32 | 36 | 40 |
| 5 | 0 | 5 | 10 | 15 | 20 | 25 | 30 | 35 | 40 | 45 | 50 |
| 6 | 0 | 6 | 12 | 18 | 24 | 30 | 36 | 42 | 48 | 54 | 60 |
| 7 | 0 | 7 | 14 | 21 | 28 | 35 | 42 | 49 | 56 | 63 | 70 |
| 8 | 0 | 8 | 16 | 24 | 32 | 40 | 48 | 56 | 64 | 72 | 80 |
| 9 | 0 | 9 | 18 | 27 | 36 | 45 | 54 | 63 | 72 | 81 | 90 |
| 10 | 0 | 10 | 20 | 30 | 40 | 50 | 60 | 70 | 80 | 90 | 100 |

## Comparte y muestra  MATH BOARD

**1.** ¿Cuál es el factor desconocido que se muestra con esta matriz?

$5 \times $ ▇ $= 35$

▇ = _____

**Halla el número desconocido.**

**2.** $d \times 3 = 27$

$d = $ _____

**3.** $6 \times 5 = \blacktriangle$

$\blacktriangle = $ _____

**4.** $c = 5 \times 4$

$c = $ _____

**5.** ▇ $\times 2 = 14$

▇ = _____

**6.** $b = 4 \times 9$

$b = $ _____

**7.** $8 \times e = 64$

$e = $ _____

**8.** $7 \times \bigstar = 42$

$\bigstar = $ _____

**9.** $8 \times 9 = z$

$z = $ _____

Charla matemática

PRÁCTICAS Y PROCESOS MATEMÁTICOS ②

**Usa el razonamiento** ¿Cómo sabes si estás buscando el número de hileras o el número de unidades en cada hilera cuando formas una matriz para hallar un factor desconocido?

## Por tu cuenta

**Halla el número desconocido.**

**10.** $\blacksquare = 9 \times 2$

$\blacksquare = $ _____

**11.** $28 = 4 \times m$

$m = $ _____

**12.** $y \times 3 = 9$

$y = $ _____

**13.** $7 \times 9 = g$

$g = $ _____

**14.** $a = 6 \times 4$

$a = $ _____

**15.** $7 = 7 \times n$

$n = $ _____

**16.** $w \times 3 = 15$

$w = $ _____

**17.** $\bigstar = 8 \times 6$

$\bigstar = $ _____

**PRÁCTICAS Y PROCESOS MATEMÁTICOS ②** **Razona en forma cuantitativa Álgebra** **Halla el número desconocido.**

**18.** $3 \times 6 = k \times 9$

$k = $ _____

**19.** $4 \times y = 2 \times 6$

$y = $ _____

**20.** $5 \times g = 36 - 6$

$g = $ _____

**21.** $6 \times 4 = \blacksquare \times 3$

$\blacksquare = $ _____

**22.** $9 \times d = 70 + 2$

$d = $ _____

**23.** $8 \times h = 60 - 4$

$h = $ _____

**24.** **MÁS AL DETALLE** Las invitaciones cuestan $3 por un paquete de 8. Lori entrega al cajero $20 para comprar invitaciones y recibe $11 en cambio. ¿Cuántos paquetes de invitaciones compra Lori? Explícalo.

_____

_____

**25.** **MÁS AL DETALLE** Coz y Amelia hacen un diseño con 36 fichas cada uno. Coz las coloca en hileras de 4. Amelia coloca las suyas en hileras de 6. ¿Cuántas fichas de más tienen las hileras de Coz respecto a las de Amelia?

_____

## Resolución de problemas • Aplicaciones En el mundo

**Usa la tabla para resolver los problemas 26 a 29.**

26  Tanisha necesita 40 vasos para la merienda.
¿Cuántos paquetes de vasos debe comprar?

_____

27. **MÁS AL DETALLE** La señora Hill compra 3 manteles y 2
paquetes de servilletas. ¿Cuánto dinero gasta?

_____

| Artículos para merienda | | |
| --- | --- | --- |
| Objeto | Cantidad en 1 paquete | Precio |
| Tazones | 6 | $10 |
| Vasos | 8 | $3 |
| Mantel | 1 | $2 |
| Servilletas | 36 | $2 |
| Tenedores | 50 | $3 |

28. **PIENSA MÁS** ¿Qué pasaría si Tanisha necesitara 40 tazones
para la merienda? Explica cómo escribir una ecuación con
una letra que represente el factor desconocido para hallar el
número de paquetes que debe comprar. Luego halla el factor
desconocido.

_____

_____

_____

29. **PRÁCTICAS Y PROCESOS MATEMÁTICOS ①** **Analiza** ¿Qué pasaría si Randy necesitara
la misma cantidad de tazones y de vasos para la merienda?
¿Cuántos paquetes de cada artículo debería comprar?

_____

_____

30. **PIENSA MÁS** En los ejercicios 30a–30d, elige SÍ o NO
para indicar si el factor desconocido es 8.

37a.  $8 \times \blacksquare = 64$     ○ Sí    ○ No

37b.  $\blacksquare \times 3 = 27$     ○ Sí    ○ No

37c.  $6 \times \blacksquare = 42$     ○ Sí    ○ No

37d.  $\blacksquare \times 7 = 56$     ○ Sí    ○ No

Nombre _____

# Hallar números desconocidos

**Objetivo de aprendizaje** Usarás una matriz o una tabla de multiplicar para hallar un factor o producto desconocido.

**Halla el factor desconocido.**

**1.** $n \times 3 = 12$

**Piensa:** ¿A cuántos grupos de 3 es igual 12?

$n = \underline{\quad 4 \quad}$

**2.** $s \times 8 = 64$

$s = \underline{\quad\quad}$

**3.** $21 = 7 \times n$

$n = \underline{\quad\quad}$

**4.** $y \times 2 = 18$

$y = \underline{\quad\quad}$

**5.** $5 \times p = 10$

$p = \underline{\quad\quad}$

**6.** $56 = 8 \times t$

$t = \underline{\quad\quad}$

**7.** $m \times 4 = 28$

$m = \underline{\quad\quad}$

**8.** $\bigstar \times 1 = 9$

$\bigstar = \underline{\quad\quad}$

**9.** $b \times 6 = 54$

$b = \underline{\quad\quad}$

**10.** $5 \times \blacktriangle = 40$

$\blacktriangle = \underline{\quad\quad}$

**11.** $30 = d \times 3$

$d = \underline{\quad\quad}$

**12.** $7 \times k = 42$

$k = \underline{\quad\quad}$

## Resolución de problemas  En el mundo

**13.** Carmen gastó $42 en 6 sombreros. ¿Cuánto costó cada sombrero?

**14.** Mark tiene una bandeja para hornear con 24 panecillos. Los panecillos están ordenados en 4 hileras iguales. ¿Cuántos panecillos hay en cada hilera?

_____

_____

**15.** ESCRIBE ▸*Matemáticas* Explica por qué no importa qué letra o símbolo se use para encontrar un número desconocido.

_____

_____

## Repaso de la lección

**1.** ¿Cuál es el número desconocido?

$$b \times 7 = 56$$

_____

**2.** ¿Cuál es el número desconocido que se muestra en esta matriz?

$$3 \times \blacksquare = 24$$

_____

## Repaso en espiral

**3.** ¿De qué propiedad es un ejemplo el enunciado numérico $4 \times 6 = 6 \times 4$?

_____

_____

**4.** Halla el producto.

$$5 \times (4 \times 2)$$

_____

**5.** ¿De qué propiedad es un ejemplo el enunciado numérico $4 \times 7 = (4 \times 3) + (4 \times 4)$?

_____

**6.** En un grupo de 10 niños, cada uno tenía 2 sombreros. ¿Cuántos sombreros tenían en total?

_____

**PRACTICA MÁS CON EL**
**Entrenador personal**
**en matemáticas**

#  Revisión de la mitad del capítulo

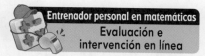

## Vocabulario

| Vocabulario |
|---|
| ecuación |
| matriz |

**Elige el término del recuadro que mejor corresponda.**

1. Una _____ es un enunciado numérico que incluye un signo de la igualdad para mostrar que dos cantidades son iguales. (pág. 267)

## Conceptos y destrezas

**Describe un patrón para la tabla. Luego completa la tabla.**

2.

| Semanas | 1 | 2 | 3 | 4 | 5 |
|---|---|---|---|---|---|
| Días | 7 | 14 | 21 | | |

_____

3.

| Boletos | 2 | 3 | 4 | 5 | 6 |
|---|---|---|---|---|---|
| Precio | $8 | $12 | $16 | | |

_____

4.

| Equipos de trabajo | Miembros |
|---|---|
| 3 | 9 |
| 4 | 12 |
| 5 | |
| 6 | 18 |
| 7 | |

_____

5.

| Mesas | Sillas |
|---|---|
| 1 | 8 |
| 2 | 16 |
| 3 | |
| 4 | 32 |
| 5 | |

_____

**Halla el número desconocido.**

6. $m \times 5 = 30$

$m =$ _____

7. $\blacksquare \times 6 = 48$

$\blacksquare =$ _____

8. $n = 2 \times 10$

$n =$ _____

9. $4 \times 8 = p$

$p =$ _____

10. $25 = y \times 5$

$y =$ _____

11. $\blacklozenge \times 10 = 10$

$\blacklozenge =$ _____

**12.** Describe un patrón de la tabla.

| Paquetes | 1 | 2 | 3 | 4 | 5 |
|---|---|---|---|---|---|
| Adhesivos | 6 | 12 | 18 | 24 | 30 |

_____

**13.** ¿Qué número hace que la ecuación sea verdadera?

$$a \times 8 = 72$$

_____

**14.** María compró 2 ejemplares del mismo libro. Gastó $18.
¿Cuál es el precio de un libro?

_____

**15.** Kyle ahorró $10 por semana durante 6 semanas. ¿Cuánto
dinero tiene Kyle en la Semana 6?

| Semanas | 1 | 2 | 3 | 4 | 5 | 6 |
|---|---|---|---|---|---|---|
| Cantidad | $10 | $20 | $30 | ▪ | ▪ | ▪ |

_____

**16.** **MÁS AL DETALLE** Las pelotas de tenis cuestan $7 por cada bote de 3.
Steve entregó $40 al cajero para comprar pelotas y recibió
$12 de cambio. ¿Cuántas pelotas de tenis compró Steve?

(3.OA.A.4)

_____

**274**

Nombre _____

# Resolución de problemas •
# Usar la propiedad distributiva

**Pregunta esencial** ¿Cómo puedes usar la estrategia *hacer un diagrama* para multiplicar con múltiplos de 10?

**Objetivo de aprendizaje** Usarás la estrategia *hacer un diagrama* y la propiedad distributiva para multiplicar por múltiplos de 10.

## Soluciona el problema

El salón de actos de la escuela tiene 5 hileras de sillas con 20 sillas en cada hilera. Si las clases de tercer grado ocupan 3 hileras de sillas, ¿cuántos estudiantes de tercer grado hay en el acto?

### Lee el problema

**¿Qué debo hallar?**

Debo hallar cuántos _____

_____ hay en el acto.

**¿Qué información debo usar?**

Hay _____ sillas en cada hilera.

Los estudiantes de tercer grado ocupan _____ hileras de sillas.

**¿Cómo usaré la información?**

La propiedad distributiva indica que puedo

_____ el factor 20 para multiplicar.

$3 \times 20 = 3 \times (10 + \underline{\quad})$

### Resuelve el problema

Haz un diagrama. Completa el sombreado para 3 hileras de 20 sillas.

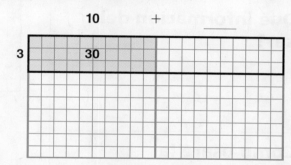

Puedo usar la suma de los productos de los rectángulos más pequeños para hallar cuántos estudiantes de tercer grado hay en el acto.

$3 \times 10 = \underline{\quad}$     $3 \times 10 = \underline{\quad}$

$\underline{\quad} + \underline{\quad} = \underline{\quad}$

$3 \times 20 = \underline{\quad}$

Entonces, hay _____ estudiantes de tercer grado en el acto.

**1.** Explica por qué si descompones el factor 20 facilita más el cálculo del

producto. _____

## Haz otro problema

Megan está viendo ensayar a una banda de música. La banda pasa a su lado con 4 hileras de personas que tocan sus instrumentos. Cuenta 30 personas en cada hilera. ¿Cuántas personas hay en la banda de música?

| Lee el problema | Resuelve el problema |
|---|---|
| **¿Qué debo hallar?** | **Anota los pasos que seguiste para resolver el problema.** |
| **¿Qué información debo usar?** | 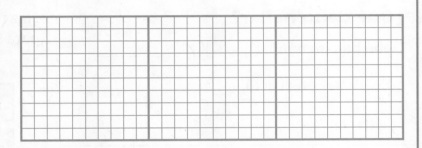 |
| **¿Cómo usaré la información?** | |

**2.** ¿Cómo puedes comprobar si tu respuesta es razonable?

_____

_____

**3.** Explica cómo puedes usar la propiedad distributiva como ayuda para hallar el producto.

_____

_____

© Houghton Mifflin Harcourt Publishing Company • Image Credits: ©Visions of America, LLC/Alamy Images

Nombre _____

## Soluciona el problema

✓ Encierra en un círculo los números que usarás.

✓ Usa la propiedad distributiva y descompón el factor mayor para usar operaciones que conozcas.

✓ Haz un diagrama como ayuda para resolver el problema.

**1.** Todas las butacas de la sección de adelante del teatro están ocupadas. La sección de adelante tiene 6 hileras con 40 butacas en cada una. ¿Cuántas personas hay en la sección de adelante del teatro?

**Primero,** haz y rotula un diagrama para descomponer el problema en partes más sencillas de resolver.

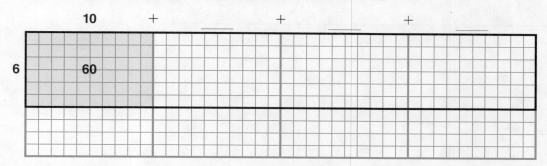

**Luego,** halla los productos de los rectángulos más pequeños.

$6 \times 10 =$ _____  _____ $\times$ _____ $=$ _____

_____ $\times$ _____ $=$ _____  _____ $\times$ _____ $=$ _____

**Por último,** halla la suma de los productos.

_____ $+$ _____ $+$ _____ $+$ _____ $=$ _____

Entonces, hay _____ personas en la sección de adelante del teatro.

**2.** ¿Qué pasaría si se agregaran butacas a la sección de adelante del teatro para que hubiera 6 hileras con 50 butacas en cada una? ¿Cuántas butacas habría en la sección de adelante?

_____

**3.** PIENSA MÁS  Tova cosió 60 piezas de cinta azul para hacer un disfraz. Cada pieza de cinta medía 2 metros de longitud. También cosió 40 piezas de cinta roja, que medían 3 metros de longitud cada uno. ¿Usó Tova más cinta azul o más cinta roja? Explícalo.

_____

**4.** **PRÁCTICAS Y PROCESOS MATEMÁTICOS ❸** Verifica el razonamiento de otros

Carina hace este diagrama para mostrar que
$8 \times 30 = 210$. Explica su error.

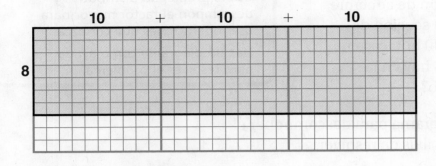

_____

_____

_____

_____

**5.** **ESCRIBE** ▸ *Matemáticas* Tamika quiere disponer 10 trofeos en
una matriz rectangular sobre una mesa. ¿De cuántas maneras
diferentes puede disponer los trofeos Tamika? Explica tu respuesta.

_____

_____

**6.** **MÁS AL DETALLE** El club de teatro tiene 350 boletos para vender. El lunes
se venden 124 boletos y el martes, 98 boletos. ¿Cuántos boletos le
quedan para vender al club de teatro?

_____

**7.** **PIENSA MÁS** Selecciona las ecuaciones que muestran la propiedad
distributiva. Marca todas las opciones que correspondan.

Ⓐ $3 \times 20 = (3 \times 10) + (3 \times 10)$

Ⓑ $(7 + 3) + 8 = 7 + (3 + 8)$

Ⓒ $(5 \times 10) + (5 \times 10) = 5 \times 20$

Ⓓ $(9 \times 2) + (9 \times 4) = 9 \times 6$

# Resolución de problemas • Usar la propiedad distributiva

**Lee los problemas y resuélvelos.**

1. Cada vez que un estudiante entrega una prueba de ortografía perfecta, la maestra Ricks pone un cuadrado de honor en el tablero de anuncios. Hay 6 hileras de cuadrados en el tablero de anuncios. Cada hilera tiene 30 cuadrados. ¿Cuántas pruebas de ortografía perfectas se han entregado?

   **Piensa:** $6 \times 30 = 6 \times (10 + 10 + 10)$

   $= 60 + 60 + 60 = 180$

   **180 pruebas de ortografía**

2. Norma practica el violín durante 50 minutos por día. ¿Cuántos minutos practica el violín en 7 días?

   _____

3. Un diseñador está creando un protector nuevo para la pared de atrás de un fregadero de cocina, que tendrá 5 hileras de baldosas. Cada hilera tendrá 20 baldosas. ¿Cuántas baldosas se necesitan para todo el protector?

   _____

4. En una pista de boliche se guardan los zapatos en casilleros pequeños que están en hileras. Hay 9 hileras con 20 casilleros cada una. Si hay un par de zapatos en cada casillero, ¿cuántos pares de zapatos hay?

   _____

5. **ESCRIBE** ▸*Matemáticas* Escribe una descripción de cómo un diagrama puede ayudarte a resolver $2 \times 40$.

   _____

   _____

## Repaso de la lección

**1.** En cada paquete de refrigerio hay 20 galletas. ¿Cuántas galletas hay en total en 4 paquetes de refrigerio?

**2.** Una máquina hace 70 resortes por hora. ¿Cuántos resortes hará la máquina en 8 horas?

## Repaso en espiral

**3.** Lila leyó 142 páginas el viernes y 168 páginas el sábado. Estima la cantidad de páginas que leyó Lila el viernes y el sábado juntos.

**4.** Jésica escribió 6 + 6 + 6 + 6 en la pizarra. ¿Qué otra manera hay de mostrar 6 + 6 + 6 + 6?

**Usa el diagrama de puntos para resolver los problemas 5 y 6.**

**5.** Eliot hizo un diagrama de puntos para registrar el número de aves que vio en su comedero de aves. ¿Cuántos gorriones más que urracas vio?

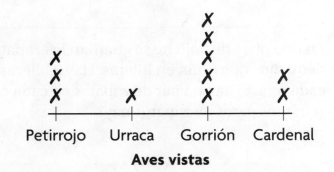

**6.** ¿Cuántos petirrojos y cardenales juntos vio Eliot?

**PRACTICA MÁS CON EL**
**Entrenador personal en matemáticas**

Nombre _____

# Estrategias de multiplicación con múltiplos de 10

**Pregunta esencial** ¿Qué estrategias puedes usar para multiplicar con múltiplos de 10?

**Objetivo de aprendizaje** Usarás bloques de base 10 y estrategias basadas en el valor posicional para multiplicar por múltiplos de 10.

 **Soluciona el problema** En el mundo

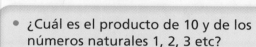

Puedes usar modelos y el valor posicional para multiplicar con múltiplos de 10.

> • ¿Cuál es el producto de 10 y de los números naturales 1, 2, 3 etc?
>
> _____

 **Actividad** Representa múltiplos de 10.

**Materiales** ■ bloques de base diez

Representa los primeros nueve múltiplos de 10.

| | |
|---|---|
| ▭ | 1 × 10 |
| | 1 × 1 decena |
| | 1 decena |
| | 10 |

| | |
|---|---|
| ▭▭ | 2 × 10 |
| | 2 × 1 decena |
| | 2 decenas |
| | 20 |

| | |
|---|---|
| ▭▭▭ | 3 × 10 |
| | 3 × 1 decena |
| | 3 decenas |
| | 30 |

¿Cuáles son los primeros nueve múltiplos de 10?

10, 20, 30, _____ , _____ , _____ , _____ , _____ , _____

La clínica veterinaria La Mejor Atención dio clases gratis de cuidados para mascotas durante 5 días. Erin asistió a las clases todos los días durante 30 minutos cada día. ¿Cuántos minutos asistió Erin a las clases?

 **De una manera** Usa una recta numérica.

5 × 30 = ■   **Piensa:** 30 = 3 decenas

**PASO 1** Completa la recta numérica. Rotula los múltiplos de 10.

**PASO 2** Dibuja saltos en la recta numérica para mostrar 5 grupos de 3 decenas.

0   10                              100   110                    160

5 × 30 = _____

Entonces, Erin asistió _____ minutos a las clases de cuidados para mascotas.

## 🔒 De otra manera Usa el valor posicional.

**REPRESENTA**

**PIENSA**

$5 \times 30 = 5 \times$ _____ decenas

= _____ decenas = _____

Entonces, $5 \times 30 =$ _____.

### ¡Inténtalo!

$4 \times 50 =$ _____ $\times$ _____ decenas

= _____ decenas = _____

**Charla matemática**

**PRÁCTICAS Y PROCESOS MATEMÁTICOS 1**

**Entiende los problemas** ¿Por qué $5 \times 4$ tiene un cero en el producto mientras que $4 \times 50$ tiene dos ceros?

## Comparte y muestra 🖊️MATH BOARD

**Usa una recta numérica para hallar el producto.**

**1.** $3 \times 40 =$ _____     **Piensa:** Hay 3 saltos de 40.

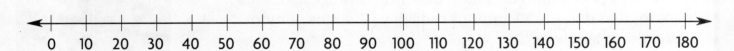

**✓ 2.** $8 \times 20 =$ _____

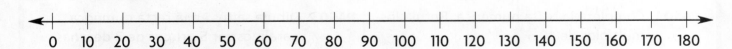

**Usa el valor posicional para hallar el producto.**

**✓ 3.** $3 \times 70 = 3 \times$ _____ decenas

= _____ decenas = _____

**4.** $50 \times 2 =$ _____ decenas $\times 2$

= _____ decenas = _____

**Charla matemática**

**PRÁCTICAS Y PROCESOS MATEMÁTICOS 8**

**Usa el razonamiento repetitivo** ¿Por qué el producto de la multiplicación es el mismo cuando los factores se intercambian?

Nombre _____

**Usa una recta numérica para hallar el producto.**

**5.** $7 \times 20 =$ _____

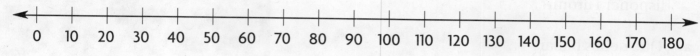

**6.** $3 \times 50 =$ _____

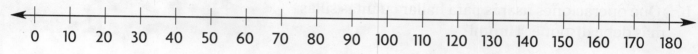

**Usa el valor posicional para hallar el producto.**

**7.** $6 \times 60 = 6 \times$ _____ decenas

  = _____ decenas = _____

**8.** $50 \times 7 =$ _____ decenas $\times 7$

  = _____ decenas = _____

**Resolución de problemas • Aplicaciones**

**Usa la tabla para resolver los problemas 9 a 11.**

**9.** _MÁS AL DETALLE_ Una botella de champú cuesta $8 y un paquete de juguetes para gatos cuesta $7. Si la clínica vende todo su inventario de champú y de juguetes para gatos, ¿cuánto dinero recibirá?

_____

**10. ¿Cuál es la pregunta?** Cada bolsa de golosinas contiene 30 golosinas. El resultado es 240.

_____

| Clínica La Mejor Atención Artículos para mascotas | |
| --- | --- |
| **Artículo** | **Cantidad** |
| Juguetes para gatos | 10 paquetes |
| Golosinas | 8 bolsas |
| Champú | 20 botellas |
| Vitaminas | 3 cajas |

**11.** _PIENSA MÁS_ Hay 4 botellas de vitaminas en cada caja. Cada botella contiene 20 vitaminas. Si la clínica quiere tener una provisión de 400 vitaminas, ¿cuántas cajas más debe encargar?

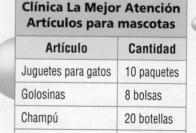

_____

## Soluciona el problema (En el mundo)

**12.** **PRÁCTICAS Y PROCESOS MATEMÁTICOS ①** **Interpretar problemas** Hiromi debe disponer sillas para las 155 personas que asistirán a la jornada de orientación profesional en la escuela. Hasta ahora ha dispuesto 6 hileras de 20 sillas cada una. ¿Cuántas sillas más debe disponer Hiromi?

**a.** ¿Qué debes hallar?

_____

**b.** ¿Qué operaciones usarás para hallar cuántas sillas más debe disponer Hiromi?

_____

**c.** Escribe los pasos que seguirás para resolver el problema.

**d.** Completa las oraciones.

Hiromi debe disponer _____ sillas para las personas que asistirán a la jornada.

Dispuso _____ hileras de _____ sillas cada una.

Entonces, Hiromi debe disponer _____ sillas más.

**13.** **MÁS AL DETALLE** La semana pasada, la Dra. Newman examinó las patas de 30 perros en su clínica. También examinó las patas de 20 gatos. ¿Qué cantidad total de patas examinó la Dra. Newman la semana pasada?

_____

**14.** **PIENSA MÁS** Nick hizo este modelo de multiplicación. Completa la ecuación que representa al modelo.

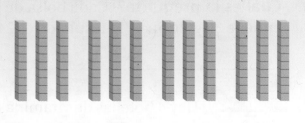

_____ × _____ = _____

Nombre _____

# Estrategias de multiplicación con múltiplos de 10

**Objetivo de aprendizaje** Usarás bloques de base 10 y estrategias basadas en el valor posicional para multiplicar por múltiplos de 10.

**Usa una recta numérica para hallar el producto.**

**1.** $2 \times 40 =$ __80__

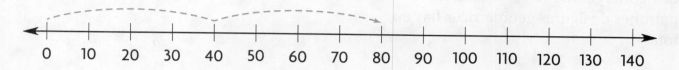

**2.** $4 \times 30 =$ _____

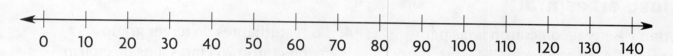

**Usa el valor posicional para hallar el producto.**

**3.** $5 \times 70 = 5 \times$ _____ decenas

= _____ decenas = _____

**4.** $60 \times 4 =$ _____ decenas $\times 4$

= _____ decenas = _____

## Resolución de problemas

**5.** En la exposición de un acuario hay 5 peceras. Cada pecera tiene capacidad para 50 galones de agua. ¿Cuánta agua pueden contener las 5 peceras en total?

_____

**6.** En la exposición de otro acuario, hay 40 peces en cada una de las 7 peceras que se exhiben. ¿Cuántos peces hay en la exposición en total?

_____

**7.** ESCRIBE ▸ *Matemáticas* ¿Qué estrategia prefieres usar para multiplicar con múltiplos de 10: bloques de base diez, una recta numérica o el valor posicional? Explica por qué.

_____

## Repaso de la lección

1. Cada bolsa de patrones de figuras geométricas contiene 50 figuras. Para hacer un patrón para la clase, un maestro combina 4 bolsas de patrones de figuras geométricas. ¿Cuántos patrones de figuras geométricas hay en total?

_____

2. Una tienda de comestibles recibe 8 bloques de queso. Cada bloque de queso pesa 60 onzas. ¿Cuál es el peso total de los quesos?

_____

## Repaso en espiral

3. Alan y Betty recolectaron latas para reciclar. Alan recolectó 154 latas. Betty recolectó 215 latas. ¿Cuántas latas recolectaron en total?

_____

_____

4. Los estudiantes de tercer grado recolectaron 754 latas. Los de cuarto grado recolectaron 592 latas. Estima cuántas latas más recolectaron los alumnos de tercer grado.

_____

_____

**Usa la gráfica de barras para resolver los ejercicios 5 y 6.**

5. ¿Cuántos libros más leyó Ed que Bob?

_____

6. ¿Cuántos libros en total leyeron los cuatro estudiantes en junio?

_____

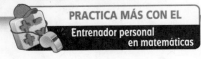

PRACTICA MÁS CON EL
Entrenador personal
en matemáticas

Nombre _____

# Multiplicar números de un dígito por múltiplos de 10

**Pregunta esencial** ¿Cómo puedes representar y anotar la multiplicación de números enteros de un dígito por múltiplos de 10?

**Objetivo de aprendizaje** Usarás bloques de base 10 y harás dibujos rápidos para representar y anotar multiplicaciones de números enteros de 1 dígito por múltiplos de 10.

## Soluciona el problema En el mundo

El centro para la comunidad ofrece 4 clases de baile. Si en cada clase se anotan 30 estudiantes, ¿cuántos estudiantes se anotan en total para tomar las clases?

- ¿Cuántos grupos iguales hay? _____
- ¿Cuántos estudiantes hay en cada grupo? _____

**Actividad** Usa bloques de base diez para representar 4 × 30.

**Materiales** ■ bloques de base diez

**PASO 1** Representa 4 grupos de 30.

**PASO 2** Combina las decenas. Reagrupa 12 decenas en 1 centena y 2 decenas.

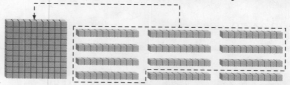

4 × 30 = _____

Entonces, _____ estudiantes se anotan en total para tomar las clases de baile.

**Idea matemática**

Si un factor es múltiplo de 10, entonces el producto también será múltiplo de 10.

**¡Inténtalo!** Halla 7 × 40.

Haz un dibujo rápido para anotar tu modelo. Dibuja un palito por cada decena. Dibuja un cuadrado por cada centena.

**PASO 1** Representa _____ grupos de _____.

Entonces, 7 × 40 = _____.

**PASO 2** Combina las decenas. Reagrupa 28 decenas en _____ centenas y _____ decenas.

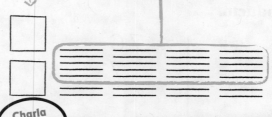

**Charla matemática**

PRÁCTICAS Y PROCESOS MATEMÁTICOS ⑦

**Busca estructuras** ¿Por qué el producto de 7 × 40 es igual al producto de 4 × 70?

 **Ejemplo** Usa el valor posicional y la reagrupación.

Halla $9 \times 50$.

| | REPRESENTA | | PIENSA | ANOTA |
|---|---|---|---|---|
| **PASO 1** | 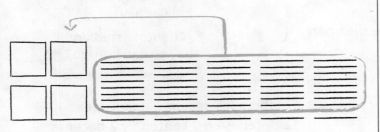 | | Multiplica las unidades. $9 \times 0$ unidades = _____ unidades | $\begin{array}{r} 50 \\ \times\ 9 \\ \hline 0 \end{array}$ |
| **PASO 2** | | | Multiplica las decenas. $9 \times 5$ decenas = 45 decenas Reagrupa las _____ decenas en _____ centenas y _____ decenas. | $\begin{array}{r} 50 \\ \times\ 9 \\ \hline 450 \end{array}$ |

Entonces, $9 \times 50 =$ _____.

## Comparte y muestra  MATH BOARD

1. Usa el dibujo rápido para hallar $5 \times 40$.

   $5 \times 40 =$ _____

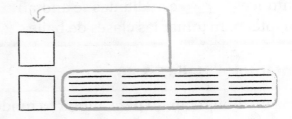

**Halla el producto. Usa bloques de base diez o haz un dibujo rápido en tu pizarra.**

☑ **2.** $7 \times 30 =$ _____   **3.** _____ $= 2 \times 90$   **4.** $8 \times 40 =$ _____   **5.** _____ $= 4 \times 60$

**Halla el producto.**

☑ **6.** $\begin{array}{r} 80 \\ \times\ 9 \\ \hline \end{array}$   **7.** $\begin{array}{r} 70 \\ \times\ 7 \\ \hline \end{array}$   **8.** $\begin{array}{r} 90 \\ \times\ 4 \\ \hline \end{array}$   **9.** $\begin{array}{r} 60 \\ \times\ 8 \\ \hline \end{array}$

 Charla matemática

PRÁCTICAS Y PROCESOS MATEMÁTICOS ①

**Analiza** Explica cómo un número de un dígito multiplicado por 10 es fácil de calcular mentalmente.

Nombre _____

## Por tu cuenta

**Halla el producto. Usa bloques de base diez o haz un dibujo rápido en tu pizarra.**

**10.** $2 \times 70 =$ _____   **11.** $8 \times 50 =$ _____   **12.** _____ $= 3 \times 90$   **13.** $2 \times 80 =$ _____

**Halla el producto.**

**14.**
$$\begin{array}{r} 80 \\ \times\ 3 \\ \hline \end{array}$$

**15.**
$$\begin{array}{r} 60 \\ \times\ 9 \\ \hline \end{array}$$

**16.**
$$\begin{array}{r} 90 \\ \times\ 8 \\ \hline \end{array}$$

**17.**
$$\begin{array}{r} 80 \\ \times\ 8 \\ \hline \end{array}$$

## Práctica: Copia y resuelve  Halla el producto.

**18.** $6 \times 70$    **19.** $9 \times 90$    **20.** $70 \times 8$    **21.** $90 \times 7$

**PRÁCTICAS Y PROCESOS MATEMÁTICOS ②** Razona cuantitativamente  **Álgebra**  Halla el factor desconocido.

**22.** $a \times 80 = 480$

$a =$ _____

**23.** $b \times 30 = 30$

$b =$ _____

**24.** $7 \times \blacksquare = 420$

$\blacksquare =$ _____

**25.** $50 \times \blacktriangle = 0$

$\blacktriangle =$ _____

## Resolución de problemas • Aplicaciones En el mundo

**26.** **PIENSA MÁS**  La clase de Ava compró 6 paquetes de globos para una fiesta escolar. Cada paquete tiene 30 globos. Si quedaron 17 globos, ¿cuántos se usaron para la fiesta?

_____

**27.** **¿Tiene sentido?**  Lori dice que 8 no es un factor de 80 porque 8 no termina en cero. ¿Tiene sentido el enunciado de Lori? Explícalo.

_____

**28.** **PRÁCTICAS Y PROCESOS MATEMÁTICOS ④** Haz modelos matemáticos  Los miembros del club de lectura leen 200 libros en total. Cada miembro lee 5 libros. Escribe una ecuación para hallar la cantidad de miembros del club de lectura. Usa una letra para representar el factor desconocido.

_____

## Soluciona el problema En el mundo

**29.** **MÁS AL DETALLE** Frank tiene un número de 2 dígitos en su uniforme de béisbol. El número es múltiplo de 10 y uno de sus factores es 3. ¿Qué tres números podría tener Frank en su uniforme?

**a.** ¿Qué debes hallar?

_____

**b.** ¿Qué información debes usar?

_____

**c.** ¿Cómo puedes resolver el problema?

**d.** Completa las oraciones.

Frank tiene un _____ en su uniforme.

El número es múltiplo de _____.

Uno de los factores del número es _____.

Frank podría tener _____, _____ o _____ en su uniforme.

---

Entrenador personal en matemáticas

**30.** **PIENSA MÁS ＋** La granja Baker cultiva y vende zanahorias a los almacenes locales. Los almacenes agrupan las zanahorias para vender. ¿Qué almacén compró la mayor cantidad de zanahorias de la granja Baker? ¿Cuántas zanahorias compró el almacén?

| Almacén | Cantidad de zanahorias en 1 paquete | Cantidad de paquetes |
|---|---|---|
| Tienda Compre Más | 6 | 90 |
| Tienda Precio Bajo | 8 | 60 |
| Tienda Qué Rico | 7 | 80 |
| Tienda Saludable | 9 | 70 |

_____

# Multiplicar números de un dígito por múltiplos de 10

**Objetivo de aprendizaje** Usarás bloques de base 10 y harás dibujos rápidos para representar y anotar multiplicaciones de números enteros de 1 dígito por múltiplos de 10.

**Halla el producto. Usa bloques de base diez o haz un dibujo rápido.**

**1.** $4 \times 50 =$ ___200___

**2.** $60 \times 3 =$ _____

**3.** _____ $= 60 \times 5$

**Halla el producto.**

**4.**
$$\begin{array}{r} 80 \\ \times\ 3 \\ \hline \end{array}$$

**5.**
$$\begin{array}{r} 50 \\ \times\ 2 \\ \hline \end{array}$$

**6.**
$$\begin{array}{r} 60 \\ \times\ 7 \\ \hline \end{array}$$

**7.**
$$\begin{array}{r} 70 \\ \times\ 4 \\ \hline \end{array}$$

**8.** $6 \times 90 =$ _____

**9.** $9 \times 70 =$ _____

**10.** $8 \times 90 =$ _____

**11.** _____ $= 6 \times 80$

## Resolución de problemas En el mundo

**12.** Cada carro de juguete de una colección cuesta $4. Hay 30 carros de juguete diferentes en la colección. ¿Cuánto costará comprar todos los carros de la colección?

_____

**13.** Amanda hace ejercicio 50 minutos por día. ¿Cuántos minutos hará ejercicio en 7 días?

_____

**14.** **ESCRIBE** ▸ *Matemáticas* Explica cómo hallar $4 \times 80$. Muestra tu trabajo.

_____

## Repaso de la lección

**1.** En cada estante de una sección de la biblioteca hay 30 libros. En esa sección, hay 9 estantes. ¿Cuántos libros habrá en esos estantes?

_____

**2.** Una lata de mezcla para jugo contiene 30 onzas. ¿Cuántas onzas de jugo puedo obtener de 6 latas de mezcla de jugo?

_____

## Repaso en espiral

**3.** Sue compró 7 latas de pelotas de tenis. Hay 3 pelotas en cada lata. ¿Cuántas pelotas compró Sue?

_____

**4.** Usa la propiedad conmutativa de la multiplicación para escribir un enunciado de multiplicación relacionado.

$$3 \times 4 = 12$$

_____

**5.** Lyn dibujó este modelo de barras para resolver un problema. ¿Qué operación debería usar para hallar el número desconocido?

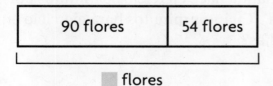

_____

**6.** Joe dibujó este modelo de barras para hallar el número desconocido de pelotas. Halla el número desconocido.

| 106 pelotas | ▉ pelotas |
|---|---|

250 pelotas

_____

PRACTICA MÁS CON EL
**Entrenador personal en matemáticas**

# ✓ Repaso y prueba del Capítulo 5

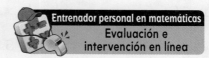

Entrenador personal en matemáticas
Evaluación e
intervención en línea

1. El club de campamento quiere alquilar botes. Cada bote puede llevar 8 personas. ¿Qué ecuación se puede usar para hallar cuántos botes se necesitan para llevar a 32 personas?

   Ⓐ  $8 \times 32 = \blacksquare$

   Ⓑ  $32 \times \blacksquare = 8$

   Ⓒ  $\blacksquare \times 8 = 32$

   Ⓓ  $32 \times 8 = \blacksquare$

2. Elige las ecuaciones que muestran la propiedad distributiva. Marca todas las opciones que correspondan.

   Ⓐ     $8 \times 20 = 8 \times (10 + 10)$

   Ⓑ     $5 \times 60 = 5 \times (20 + 40)$

   Ⓒ     $30 \times 6 = 6 \times 30$

   Ⓓ  $9 \times (4 + 3) = 9 \times 7$

3. Elige el número del recuadro que hace que la oración sea verdadera.

   Una biblioteca tiene 48 estantes con libros de ficción. Hay 6 estantes en cada gabinete.

   Hay
   | 7 |
   | 8 |
   | 9 |
   gabinetes con libros de ficción en la biblioteca.

**4.** En los ejercicios 4a a 4d, elige Verdadero o Falso para cada ecuación.

4a. $\qquad 5 \times (4 + 4) = 8 \times 5$ ◯ Verdadero ◯ Falso

4b. $\qquad 8 \times (3 + 3) = 8 \times 5$ ◯ Verdadero ◯ Falso

4c. $(3 \times 5) + (5 \times 5) = 8 \times 5$ ◯ Verdadero ◯ Falso

4d. $(3 \times 2) + (8 \times 3) = 8 \times 5$ ◯ Verdadero ◯ Falso

**5.** Alya plantó 30 canteros con flores. Cada cantero tenía 8 flores. Javon plantó 230 flores. ¿Plantó Alya más flores, la misma cantidad de flores, o menos flores que Javon?

(A) Ella plantó más flores que Javon.

(B) Ella plantó exactamente la misma cantidad de flores que Javon.

(C) Ella plantó menos flores que Javon.

**6.** En los ejercicios 6a a 6d, elige Sí o No para indicar si el número desconocido es 6.

6a. $4 \times \blacksquare = 32$ ◯ Sí ◯ No

6b. $\blacksquare \times 6 = 36$ ◯ Sí ◯ No

6c. $8 \times \blacksquare = 49$ ◯ Sí ◯ No

6d. $\blacksquare \times 30 = 180$ ◯ Sí ◯ No

**7.** Cada tren lleva 20 automóviles. Usa la recta numérica para hallar cuántos automóviles pueden llevar 6 trenes.

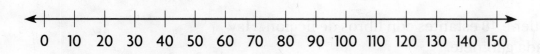

_____ automóviles

**8.** Samantha hizo esta representación de multiplicación.
Completa la ecuación que se representa.

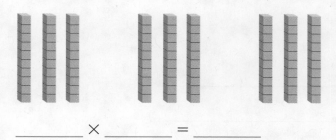

_____ × _____ = _____

**9.** Una imprenta imprime boletines de noticias para varios
grupos cada mes. ¿Qué grupo usa la mayor cantidad de hojas
de papel?

| Grupo | Cantidad de hojas en el boletín | Cantidad de copias del boletín impresas |
|---|---|---|
| Damas Jardineras | 5 | 70 |
| Club de Amantes del Libro | 6 | 80 |
| Amantes de los Trenes a Escala | 7 | 60 |
| Club de Viajes | 8 | 50 |

_____

**10.** **MÁS AL DETALLE** Una tienda tiene 30 cajas de melones. Cada caja
tiene 4 bolsas. Cada bolsa tiene 4 melones. ¿Cuál es el
número total de melones que hay en la tienda?

_____ melones

**11.** El cachorro de Heather pesa 23 libras. Aumenta 3 libras
por mes. Si continúa el patrón, ¿cuánto pesará el cachorro
dentro de 5 meses?

_____

**12.** Tim describe un patrón. Dice que la regla para el patrón de la tabla es "Suma 3". ¿Es la regla correcta? Explica cómo lo sabes.

| Paquetes | 1 | 2 | 3 | 4 | 5 |
|---|---|---|---|---|---|
| Marcadores | 4 | 8 | 12 | 16 | 20 |

_____

_____

_____

**13.** Se muestra una parte de una tabla de multiplicar. Halla los números que faltan. Explica cómo hallas los números.

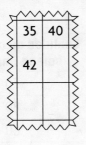

_____

_____

_____

_____

**14.** Halla la regla para esta tabla.

| Acuarios | 3 | 4 | 5 | 6 | 7 |
|---|---|---|---|---|---|
| Peces | 240 | 320 | 400 | 480 | 560 |

Regla: _____

¿Cómo cambiaría la tabla si la regla fuera "Multiplica el número de acuarios por 8"? Explícalo.

_____

_____

**15.** Devon tiene 80 libros para empacar en cajas. Empaca
20 libros en cada caja. ¿Cuántas cajas necesita?

Escribe una ecuación; usa la letra *n* para representar el factor
desconocido. Explica cómo hallas el factor desconocido.

_____

_____

_____

**Entrenador personal en matemáticas**

**16.** PIENSA MÁS   La librería tiene 6 estantes de libros sobre
animales. Hay 30 libros en cada estante. ¿Cuántos libros
sobre animales hay en la librería?

Sombrea cuadrados para hacer un diagrama que muestre
cómo puedes usar la propiedad distributiva para hallar la
cantidad de libros sobre animales que hay en la librería.

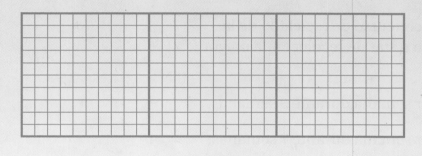

_____ libros sobre animales

**17.** Cody ahorra todas sus monedas de 5 centavos. Ahora, las está sacando de su alcancía y las está envolviendo para llevarlas al banco. Tiene un total de 360 monedas. Cada paquete puede tener hasta 40 monedas. ¿Cuántos paquetes arma?

**Parte A**
Escribe una ecuación; usa *n* para el número desconocido. Halla la cantidad de paquetes que arma.

_____ × _____ = _____

**Parte B**
Explica cómo resuelves este problema y cómo sabes que la respuesta es correcta.

_____

_____

_____

_____

**18.** Rubén recolecta latas para el concurso de reciclado de la escuela. Tiene dos planes para tratar de recolectar la mayor cantidad posible de latas.

Plan A: Recolectar 20 latas por semana durante 9 semanas.

Plan B: Recolectar 30 latas por semana durante 7 semanas.

**Parte A**
¿Qué plan debería elegir Rubén? _____

**Parte B**
Explica cómo hiciste tu elección.

_____

_____

_____

_____

_____

_____

# Capítulo 6 — Comprender la división

## Muestra lo que sabes

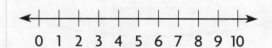

**Entrenador personal en matemáticas**
Evaluación e intervención en línea

Comprueba si comprendes las destrezas importantes.

Nombre _____

▶ **Contar hacia atrás para restar** Usa la recta numérica. Escribe la diferencia.

**1.** $8 - 5 =$ _____

```
←—+—+—+—+—+—+—+—+—+—+—→
  0  1  2  3  4  5  6  7  8  9 10
```

**2.** $9 - 4 =$ _____

```
←—+—+—+—+—+—+—+—+—+—+—→
  0  1  2  3  4  5  6  7  8  9 10
```

▶ **Contar grupos iguales** Completa.

**3.**

_____ grupos

_____ en cada grupo

**4.**

_____ grupos

_____ en cada grupo

▶ **Operaciones de multiplicación hasta 9** Halla el producto.

**5.** $8 \times 5 =$ _____

**6.** _____ $= 7 \times 7$

**7.** $3 \times 9 =$ _____

En la tabla se muestran 3 maneras diferentes de anotar puntos en básquetbol. Corina anotó 12 puntos en un partido de básquetbol. Piensa como un detective matemático para hallar la mayor cantidad de puntos en juego que pudo haber anotado. Luego halla la mayor cantidad de triples que pudo haber anotado.

| Puntos en básquetbol | |
|---|---|
| tiro libre | 1 punto |
| en juego | 2 puntos |
| triple | 3 puntos |

Matemáticas En el mundo

▶ **Visualízalo** • • • • • • • • • • • • • • • • • • • • • • • • • • •

**Completa el mapa conceptual con las palabras marcadas con ✓.**

**¿Cómo es?**                          **¿Puedes dar algunos ejemplos?**

_____ iguales

**Multiplicación**

4 grupos de
3 cada uno

_____

$$6 \quad \times \quad 3 \quad = \quad 18$$
$$6 \quad \times \quad 4 \quad = \quad 24$$
$$\uparrow \qquad \quad \uparrow \qquad \quad \uparrow$$
$$\text{factor} \quad \times \underline{\hspace{2cm}} = \underline{\hspace{2cm}}$$

$$5 + 5 + 5 = 3 \times 5 = 15$$

▶ **Comprende el vocabulario** • • • • • • • • • • • • • • • • • •

**Traza una línea para emparejar las palabras
o los términos con sus definiciones.**

| Palabras de repaso |
| --- |
| ecuación |
| ✓ factor |
| ✓ grupos iguales |
| matriz |
| ✓ producto |
| propiedad de identidad de la multiplicación |
| ✓ suma repetida |

**Palabras nuevas**           **Definiciones**

**1.** dividendo              Conjunto de ecuaciones de
                             multiplicación y división
                             relacionadas

**2.** operaciones            Número entre el cual se divide
relacionadas                 el dividendo

**3.** divisor                Número que se va a dividir
                             en un problema de división

| Palabras nuevas |
| --- |
| cociente |
| dividendo |
| dividir |
| divisor |
| operaciones inversas |
| relacionadas |

LÍNEA

• **Libro interactivo del estudiante**
• **Glosario multimedia**

# Vocabulario del Capítulo 6

cociente

**quotient**

6

dividendo

**dividend**

14

dividir

**divide**

15

divisor

**divisor**

16

factor

**factor**

22

grupos iguales

**equal groups**

30

operaciones inversas

**inverse operation**

52

operaciones relacionadas

**related facts**

53

El número entre el cual se divide en un problema de división

Ejemplos: $32 \div 4 = 8$ $\quad 4\overline{)32}^{\,8}$

dividendo $\qquad$ dividendo

El número, no incluido en el residuo, que resulta de una división

Ejemplo: $35 \div 7 = 5$

cociente

El número que divide el dividendo

Ejemplos: $32 \div 4 = 8$ $\quad 4\overline{)32}^{\,8}$

divisor $\qquad$ divisor

Para separar en grupos iguales; lo opuesto a la operación de multiplicación

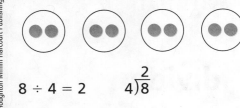

$8 \div 4 = 2$ $\quad 4\overline{)8}^{\,2}$

Grupos que tienen el mismo número de objetos

Un número que se multiplica por otro para hallar el producto

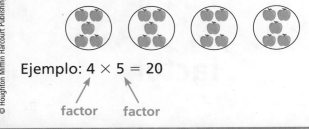

Ejemplo: $4 \times 5 = 20$

factor $\qquad$ factor

Un conjunto relacionado con suma y resta, o multiplicación y división

Ejemplos: $4 \times 7 = 28$ $\quad 28 \div 4 = 7$
$\qquad\quad\;\, 7 \times 4 = 28$ $\quad 28 \div 7 = 4$

Operaciones opuestas, u operaciones que se cancelan, como la suma y la resta o la multiplicación y la división

Ejemplos: $16 + 8 = 24;\; 24 - 8 = 16$
$\qquad\quad\;\, 4 \times 3 = 12;\; 12 \div 4 = 3$

# ¡Bingo!

Para 3 a 6 jugadores

## Materiales

- 1 juego de tarjetas de palabras
- 1 tablero de Bingo para cada jugador
- fichas, clips o monedas como marcadores

## Instrucciones

1. El árbitro elije una tarjeta y lee la definición. Luego coloca la tarjeta en una segunda pila.

2. Los jugadores colocan un marcador sobre la palabra que coincide con la definición cada vez que la encuentran en sus tableros de Bingo.

3. Repitan el Paso 1 y el Paso 2 hasta que un jugador marque 5 cajas en una línea vertical, horizontal o diagonal y diga: "¡Bingo!".

4. Comprueben las respuestas. Pidan al jugador que dijo "¡Bingo!" que lea las palabras en voz alta mientras el árbitro comprueba las definiciones en las tarjetas de la segunda pila.

# Escríbelo

**Reflexiona**

**Elige una idea. Escribe sobre ella.**

- Explica qué son los grupos iguales y cómo se relacionan con la división.
- Escribe un problema de división con los números 24 y 6.
- Imagina que escribes una columna de consejos matemáticos y un lector necesita ayuda para comprender las reglas de la división entre 1. Escribe una respuesta que explique las reglas.

Nombre _____

# Resolución de problemas •
# Representar la división

**Pregunta esencial** ¿Cómo puedes usar la estrategia de *representar* para resolver problemas con grupos iguales?

**Objetivo de aprendizaje** Usarás fichas y la estrategia *representar* para resolver problemas con grupos iguales.

## Soluciona el problema

Stacy tiene 16 flores. Las reparte en partes iguales entre 4 floreros. ¿Cuántas flores coloca Stacy en cada florero?

Usa el siguiente organizador gráfico para resolver el problema.

| Lee el problema | Resuelve el problema |
|---|---|
| **¿Qué debo hallar?**<br><br>Debo hallar la cantidad de _____<br><br>que coloca Stacy en cada _____. | **Describe cómo representar el problema que debes resolver.**<br><br>Primero, cuento _____ fichas.<br><br>A continuación, formo _____ grupos iguales. Coloco 1 ficha por vez en cada grupo hasta colocar las 16 fichas en grupos.<br><br>Por último, completo la siguiente ilustración con un dibujo de los grupos iguales. |
| **¿Qué información debo usar?**<br><br>Stacy tiene _____ flores. Las reparte en partes iguales entre _____ floreros. | |
| **¿Cómo usaré la información?**<br><br>Formaré _____ iguales con fichas para representar el problema. | 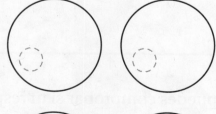<br>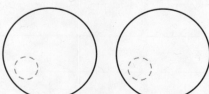<br><br>Entonces, Stacy coloca _____ flores en cada florero. |

## 🔓 Haz otro problema

Jamal está en la tienda de mascotas. Compra 21 golosinas para perros. Si quiere darle 3 golosinas a cada perro, ¿a cuántos perros alimenta?

| Lee el problema | Resuelve el problema |
|---|---|
| **¿Qué debo hallar?** | **Describe cómo representar el problema que debes resolver.** |
| **¿Qué información debo usar?** | |
| **¿Cómo usaré la información?** | |

- ¿Cómo puedes comprobar si tu respuesta es razonable? _____

_____

_____

PRÁCTICAS Y PROCESOS MATEMÁTICOS 8

**Generaliza** ¿Cómo te ayuda a resolver un problema la estrategia de *representar*?

Nombre _____

☑ **1.** Mariana dará una fiesta. Tiene 16 vasos y los agrupa en 2 pilas iguales. ¿Cuántos vasos hay en cada pila?

**Primero,** decide cómo representar el problema.

Puedes usar fichas para representar los _____.

Puedes trazar _____ para representar las pilas.

**Luego,** haz un dibujo para hallar la cantidad de _____ que hay en cada pila.

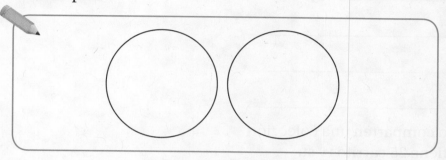

Hay _____ grupos. Hay _____ fichas en cada grupo.

Entonces, hay _____ vasos en cada pila.

☑ **2.** **PRÁCTICAS Y PROCESOS MATEMÁTICOS ①** **Entiende los problemas** ¿Qué pasaría si Mariana tuviera 24 vasos y colocara 4 vasos en cada pila? Si ya formó 4 pilas, ¿cuántas pilas más puede formar con los vasos restantes?

_____

**Por tu cuenta**

**3.** **PIENSA MÁS** En la fiesta escolar de Luke, los niños forman equipos de 5 para jugar a un juego. Si hay 20 varones y 15 niñas, ¿cuántos equipos hay?

_____

**4.** **MÁS AL DETALLE** Anne colocó 20 sombreros de fiesta y 20 globos en 4 mesas. Si colocó la misma cantidad en cada mesa, ¿cuántos sombreros y globos colocó en cada mesa?

_____

**Usa la tabla para resolver los problemas 5 y 6.**

5. Los platos de Sadie venían en paquetes de 5 platos cada uno. ¿Cuántos paquetes de platos compró?

_____

6. **PRÁCTICAS Y PROCESOS MATEMÁTICOS ⑥ Explica un método** Sadie compró 4 paquetes de servilletas y 3 paquetes de vasos. ¿De qué artículo había más unidades por paquete? ¿Cuántas más? Explica cómo hallaste tu respuesta.

_____

_____

_____

_____

_____

| Provisiones para la fiesta de Sadie | |
|---|---|
| **Artículo** | **Cantidad** |
| Platos | 30 |
| Servilletas | 28 |
| Vasos | 24 |

7. **MÁS AL DETALLE** Ira y su hermano comparten una colección de carritos de juguete. Ira tiene 25 carritos y su hermano tiene 15 carritos. Ellos guardan los carritos de juguete en una estantería y colocan el mismo número de carritos en cada estante. Hay 5 estantes. ¿Cuántos carritos de juguete hay en cada estante?

_____

ESCRIBE ▸ Matemáticas
**Muestra tu trabajo**

**Entrenador personal en matemáticas**

8. **PIENSA MÁS ➕** Miguel compró 18 regalos para sus invitados. Le dio 2 regalos a cada niño que asistió a su fiesta. ¿Cuántos niños había en la fiesta de Miguel?

Representa el problema encerrando los grupos iguales en círculos.

_____ niños

© Houghton Mifflin Harcourt Publishing Company

# Resolución de problemas • Representar la división

**Objetivo de aprendizaje** Usarás fichas y la estrategia *representar* para resolver problemas con grupos iguales.

**Resuelve los problemas.**

**1.** Seis clientes de una tienda de juguetes compraron 18 cuerdas para saltar. Cada cliente compró la misma cantidad de cuerdas. ¿Cuántas cuerdas compró cada cliente?

_____3 cuerdas para saltar_____

**2.** Hiro tiene 36 fotografías de su viaje de verano y quiere colocarlas en un álbum. En cada página del álbum caben 4 fotografías. ¿Cuántas páginas necesitará Hiro para sus fotografías?

_____

**3.** Katia tiene 42 crayones en una caja. Compra un cajón para guardarlos que tiene 6 secciones. Coloca el mismo número de crayones en cada sección. ¿Cuántos crayones coloca Katia en cada sección del cajón?

_____

**4.** Los estudiantes de la maestra Taylor dan tarjetas a cada uno de los 3 padres que ayudan en la clase. Hay 24 tarjetas. ¿Cuántas tarjetas recibirá cada ayudante si los estudiantes le dan igual cantidad de tarjetas a cada uno?

_____

**5.** [ESCRIBE] ▸*Matemáticas* Escribe un problema sobre grupos iguales y represéntalo para resolverlo.

_____

_____

## Repaso de la lección

**1.** María compra 15 manzanas en la tienda y las coloca en bolsas. Coloca 5 manzanas en cada bolsa. ¿Cuántas bolsas usa María para todas las manzanas?

_____

**2.** El vecino de Tom está arreglando una sección de su pasillo. Tiene 32 ladrillos que coloca en 8 hileras iguales. ¿Cuántos ladrillos colocará el vecino de Tom en cada hilera?

_____

## Repaso en espiral

**3.** Halla el factor desconocido.

$$7 \times \blacksquare = 56$$

_____

**4.** ¿Cuántos estudiantes practicaron piano más de 3 horas por semana?

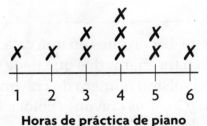

**Horas de práctica de piano**

_____

**5.** Cuenta los grupos iguales para hallar cuántos elementos hay.

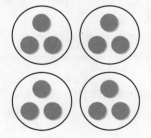

_____

**6.** ¿De qué otra manera se pueden agrupar los factores?

$$(3 \times 2) \times 5$$

_____

Nombre _____

# El tamaño de grupos iguales

**Pregunta esencial** ¿Cómo puedes representar un problema de división para hallar cuántos hay en cada grupo?

**Objetivo de aprendizaje** Usarás fichas y harás dibujos rápidos para representar lo que es repartir y hallar la cantidad que hay en cada grupo.

## Soluciona el problema

Héctor tiene 12 piedras de un parque estatal cercano. Las reparte en partes iguales entre 3 cajas. ¿Cuántas piedras hay en cada caja?

Al multiplicar, reúnes grupos iguales.
Al **dividir**, separas elementos en grupos iguales.

Puedes dividir para hallar la cantidad de elementos que hay en cada grupo.

- ¿Qué debes hallar?

  _____

- Encierra en un círculo los números que debes usar.

## Actividad   Usa fichas para representar el problema.

**Materiales** ■ fichas ■ pizarra

**PASO 1**

Usa 12 fichas.

**PASO 2**

Dibuja 3 círculos en tu pizarra. Coloca 1 ficha por vez en cada círculo hasta que hayas usado las 12 fichas. Dibuja el resto de las fichas para mostrar tu trabajo.

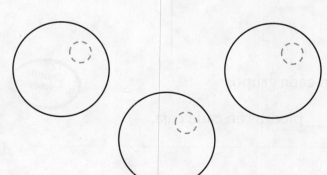

Hay _____ fichas en cada grupo.

Entonces, hay _____ piedras en cada caja.

## ¡Inténtalo!

Madison tiene 15 piedras. Las reparte en partes iguales entre 5 cajas.
¿Cuántas piedras hay en cada caja?

**PASO 1**

Dibuja 5 cuadrados para mostrar
5 cajas.

_____

**PASO 2**

Dibuja 1 ficha en cada cuadrado para
representar las piedras. Continúa
dibujando 1 ficha por vez en cada caja
hasta que estén dibujadas las 15 fichas.

Hay _____ fichas en cada grupo.

Entonces, hay _____ piedras en cada caja.

Charla matemática

**PRÁCTICAS Y PROCESOS MATEMÁTICOS** ①

**Describe** otra manera de
disponer 15 fichas para
formar grupos iguales.

**1.** ¿Cuántas fichas dibujaste? _____

**2.** ¿Cuántos grupos iguales formaste? _____

**3.** ¿Cuántas fichas hay en cada grupo? _____

308

## Comparte y muestra

**1.** Jon tiene 8 fichas y forma 4 grupos iguales. Haz un dibujo para mostrar la cantidad de fichas que hay en cada grupo.

**Charla matemática**

PRÁCTICAS Y PROCESOS MATEMÁTICOS ④

**Representa** Explica cómo lograste que los grupos fueran iguales.

**Usa fichas o haz un dibujo rápido en tu pizarra. Forma grupos iguales. Completa la tabla.**

|  | Fichas | Cantidad de grupos iguales | Cantidad en cada grupo |
|---|---|---|---|
| ✓ **2.** | 10 | 2 | |
| ✓ **3.** | 24 | 6 | |

## Por tu cuenta

**Usa fichas o haz un dibujo rápido en tu pizarra. Forma grupos iguales. Completa la tabla.**

|  | Fichas | Cantidad de grupos iguales | Cantidad en cada grupo |
|---|---|---|---|
| **4.** | 14 | 7 | |
| **5.** | 21 | 3 | |

**6.** _MÁS AL DETALLE_ Cameron y Jordy juntaron 20 estampillas. Cameron dice que puede poner el mismo número de estampillas en 5 páginas de su álbum. Jordy dice que puede poner el mismo número en 4 páginas. ¿De quién son las palabras que tienen más sentido? Explícalo.

_____

_____

## Resolución de problemas • Aplicaciones En el mundo

**Usa la tabla para resolver los problemas 7 y 8.**

| Fotografías | |
|---|---|
| **Nombre** | **Cantidad de fotos** |
| Madison | 28 |
| Joe | 25 |
| Emily | 15 |

7. Madison pone todas sus fotos en un álbum. Coloca la misma cantidad de fotos en cada una de las 4 páginas de su álbum. ¿Cuántas fotos hay en cada página?

_____

8. **PIENSA MÁS** Joe y Emily juntan sus fotos. Luego colocan la misma cantidad de fotos en cada una de las 8 páginas de un álbum. ¿Cuántas fotos hay en cada página?

_____

9. **PRÁCTICAS Y PROCESOS MATEMÁTICOS ③ Argumenta** Rebekah encontró 28 conchas. ¿Puede repartir las conchas en partes iguales entre los 6 miembros de su familia? Explícalo.

_____

_____

_____

_____

10. **PIENSA MÁS** Zana tiene 9 piedras que trajo de un viaje. Las reparte en partes iguales en 3 bolsas. ¿Cuántas piedras hay en cada bolsa?

Encierra en un círculo la cantidad que completa la oración.

Hay 
$$\begin{array}{c} 3 \\ 6 \\ 12 \\ 27 \end{array}$$
 piedras en cada bolsa.

# El tamaño de grupos iguales

**Objetivo de aprendizaje** Usarás fichas y harás dibujos rápidos para representar lo que es repartir y hallar la cantidad que hay en cada grupo.

**Usa fichas o haz un dibujo rápido. Forma grupos iguales.
Completa la tabla.**

|  | Fichas | Cantidad de grupos iguales | Cantidad en cada grupo |
|---|---|---|---|
| **1.** | 15 | 3 | 5 |
| **2.** | 21 | 7 | |
| **3.** | 28 | 7 | |
| **4.** | 32 | 4 | |
| **5.** | 9 | 3 | |
| **6.** | 35 | 5 | |
| **7.** | 24 | 3 | |

## Resolución de problemas

**8.** Alicia tiene 12 huevos que usará para hacer 4 recetas diferentes de galletas. Si para cada receta se necesita la misma cantidad de huevos, ¿cuántos huevos usará para cada una?

_____

**9.** Brett cortó 27 flores del jardín. Piensa darle la misma cantidad de flores a cada una de las 3 personas que lo acompañan. ¿Cuántas flores recibirá cada una?

_____

**10.** **ESCRIBE** ▸ *Matemáticas* Describe cómo dividir 18 fresas en partes iguales entre 2 amigos.

_____

_____

## Repaso de la lección

**1.** Ryan tiene 21 lápices y quiere colocar la misma cantidad de lápices en cada uno de los 3 estuches que tiene. ¿Cuántos lápices pondrá en cada estuche?

_____

**2.** Corrine coloca 24 platos en 6 mesas para una cena. Coloca la misma cantidad de platos en cada mesa. ¿Cuántos platos coloca Corrine en cada mesa?

_____

## Repaso en espiral

**3.** Cada mesa tiene 4 patas. ¿Cuántas patas tienen 4 mesas?

_____

**4.** Tina tiene 3 pilas de 5 CD en cada uno de los 3 estantes de su recámara. ¿Cuántos CD tiene en total?

_____

**5.** ¿Cuál es el factor desconocido?

$$7 \times \blacksquare = 35$$

**6.** Describe un patrón de la tabla.

| Cantidad de paquetes | 1 | 2 | 3 | 4 | 5 |
|---|---|---|---|---|---|
| Cantidad de yoyos | 3 | 6 | 9 | 12 | ? |

_____

_____

**PRACTICA MÁS CON EL**
**Entrenador personal en matemáticas**

# El número de grupos iguales

**Pregunta esencial** ¿Cómo puedes representar un problema de división para hallar cuántos grupos iguales hay?

**Objetivo de aprendizaje** Usarás fichas y harás dibujos rápidos para hallar la cantidad de grupos iguales.

**RELACIONAR** Has aprendido a dividir para hallar la cantidad de elementos que hay en cada grupo. Ahora aprenderás a dividir para hallar cuántos grupos iguales hay.

## Soluciona el problema

Juan tiene 12 conchas y algunas cajas. Quiere guardar las conchas en grupos de 3. ¿Cuántas cajas necesita para las conchas?

- Subraya lo que debes hallar.
- ¿Cuántas conchas quiere poner Juan en cada grupo?

_____

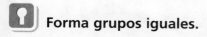 **Forma grupos iguales.**

- Observa las 12 fichas.

- Encierra en un círculo un grupo de 3 fichas.

- Continúa encerrando en círculos grupos de 3 fichas hasta que las 12 fichas estén en grupos.

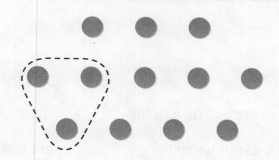

Hay _____ grupos de fichas.

Entonces, Juan necesita _____ cajas para las conchas.

 **Charla matemática**

PRÁCTICAS Y PROCESOS MATEMÁTICOS ⑥

Compara cómo cambiaría el dibujo si Juan quisiera colocar las conchas en grupos de 4.

## ¡Inténtalo!

Sarah tiene 15 conchas. Quiere guardar cada grupo de 5 conchas en una caja. ¿Cuántas cajas necesita para sus conchas?

**PASO 1**

Dibuja 15 fichas.

**PASO 2**

Encierra 5 fichas en un círculo para formar un grupo. Continúa encerrando grupos de 5 fichas en círculos hasta que las 15 fichas estén en grupos.

Hay _____ grupos de 5 fichas.

Entonces, Sarah necesita _____ cajas para sus conchas.

● PIENSA MÁS  ¿Qué pasaría si Sarah quisiera repartir sus 15 conchas en grupos de 3?

¿Cuántas cajas necesitaría? _____
Haz un dibujo rápido para mostrar tu trabajo.

Nombre _____

1. Tamika tiene 12 fichas. Las reparte en grupos de 2 fichas cada uno. Haz un dibujo para mostrar la cantidad de grupos que se forman.

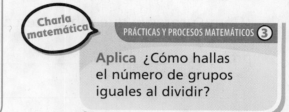

**Charla matemática**

PRÁCTICAS Y PROCESOS MATEMÁTICOS ③

**Aplica** ¿Cómo hallas el número de grupos iguales al dividir?

**Dibuja fichas en tu pizarra. Luego encierra grupos iguales en un círculo. Completa la tabla.**

|  | Fichas | Cantidad de grupos iguales | Cantidad en cada grupo |
|---|---|---|---|
| 2. | 20 |  | 4 |
| 3. | 24 |  | 3 |

**Por tu cuenta**

**Dibuja fichas en tu pizarra. Luego encierra grupos iguales en un círculo. Completa la tabla.**

|  | Fichas | Cantidad de grupos iguales | Cantidad en cada grupo |
|---|---|---|---|
| 4. | 18 |  | 2 |
| 5. | 16 |  | 8 |

6. PIENSA MÁS  Una tienda tiene 18 pelotas de playa rojas y 17 pelotas de playa verdes en cajas de 5 pelotas de playa cada una. ¿Cuántas  cajas de pelotas de playa hay en la tienda?

_____

## Soluciona el problema  En el mundo

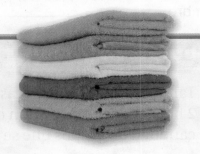

**7.** PRÁCTICAS Y PROCESOS MATEMÁTICOS ① **Entiende los problemas** Una tienda tiene 24 toallas de playa en pilas de 6 toallas cada una. ¿Cuántas pilas de toallas de playa hay en la tienda?

**a.** ¿Qué debes hallar? _____

_____

**b.** ¿Cómo usarás lo que sabes acerca de formar grupos iguales para resolver el

problema? _____

_____

**c.** Dibuja grupos iguales para hallar la cantidad de pilas de toallas de playa que hay en la tienda.

**d.** Completa las oraciones.

La tienda tiene _____ toallas de playa.

Hay _____ toallas en cada pila.

Entonces, hay _____ pilas de toallas de playa en la tienda.

**8.** MÁS AL DETALLE   Escribe un problema sobre dividir juguetes de playa en grupos iguales. Luego, resuelve el problema.

_____

_____

_____

_____

**9.** PIENSA MÁS   El tren de Dan mide 27 pulgadas de longitud. Si cada vagón mide 3 pulgadas, ¿cuántos vagones hay?

Elige un número del recuadro para completar la oración.

| 6 |
| 7 |
| 8 |
| 9 |

Hay _____ vagones.

# El número de grupos iguales

**Objetivo de aprendizaje** Usarás fichas y harás dibujos rápidos para hallar la cantidad de grupos iguales.

**Dibuja fichas en tu pizarra. Luego encierra grupos iguales en un círculo. Completa la tabla.**

| | Fichas | Cantidad de grupos iguales | Cantidad en cada grupo |
|---|---|---|---|
| 1. | 24 | 3 | 8 |
| 2. | 35 | | 7 |
| 3. | 30 | | 5 |
| 4. | 16 | | 4 |
| 5. | 12 | | 6 |
| 6. | 36 | | 9 |
| 7. | 18 | | 3 |

## Resolución de problemas En el mundo

8. En su librería, Toby coloca 21 libros en estantes, donde caben 7 libros en cada estante. ¿Cuántos estantes necesita Toby?

9. El Sr. Holden tiene 32 monedas de 25¢ en pilas de 4 sobre su escritorio. ¿Cuántas pilas de monedas de 25¢ hay sobre su escritorio?

_____

_____

10. **ESCRIBE** ▸ *Matemáticas* Escribe y resuelve un problema en el cual necesites encontrar varios grupos iguales.

_____

_____

## Repaso de la lección

**1.** Ramón trabaja en una tienda de ropa. Coloca 24 jeans en pilas de 8. ¿Cuántas pilas forma Ramón?

_____

**2.** Hay 36 personas que hacen fila para dar un paseo en carreta. Solo 6 personas pueden viajar en cada carreta. Si cada carreta está completa, ¿cuántas carretas se necesitan para las 36 personas?

_____

## Repaso en espiral

**3.** ¿Qué enunciado de multiplicación se muestra en la matriz?

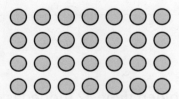

_____

_____

**4.** Austin compra 4 cajas de clavos para su proyecto. Hay 30 clavos en cada caja. ¿Cuántos clavos compra Austin en total?

_____

_____

**5.** ¿Qué propiedad muestra el enunciado numérico?

$$8 + 0 = 8$$

_____

_____

**6.** Cada mes durante 6 meses, Kelsey terminó 5 cuadros. ¿Cuántos cuadros más debe terminar para llegar a completar 38 cuadros?

_____

_____

PRACTICA MÁS CON EL
**Entrenador personal**
en matemáticas

Nombre _____

# Hacer un modelo con modelos de barras

**Pregunta esencial** ¿Cómo puedes usar modelos de barras para resolver problemas de división?

**Objetivo de aprendizaje** Usarás modelos de barras para hallar cuántos hay en cada grupo y cuántos grupos iguales hay y escribir una ecuación de división.

## 🔑 Soluciona el problema

Un entrenador de perros tiene 20 golosinas para dar a 5 perros de su clase. Si cada perro recibe la misma cantidad de golosinas, ¿cuántas golosinas recibirá cada uno?

• ¿Qué debes hallar?

_____

### 🔑 Actividad 1 Usa fichas para hallar cuántos hay en cada grupo.

**Materiales** ■ fichas ■ pizarra

• Usa 20 fichas.

• Dibuja 5 círculos en tu pizarra.

• Coloca 1 ficha por vez en cada círculo hasta que hayas usado las 20 fichas.

• Dibuja el resto de las fichas para mostrar tu trabajo.

  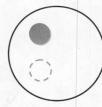  

Hay _____ fichas en cada uno de los 5 grupos.

En un modelo de barras se puede mostrar la relación que hay entre las partes de un problema.

• Completa el modelo de barras para mostrar cómo se dividen 20 golosinas para perros en 5 grupos iguales.

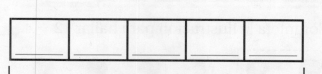

20 golosinas para perros

Entonces, cada perro recibirá _____ golosinas.

© Houghton Mifflin Harcourt Publishing Company • Image Credits: (cr) ©Juniors Bildarchiv/Alamy

## 🔑 **Actividad 2** Haz un dibujo para hallar cuántos grupos iguales hay.

Un entrenador de perros tiene 20 golosinas para perros. Si le da 5 golosinas a cada perro de su clase, ¿cuántos perros hay en la clase?

- Observa las 20 fichas.

- Encierra en un círculo 5 fichas.

- Continúa encerrando grupos de 5 fichas en círculos hasta que las 20 fichas estén en grupos.

Hay _____ grupos de 5 fichas.

- Completa el modelo de barras para mostrar cómo se dividen 20 golosinas en grupos de 5 golosinas cada uno.

_____ perros

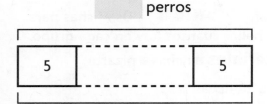

**20 golosinas para perros**

Entonces, hay _____ perros en la clase.

Estas son dos maneras de anotar la división.

**Escribe:** 20 ÷ 5 = 4
     ↑    ↑    ↑
   **dividendo** **divisor** **cociente**

$$\overset{\text{cociente} \rightarrow}{\underset{\underset{\text{dividendo}}{\uparrow}}{\text{divisor} \rightarrow\ 5\overline{)20}}}\ \overset{4}{\phantom{x}}$$

**Lee:** Veinte dividido entre cinco es igual a cuatro.

**Comparte y muestra** MATH BOARD

1. Completa la ilustración para hallar 12 ÷ 4. _____

**Charla matemática**

PRÁCTICAS Y PROCESOS MATEMÁTICOS ⑥

**Usa vocabulario matemático**
Explica cómo resolviste el problema en la Actividad 2. Usa los términos dividendo, divisor y cociente en tu explicación.

**Charla matemática**

PRÁCTICAS Y PROCESOS MATEMÁTICOS ②

**Razona de forma cuanatitativa**
¿Cómo sabes cuántos grupos debes formar?

**320**

**Escribe una ecuación de división para la ilustración.**

2.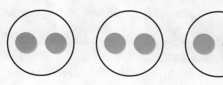

_____

3.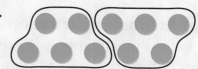

_____

## Por tu cuenta

**Escribe una ecuación de división para la ilustración.**

4.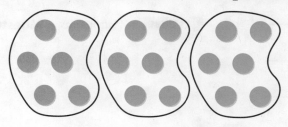

_____

5.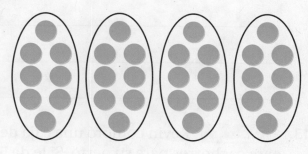

_____

**Práctica: Copia y resuelve** Forma grupos iguales para hallar
el cociente. Haz un dibujo rápido para mostrar tu trabajo.

6. $20 \div 2$

7. $27 \div 9$

8. $20 \div 5$

9. $18 \div 3$

**Completa el modelo de barras para resolver los problemas.
Luego escribe una ecuación de división para el modelo de barras.**

10. Hay 24 libros en 4 pilas iguales. ¿Cuántos
libros hay en cada pila?

24 libros

_____

_____

11. Hay 8 calcetines que hacen juego.
¿Cuántos pares de calcetines puedes
formar?

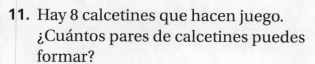

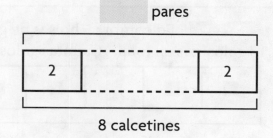

8 calcetines

_____

_____

## Resolución de problemas • Aplicaciones (En el mundo)

**Usa la tabla para resolver los problemas 12 y 13.**

**12.** (PRÁCTICAS Y PROCESOS MATEMÁTICOS ④) **Escribe una ecuación** Pat compró una caja de Palitos masticables para repartir en partes iguales entre sus 2 perros. Mara compró una caja de Blanditos para repartir en partes iguales entre sus 5 perros. ¿Cuántas golosinas más recibirá cada perro de Pat que cada perro de Mara? Explícalo.

| Golosinas para perros | |
|---|---|
| Tipo | Cantidad por caja |
| Palitos masticables | 14 |
| Blanditos | 25 |
| Mordiscos | 30 |
| Golosinas para cachorros | 45 |

_____

_____

_____

_____

ESCRIBE ▸ *Matemáticas* • **Muestra tu trabaj**

**13.** PIENSA MÁS   Kevin compró una caja de golosinas para cachorros para su perro. Si le da 5 golosinas por día, ¿cuántos días durará una caja?

_____

**14.** MÁS AL DETALLE   Escribe y resuelve un problema para $42 \div 7$ donde el cociente sea la cantidad de grupos.

_____

_____

_____

**15.** PIENSA MÁS   Ed compra 5 bolsas de golosinas. Compra 15 golosinas en total. ¿Cuántas golosinas hay en cada bolsa?

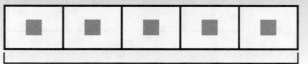

15 golosinas

_____ golosinas

# Hacer un modelo con modelos de barras

**Objetivo de aprendizaje** Usarás modelos de barras para hallar cuántos hay en cada grupo y cuántos grupos iguales hay y escribir una ecuación de división.

**Escribe una ecuación de división para la ilustración.**

1.
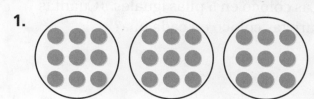

$27 \div 3 = 9$ o $27 \div 9 = 3$

2.
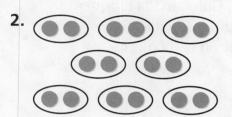

_____

**Completa el modelo de barras para resolver los problemas. Luego escribe una ecuación de división para el modelo de barras.**

3. Hay 15 postales en 3 pilas iguales. ¿Cuántas postales hay en cada pila?

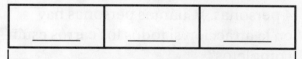

15 postales

_____

4. Hay 21 llaveros. ¿Cuántos grupos de 3 llaveros puedes formar?

_____ grupos

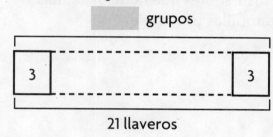

21 llaveros

_____

## Resolución de problemas  En el mundo

5. Jalyn recolectó 24 piedras y las colocó en 4 pilas iguales. ¿Cuántas piedras hay en cada pila?

_____

6. Tanner tenía 30 adhesivos y pegó 6 en cada página. ¿En cuántas páginas pegó adhesivos?

_____

7. **ESCRIBE** ▸*Matemáticas* Explica cómo encontrar el número de boletos de tren de $4 que puedes comprar con $32.

_____

_____

_____

## Repaso de la lección

**1.** Jack y su hermanita apilan 24 bloques. Colocan los bloques en 3 pilas iguales. ¿Cuántos bloques hay en cada pila?

_____

**2.** Melissa hizo 45 tarjetas de felicitación. Las colocó en 5 pilas iguales. ¿Cuántas tarjetas colocó en cada pila?

_____

## Repaso en espiral

**3.** Angie coloca 1 estampilla en cada uno de los 7 sobres que tiene. ¿Cuántas estampillas usa Angie?

_____

**4.** Una atracción de una feria tiene 8 carros. En cada carro caben 4 personas. ¿Cuántas personas hay en la atracción si todos los carros están completos?

_____

**Usa el diagrama de puntos para resolver los problemas 5 y 6.**

**5.** ¿Cuántas familias tienen 1 computadora en su hogar?

_____

**6.** ¿Cuántas familias tienen más de 1 computadora en su hogar?

_____

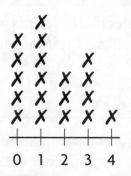

**Cantidad de computadoras en el hogar**

PRACTICA MÁS CON EL
Entrenador personal
en matemáticas

# Relacionar la resta y la división

**Pregunta esencial** ¿Cuál es la relación entre la división y la resta?

**Objetivo de aprendizaje** Usarás la resta repetida y el conteo hacia atrás en una recta numérica para mostrar la relación entre la división y la resta.

## Soluciona el problema  En el mundo

Serena y Mandy llevaron un total de 12 periódicos para el programa de reciclado de la escuela. Cada niña llevó un periódico por día. ¿Durante cuántos días llevaron periódicos?

- ¿Cuántos periódicos llevaron en total?

  _____

- ¿Cuántos periódicos llevaron las dos niñas en total por día?

  _____

##  De una manera Usa la resta repetida.

- Comienza con 12.

- Resta 2 hasta llegar a 0.

- Cuenta la cantidad de veces que restas 2.

$$
\begin{array}{ccccccc}
12 & 10 & 8 & 6 & 4 & 2 \\
-2 & -2 & -2 & -2 & -2 & -2 \\
\hline
10 & 8 & \square & \square & \square & \square
\end{array}
$$

Cantidad de veces que restas 2:   1    2    3    4    5    6

**Para evitar errores**
Asegúrate de restar 2 hasta que ya no puedas seguir restando 2.

Como restas 2 seis veces, en 12 hay _____ grupos de 2.

Entonces, Serena y Mandy llevaron periódicos durante _____ días.

**Escribe:** $12 \div 2 = 6$ o $2\overline{)12}$ con el $6$ arriba

**Lee:** Doce dividido entre dos es igual a seis.

## 🔂 De otra manera  Cuenta hacia atrás en una recta numérica.

- Comienza en 12.
- Cuenta hacia atrás de 2 en 2 la mayor cantidad de veces posible. Dibuja el resto de los saltos en la recta numérica.
- Cuenta la cantidad de veces que saltaste hacia atrás de 2 en 2.

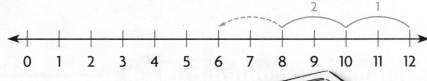

Saltaste hacia atrás de 2 en 2 seis veces.

En 12 hay _____ saltos de 2 en 2.

$12 \div 2 =$ _____

**Charla matemática**

PRÁCTICAS Y PROCESOS MATEMÁTICOS ④

**Usa diagramas** ¿Cómo te facilita el uso de una recta numérica la solución de un problema de división?

- ¿Qué representan tus saltos de 2 en 2? _____

_____

## Comparte y muestra  [MATH BOARD]

**1.** Dibuja el resto de los saltos en la recta numérica para completar la ecuación de división. $12 \div 4 =$ _____

**Escribe una ecuación de división.**

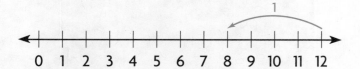

**⊘2.**
$$\begin{array}{r} 10 \\ -\ 5 \\ \hline 5 \end{array} \qquad \begin{array}{r} 5 \\ -\ 5 \\ \hline 0 \end{array}$$

_____

**Charla matemática**

PRÁCTICAS Y PROCESOS MATEMÁTICOS ⑦

**Identifica la relación** ¿En qué se parece el conteo hacia atrás en una recta numérica al uso de la resta repetida para resolver un problema de división?

**⊘3.**

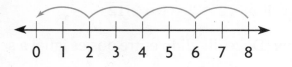

_____

Nombre _____

**Escribe una ecuación de división.**

4.  28        21        14        7
   − 7       − 7       − 7      − 7
   ───       ───       ───      ───
    21        14         7        0

_____

5.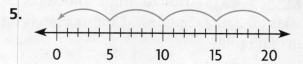

_____

**Usa la resta repetida o una recta numérica para resolver los ejercicios.**

6. $18 \div 6 =$ _____

7. $9\overline{)27}$

8. **PIENSA MÁS** Escribe un problema que se pueda resolver con una de las ecuaciones de división de arriba.

_____

_____

9. Jeff tiene una libreta con 30 adhesivos. Usa una página para adhesivos. Si hay 6 adhesivos en cada página, ¿cuántas páginas quedan?

_____

10. Tara tiene 32 perlas. Saca 4 perlas rojas, el resto las clasifica en 4 grupos iguales. ¿Cuántas perlas hay en cada grupo?

_____

11. **MÁS AL DETALLE** Tim tiene 30 uvas. Guarda 9 uvas para él. Da 7 uvas a cada uno de sus amigos. ¿A cuántos amigos les da uvas?

_____

12. **MÁS AL DETALLE** Hay 16 delfines en un estanque. Cada estanque tiene el mismo número de machos y hembras. Los delfines hembra nadan por pares. ¿Cuántos pares de delfines hembra hay?

_____

## Resolución de problemas · Aplicaciones

**Usa la gráfica para resolver los problemas 13 a 15.**

13. **PRÁCTICAS Y PROCESOS MATEMÁTICOS ❶ Analiza** Matt coloca las tapas de sus cajas en 2 pilas iguales. ¿Cuántas tapas de cajas hay en cada pila?

_____

14. **PIENSA MÁS** Paige llevó a la escuela la misma cantidad de tapas de cajas por día durante 5 días. Alma también llevó la misma cantidad de tapas de cajas por día durante 5 días. ¿Cuántas tapas de cajas llevaron las dos estudiantes en total por día? Explícalo.

_____

_____

_____

15. **MÁS AL DETALLE** Dwayne coloca todas las tapas de sus cajas en cestos. Pone la misma cantidad en cada cesto. El resultado es 5. ¿Cuál es la pregunta?

_____

_____

**Colecciones de tapas de cajas**

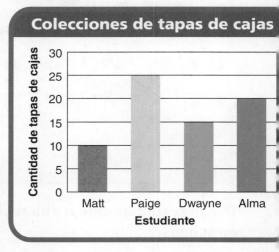

ESCRIBE ▸ *Matemáticas*
**Muestra tu trabajo**

**Entrenador personal en matemáticas**

16. **PIENSA MÁS ➕** Maya recolectó 4 tapas de cajas por día. En total recolectó 20 tapas de cajas. ¿Durante cuántos días recolectó tapas de cajas?

Dibuja saltos en la recta numérica para representar el problema.

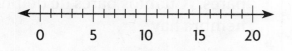

_____ días

# Relacionar la resta y la división

**Objetivo de aprendizaje** Usarás la resta repetida y el conteo hacia atrás en una recta numérica para mostrar la relación entre la división y la resta.

**Escribe una ecuación de división.**

1.
$$\begin{array}{cccc} 16 & 12 & 8 & 4 \\ -\ 4 & -\ 4 & -\ 4 & -\ 4 \\ \hline 12 & 8 & 4 & 0 \end{array}$$

$$16 \div 4 = 4$$

2.
$$\begin{array}{cccc} 20 & 15 & 10 & 5 \\ -\ 5 & -\ 5 & -\ 5 & -\ 5 \\ \hline 15 & 10 & 5 & 0 \end{array}$$

**Usa la resta repetida o una recta numérica para resolver los ejercicios.**

3. $28 \div 7 =$ _____

4. $18 \div 6 =$ _____

5. $8\overline{)40}$

6. $9\overline{)36}$

## Resolución de problemas · En el mundo

7. La Sra. Costa tiene 18 lápices. Le da 9 lápices a cada uno de sus hijos para que los usen en la escuela. ¿Cuántos hijos tiene la Sra. Costa?

8. Boël decide plantar rosales en su jardín. Tiene 24 rosales y coloca 6 en cada hilera. ¿Cuántas hileras de rosales planta en su jardín?

9. **ESCRIBE** ▸ *Matemáticas* Explica por qué puedes usar una resta para resolver un problema de división.

## Repaso de la lección

**1.** ¿Qué ecuación de división se muestra a continuación?

_____

_____

**2.** Isabella tiene 35 tazas de comida para perros. Les da a sus perros 5 tazas por día. ¿Cuántos días durará la comida para perros?

_____

_____

## Repaso en espiral

**3.** Ellen compra 4 bolsas de naranjas. Hay 6 naranjas en cada bolsa. ¿Cuántas naranjas compra Ellen?

_____

**4.** Cada mes durante 7 meses, Samuel corta el césped en 3 jardines. ¿Cuántos jardines le faltan para cortar el césped en 29 jardines?

_____

**Usa la gráfica para resolver los problemas 5 y 6.**

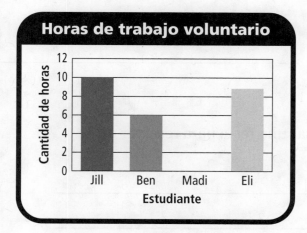

**5.** ¿Cuántas horas trabajó de voluntaria Eli?

_____

**6.** Madi trabajó de voluntaria 2 horas menos que Jill. ¿En qué número debería terminar la barra de Madi?

_____

330

PRACTICA MÁS CON EL
**Entrenador personal en matemáticas**

Nombre _____

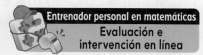
## Vocabulario

**Elige el término del recuadro que mejor corresponda para completar la oración.**

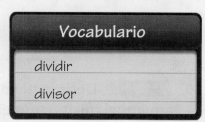

| Vocabulario |
| --- |
| dividir |
| divisor |

1. Al _____ separas elementos en grupos iguales. (p. 307)

## Conceptos y destrezas

**Usa fichas o haz un dibujo rápido en tu pizarra. Forma o encierra en un círculo grupos iguales. Completa la tabla.**

|  | Fichas | Cantidad de grupos iguales | Cantidad en cada grupo |
| --- | --- | --- | --- |
| **2.** | 6 | 2 |  |
| **3.** | 30 |  | 5 |
| **4.** | 28 | 7 |  |

**Escribe una ecuación de división para la ilustración.**

5.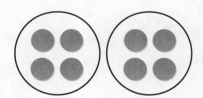

_____

6.

_____

**Escribe una ecuación de división.**

7.
$$\begin{array}{cccc} 36 & 27 & 18 & 9 \\ -\ 9 & -\ 9 & -\ 9 & -\ 9 \\ \hline 27 & 18 & 9 & 0 \end{array}$$

_____

8.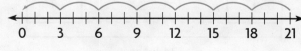

_____

**9.** Víctor plantó 14 semillas en algunas macetas. Si puso 2 semillas en cada maceta, ¿cuántas macetas usó?

_____

**10.** [MÁS AL DETALLE] Desiree tiene 35 adhesivos. Le dio a 3 de sus amigos el mismo número de adhesivos a cada uno. Ahora tiene 20 adhesivos. Luego le da el mismo número de adhesivos a otros 5 amigos. ¿Cuántos adhesivos le dio a cada uno de sus 3 amigos? ¿Y a cada uno de los otros 5 amigos?

_____

**11.** Jayden representó una ecuación de división con algunas fichas. ¿Qué ecuación de división representa el modelo?

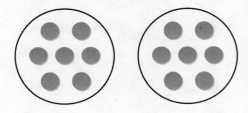

_____

**12.** Lilian compró 24 latas de alimento para gatos. Había 4 latas en cada paquete. ¿Cuántos paquetes de alimento para gatos compró Lilian?

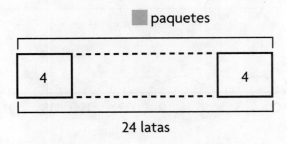

paquetes

| 4 | | 4 |

24 latas

_____

Nombre _____

# Hacer modelos con matrices

**Pregunta esencial** ¿Cómo puedes usar matrices para resolver problemas de división?

**Objetivo de aprendizaje** Formarás matrices usando fichas cuadradas para representar la división, encontrar grupos iguales y escribir una ecuación de división.

## Investigar

**Materiales** ■ fichas cuadradas

Puedes usar matrices para representar la división y hallar grupos iguales.

**A.** Cuenta 30 fichas cuadradas. Forma una matriz para hallar cuántas hileras de 5 hay en 30.

**B.** Forma una hilera de 5 fichas cuadradas.

**C.** Sigue hasta que hayas formado todas las hileras de 5 fichas cuadradas posibles.

¿Cuántas hileras de 5 formaste? _____

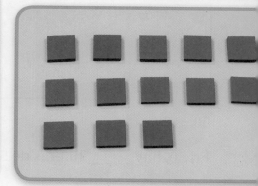

## Sacar conclusiones

1. Explica cómo usaste las fichas cuadradas para hallar el número de hileras de 5 fichas que hay en 30.

_____

_____

2. ¿Qué ecuación de multiplicación podrías escribir para la matriz? Explícalo.

_____

_____

3. Indica cómo usar una matriz para hallar cuántas hileras de 6 hay en 30.

_____

_____

## Hacer conexiones

Puedes escribir una ecuación de división para mostrar cuántas hileras de 5 hay en 30. Completa el siguiente dibujo para mostrar la matriz que formaste en la sección Investigar.

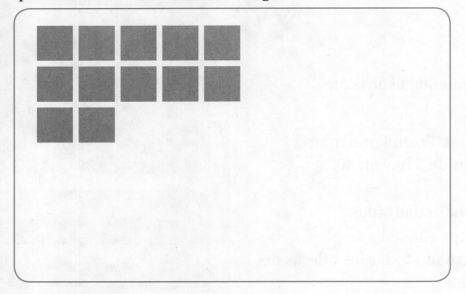

**Idea matemática**

Puedes dividir para hallar el número de hileras iguales o para hallar el número de objetos en cada hilera.

$30 \div 5 =$ ▇

En 30, hay _____ hileras de 5 fichas cuadradas.

Entonces, $30 \div 5 =$ _____.

## ¡Inténtalo!

Cuenta 24 fichas cuadradas. Forma una matriz que tenga el mismo número de fichas cuadradas en 4 hileras. Coloca 1 ficha cuadrada en cada una de las 4 hileras. Luego sigue colocando 1 ficha cuadrada en cada hilera hasta que hayas usado todas las fichas cuadradas. Dibuja tu matriz abajo.

**Charla matemática**

PRÁCTICAS Y PROCESOS MATEMÁTICOS ④

**Representa** ¿Cómo te ayuda una matriz a dividir?

- ¿Cuántas fichas cuadradas hay en cada hilera? _____

- ¿Qué ecuación de división puedes escribir para tu matriz? _____

## Comparte y muestra

**Usa fichas cuadradas para formar una matriz. Resuelve.**

**1.** ¿Cuántas hileras de 3 hay en 18?

_____

**2.** ¿Cuántas hileras de 6 hay en 12?

_____

**3.** ¿Cuántas hileras de 7 hay en 21?

_____

**4.** ¿Cuántas hileras de 8 hay en 32?

_____

**Forma una matriz. Luego escribe una ecuación de division.**

**5.** 25 fichas cuadradas en 5 hileras

_____

**6.** 14 fichas cuadradas en 2 hileras

_____

**7.** 28 fichas cuadradas en 4 hileras

_____

**8.** 27 fichas cuadradas en 9 hileras

_____

## Resolución de problemas • Aplicaciones

**9.** **PIENSA MÁS**   Indica cómo se usa una matriz para saber cuántas hileras de 8 hay en 40.

_____

**10.** **PRÁCTICAS Y PROCESOS MATEMÁTICOS 4** **Haz modelos matemáticos**
Muestra dos maneras en que podrías formar una matriz con fichas cuadradas para 18 ÷ 6. Sombrea cuadrados en la cuadrícula para mostrar las matrices.

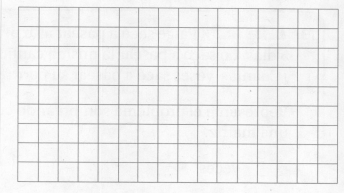

## Soluciona el problema (En el mundo)

**11.** (PRÁCTICAS Y PROCESOS MATEMÁTICOS **7**) **Busca estructuras** Thomas tiene 28 plántulas de tomate para plantar en su jardín. Quiere plantar 4 plántulas en cada hilera. ¿Cuántas hileras de plántulas de tomate plantará Thomas?

**a.** ¿Qué debes hallar? _____

_____

**b.** ¿Qué operación podrías usar para resolver el problema? _____

_____

**c.** Dibuja una matriz para hallar el número de hileras de plántulas de tomate.

**e.** Completa las oraciones.

Thomas tiene _____ plántulas de tomate.

Quiere plantar _____ plántulas en

cada _____.

**d.** ¿De qué otra manera podrías haber resuelto el problema?

Entonces, Thomas plantará _____ hileras de plántulas de tomate.

_____

_____

**12.** [MÁS AL DETALLE]   El sábado se vendieron 20 plantas en una tienda y el domingo se vendieron 30. Cada cliente compró 5 plantas. ¿Cuántos clientes en total compraron plantas?

_____

**13.** [PIENSA MÁS]   Paige sacó a pasear a su perro 15 veces en 5 días. Lo sacó a pasear la misma cantidad de veces cada día. ¿Cuántas veces sacó a pasear su perro por día?

Representa el problema sombreando cuadrados para hacer una matriz.

_____ veces

# Hacer modelos con matrices

**Objetivo de aprendizaje** Formarás matrices usando fichas cuadradas para representar la división, encontrar grupos iguales y escribir una ecuación de división.

**Usa fichas cuadradas para formar una matriz. Resuelve.**

**1.** ¿Cuántas hileras de 4 hay en 12?

___3 hileras___

**2.** ¿Cuántas hileras de 3 hay en 21?

_____

**Forma una matriz. Luego escribe una ecuación de división.**

**3.** 20 fichas cuadradas en 5 hileras

_____

**4.** 28 fichas cuadradas en 7 hileras

_____

## Resolución de problemas  En el mundo

**5.** Una modista tiene 24 botones. Necesita 3 botones para hacer un vestido. ¿Cuántos vestidos puede hacer con 24 botones?

_____

**6.** Liana compra 36 regalitos para los 9 invitados a su fiesta. Da a cada invitado la misma cantidad de regalitos. ¿Cuántos regalitos recibió cada invitado?

_____

**7.** **ESCRIBE** ▸ *Matemáticas* Dibuja una matriz que muestre cómo colocar 20 sillas en hileras iguales de 5. Explica lo que cada matriz representa.

_____

_____

## Repaso de la lección

**1.** El Sr. Canton organiza 24 escritorios en 6 hileras iguales. ¿Cuántos escritorios hay en cada hilera?

_____

_____

**2.** ¿Qué ecuación de división se muestra en la matriz?

_____

## Repaso en espiral

**3.** Amy tiene 2 hileras de 4 trofeos deportivos en cada uno de sus 3 estantes. ¿Cuántos trofeos deportivos tiene Amy en total?

_____

**4.** ¿Cuál es el factor desconocido?

$$9 \times p = 45$$

_____

**5.** Sam tiene 7 pilas con 4 monedas de 25¢ cada una. ¿Cuántas monedas de 25¢ tiene Sam?

_____

**6.** ¿Cómo puedes contar salteado para hallar cuántas fichas hay en total?

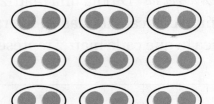

_____

PRACTICA MÁS CON EL
**Entrenador personal en matemáticas**

Nombre _____

# Relacionar la multiplicación y la división

**Pregunta esencial** ¿Cómo puedes usar la multiplicación para dividir?

**Objetivo de aprendizaje** Usarás modelos de barras para mostrar la relación entre la multiplicación y la división.

## 🔑 Soluciona el problema En el mundo

Pam fue a la feria. Subió al mismo juego 6 veces y usó el mismo número de boletos cada vez. Usó 18 boletos. ¿Cuántos boletos usó cada vez que subió al juego?

- ¿Qué debes hallar?

  _____

  _____

- Encierra en un círculo los números que debes usar.

## 🔒 De una manera Usa modelos de barras.

Puedes usar modelos de barras para comprender la relación que hay entre la multiplicación y la división.

Completa el modelo de barras para mostrar 18 boletos divididos en 6 grupos iguales.

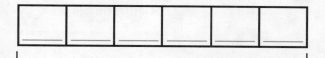

18 boletos

**Escribe:** $18 \div 6 =$ _____

Entonces, Pam usó _____ boletos cada vez que subió al juego.

La multiplicación y la división son operaciones opuestas u **operaciones inversas**.

Puedes pensar en la multiplicación para resolver un problema de división.

Para resolver $18 \div 6 = \blacksquare$, piensa que $6 \times \blacksquare = 18$.

Como $6 \times 3 = 18$, entonces $18 \div 6 = 3$.

¿Qué pasaría si el problema dijera que Pam subió al juego 6 veces y usó 3 boletos cada vez? ¿Cuántos boletos habría usado Pam en total?

Completa el modelo de barras para mostrar 6 grupos de 3 boletos.

| 3 | 3 | 3 | 3 | 3 | 3 |
|---|---|---|---|---|---|

_____ boletos

**Escribe:** $6 \times 3 =$ _____

**Charla matemática** PRÁCTICAS Y PROCESOS MATEMÁTICOS ⑤

**Usa un modelo concreto** ¿Qué información se da en cada modelo de barras?

## 🔲 De otra manera  Usa una matriz.

Puedes usar una matriz para ver la relación que hay entre la multiplicación y la división.

Completa el dibujo para mostrar una matriz que tenga 18 fichas dispuestas en 3 hileras iguales.

Hay _____ fichas en cada hilera.

**Escribe:** 18 ÷ 3 = _____

Se puede usar la misma matriz para hallar el número total si sabes que hay 3 hileras con 6 fichas en cada hilera.

**Escribe:** 3 × 6 = _____

## Comparte y muestra  MATH BOARD

**Charla matemática**  PRÁCTICAS Y PROCESOS MATEMÁTICOS ③

**Aplica** ¿Cuál es otra manera de hallar el cociente de 6 ÷ 2?

**1.** Usa la matriz para completar la ecuación.

**Piensa:** Hay 3 fichas en cada hilera.

6 ÷ 2 = _____

**Completa.**

**2.**

3 hileras de _____ = 15

3 × _____ = 15

15 ÷ 3 = _____

**3.**

2 hileras de _____ = 12

2 × _____ = 12

12 ÷ 2 = _____

**✓4.**

3 hileras de _____ = 21

3 × _____ = 21

21 ÷ 3 = _____

**Completa las ecuaciones.**

**5.** 5 × _____ = 40    40 ÷ 5 = _____

**✓6.** 6 × _____ = 18    18 ÷ 6 = _____

Nombre _____

**Completa.**

**7.**

5 hileras de _____ = 30

5 × _____ = 30

30 ÷ 5 = _____

**8.** 

4 hileras de _____ = 20

4 × _____ = 20

20 ÷ 4 = _____

**9.**

4 hileras de _____ = 28

4 × _____ = 28

28 ÷ 4 = _____

**Completa las ecuaciones.**

**10.** 7 × _____ = 21          21 ÷ 7 = _____          **11.** 8 × _____ = 16          16 ÷ 8 = _____

**PRÁCTICAS Y PROCESOS MATEMÁTICOS 6** Atención a la precisión **Álgebra** **Completa.**

**12.** 3 × 3 = 27 ÷ _____

**13.** 16 ÷ 2 = _____ × 2

**14.** 9 = _____ ÷ 4

**15.** Justin e Iván fueron a la feria de atracciones donde cada atracción costaba $2. Cada uno montó en el mismo número de atracciones. Cada muchacho gastó $10. ¿En cuántas atracciones se montó cada muchacho?

_____

**16.** **MÁS AL DETALLE** Roshan tiene 18 galletas. Comparte las galletas en partes iguales con su hermano. Roshan se come 3 galletas. ¿Cuántas galletas le quedan?.

_____

**17.** **MÁS AL DETALLE** Paul es el encargado del lanzamiento de huevos en la feria mundial del día de los huevos. Hay 48 participantes en equipos de 8 personas. Cada equipo necesita 1 huevo. Paul compra huevos en cartones de 6 huevos. ¿Cuántos cartones necesita?.

_____

## Resolución de problemas • Aplicaciones

**Usa la tabla para resolver los problemas 18–19**

| Feria del condado de Ventura | |
|---|---|
| **Precio de los boletos** | |
| Adultos | $6 |
| Estudiantes | $3 |
| Menores de 5 años gratis | |

**18.** El Sr. Jerome pagó $24 por los boletos para la feria de algunos estudiantes. ¿A cuántos estudiantes les pagó el boleto?

_____

**19.** **PIENSA MÁS** Garrett tiene 8 años. Irá con su familia a la feria del condado. ¿Cuál es el precio total de los boletos para Garrett, sus 2 padres y su hermanita menor?

_____

**20.** **PRÁCTICAS Y PROCESOS MATEMÁTICOS ④ Usa un diagrama** La montaña rusa tiene 20 asientos. Todos los carros tienen el mismo número de asientos. Si hay 5 carros, ¿cuántos asientos hay en cada carro? Completa el modelo de barras para mostrar el problema. Luego responde la pregunta.

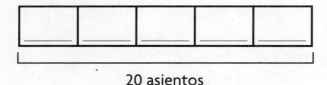

20 asientos

_____

**21.** **MÁS AL DETALLE** ¿Cuántos días hay en 2 semanas? Escribe y resuelve un problema relacionado para representar la operación inversa.

_____

**22.** **PIENSA MÁS** Hay 35 trofeos dispuestos en 5 hileras iguales. ¿Cuántos trofeos hay en cada hilera?

$5 \times$ _____ $= 35$         $35 \div 5 =$ _____

_____ trofeos

# Relacionar la multiplicación y la división

**Completa las ecuaciones.**

1.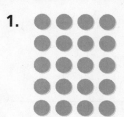

2.

3.

5 hileras de __4__ = 20

$5 \times$ __4__ $= 20$

$20 \div 5 =$ __4__

4 hileras de _____ = 24

$4 \times$ _____ $= 24$

$24 \div 4 =$ _____

3 hileras de _____ = 24

$3 \times$ _____ $= 24$

$24 \div 3 =$ _____

**Completa las ecuaciones.**

4. $4 \times$ _____ $= 28$    $28 \div 4 =$ _____

5. $6 \times$ _____ $= 36$    $36 \div 6 =$ _____

6. $4 \times$ _____ $= 36$    $36 \div 4 =$ _____

7. $8 \times$ _____ $= 40$    $40 \div 8 =$ _____

## Resolución de problemas

8. El Sr. Martin compra 36 panecillos para un desayuno en el salón de clases. Los coloca en platos para sus estudiantes. Si coloca 9 panecillos en cada plato, ¿cuántos platos usa?

    _____

9. Ralph leyó 18 libros en sus vacaciones de verano. Leyó el mismo número de libros cada mes durante 3 meses. ¿Cuántos libros leyó por mes?

    _____

10. **ESCRIBE** ▸ *Matemáticas* Usa ejemplos para mostrar que la multiplicación y la división son operaciones inversas.

    _____

    _____

## Repaso de la lección

**1.** ¿Qué número completará las ecuaciones?

$$6 \times \blacksquare = 24$$

$$24 \div 6 = \blacksquare$$

**2.** Alice tiene 14 conchas. Las divide en partes iguales entre sus 2 hermanas. ¿Cuántas conchas recibe cada una?

## Repaso en espiral

**3.** Sam y Jesse pueden lavar 5 carros por hora. Trabajaron 7 horas durante 2 días. ¿Cuántos carros lavaron?

**4.** Keisha contó salteado para hallar cuántas fichas hay en total. ¿Cuántos grupos iguales hay?

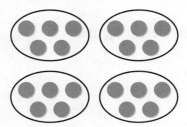

_____ grupos de 5

**5.** La clave para una gráfica con dibujos que muestra la cantidad de libros leídos por los estudiantes es: Cada ▱ = 2 libros. ¿Cuántos libros leyó Nancy si tiene ▱ ▱ ▱ junto a su nombre?

**6.** Jan hizo una encuesta para hallar cuál era la estación favorita de sus amigos. Anotó ‖‖ lll para el verano. ¿Cuántas personas eligieron el verano como su estación favorita?

PRACTICA MÁS CON EL
Entrenador personal
en matemáticas

Nombre _____

# Escribir operaciones relacionadas

**Pregunta esencial** ¿Cómo puedes escribir un conjunto de operaciones relacionadas de multiplicación y división?

**Objetivo de aprendizaje** Formarás matrices usando fichas cuadradas para luego escribir conjuntos de operaciones relacionadas de multiplicación y división.

## 🔑 Soluciona el problema

Las **operaciones relacionadas** son un conjunto de ecuaciones de multiplicación y división relacionadas. ¿Qué operaciones relacionadas puedes escribir para 2, 4 y 8?

- ¿Qué modelo puedes usar para mostrar la relación que hay entre la multiplicación y la división?

_____

## 🔑 Actividad

**Materiales** ■ fichas cuadradas

### PASO 1

Forma una matriz de 2 hileras iguales con 8 fichas.

Dibuja el resto de las fichas cuadradas.

¿Cuántas fichas hay en cada hilera? _____

Escribe una ecuación de división para la matriz con el número total de fichas cuadradas como dividendo y el número de hileras como divisor.

_____ ÷ _____ = _____

Escribe una ecuación de multiplicación para la matriz.

_____ × _____ = _____

### PASO 2

Ahora, forma una matriz de 4 hileras iguales con 8 fichas.

Dibuja el resto de las fichas cuadradas.

¿Cuántas fichas hay en cada hilera? _____

Escribe una ecuación de división para la matriz con el número total de fichas cuadradas como dividendo y el número de hileras como divisor.

_____ ÷ _____ = _____

Entonces, $8 ÷ 2 =$ _____, $2 × 4 =$ _____,

$8 ÷ 4 =$ _____ y $4 × 2 =$ _____

son operaciones relacionadas.

Escribe una ecuación de multiplicación para la matriz.

_____ × _____ = _____

**¡Inténtalo!** Dibuja una matriz con 4 hileras de 4 fichas cuadradas.

En tu matriz se muestran las operaciones relacionadas para 4, 4 y 16.

$4 \times 4 =$ _____          $16 \div 4 =$ _____

Puesto que los dos factores son iguales, hay solo dos ecuaciones en este conjunto de operaciones relacionadas.

**PRÁCTICAS Y PROCESOS MATEMÁTICOS 6** **Atención a la precisión** Escribe otro conjunto de operaciones relacionadas que tenga solo dos ecuaciones.

_____

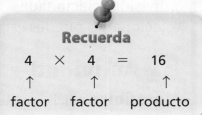

**Recuerda**

$$4 \quad \times \quad 4 \quad = \quad 16$$
↑       ↑       ↑
factor   factor   producto

## Comparte y muestra  MATH BOARD

**Charla matemática**

**PRÁCTICAS Y PROCESOS MATEMÁTICOS 3**

**Identifica la relación** Observa las ecuaciones de multiplicación y de división en un conjunto de operaciones relacionadas. ¿Qué puedes decir sobre los productos y los dividendos?

1. Completa las operaciones relacionadas para esta matriz.

$2 \times 8 = 16$          $16 \div 2 = 8$

_____          _____

**Escribe las operaciones relacionadas para la matriz.**

2.

_____

_____

_____

3.

_____

_____

_____

4.

_____

_____

_____

5. ¿Por qué las operaciones relacionadas para la matriz del Ejercicio 2 tienen solo dos ecuaciones?

_____

Nombre _____

**Escribe las operaciones relacionadas para la matriz.**

6.

7.

8.

_____

_____

_____

**Escribe las operaciones relacionadas para el conjunto de números.**

9. 2, 5, 10

10. 3, 8, 24

11. 6, 6, 36

**Completa las operaciones relacionadas.**

12. $4 \times 7 = $ _____

$7 \times $ _____ $= 28$

$28 \div $ _____ $= 4$

$28 \div 4 = $ _____

13. $5 \times $ _____ $= 30$

$6 \times $ _____ $= 30$

$30 \div 6 = $ _____

$30 \div 5 = $ _____

14. _____ $\times 9 = 27$

_____ $\times 3 = 27$

_____ $\div 9 = 3$

$27 \div $ _____ $= 9$

15. Escribe un conjunto de operaciones relacionadas de solo dos ecuaciones. Dibuja una matriz para mostrar las operaciones.

_____

16. **MÁS AL DETALLE** María tiene una matriz con 4 hileras de 5 fichas. Quiere una matriz que muestre la relación de las operaciones de 5, 5 y 25. ¿Qué puede hacer para cambiar la matriz?.

_____

## Resolución de problemas • Aplicaciones En el mundo

**Usa la tabla para resolver los problemas 17 y 18.**

**17.** (PRÁCTICAS Y PROCESOS MATEMÁTICOS **3**) **Verifica el razonamiento de otros** Tyrone tiene un paquete de plastilina. Dice que les puede dar 5 partes iguales a 9 de sus amigos. Describe su error.

| Artículos para modelar | |
|---|---|
| **Artículo** | **Cantidad por paquete** |
| Arcilla | 12 partes |
| Juego de instrumentos para modelar | 11 instrumentos |
| Plastilina | 36 partes |

_____

_____

_____

**ESCRIBE** ▸ *Matemáticas*
**Muestra tu trabajo**

**18.** PIENSA MÁS   El Sr. Lee divide 1 paquete de arcilla y 1 paquete de plastilina en partes iguales entre 4 estudiantes. ¿Cuántas partes más de plastilina que de arcilla recibe cada uno?

_____

**19.** MÁS AL DETALLE   La Srta. Cohn divide 21 marcadores equitativamente entre 7 estudiantes. Escribe una ecuación que muestre cuántos marcadores recibe cada estudiante. Luego escribe una operación relacionada.

_____

_____

**20.** PIENSA MÁS   Elige las ecuaciones que representan la matriz. Marca todas las opciones que correspondan.

(A) $2 \times 10 = 20$     (D) $20 \div 2 = 10$

(B) $20 \div 4 = 5$     (E) $4 \times 5 = 20$

(C) $5 \times 4 = 20$     (F) $20 \div 5 = 4$

Nombre _____

## Escribir operaciones relacionadas

**Escribe las operaciones relacionadas
para la matriz.**

**Objetivo de aprendizaje** Formarás matrices
usando fichas cuadradas para luego escribir conjuntos de
operaciones relacionadas de multiplicación y división.

**1.**

$2 \times 6 = 12$

$6 \times 2 = 12$

$12 \div 2 = 6$

$12 \div 6 = 2$

**2.**

_____

_____

_____

_____

**3.**

_____

_____

_____

_____

**Escribe las operaciones relacionadas para el conjunto de números.**

**4.** 3, 7, 21

_____

_____

_____

_____

**5.** 2, 9, 18

_____

_____

_____

_____

**6.** 4, 8, 32

_____

_____

_____

_____

## Resolución de problemas

**7.** Unos CD están a la venta a $5 cada uno.
Jennifer tiene $45 y quiere comprar todos
los CD que pueda. ¿Cuántos CD puede
comprar Jennifer?

_____

**8.** El Sr. Moore tiene 21 pies de papel tapiz.
Lo corta en tiras que miden 3 pies de
longitud cada una. ¿Cuántas tiras tiene
el Sr. Moore?

_____

**9.** ESCRIBE ▸*Matemáticas* Escribe una operación de división. Escribe el resto de las
operaciones relacionadas.

_____

_____

## Repaso de la lección

**1.** ¿Qué número completa el conjunto de operaciones relacionadas?

$5 \times \blacksquare = 40$    $40 \div \blacksquare = 5$

$\blacksquare \times 5 = 40$    $40 \div 5 = \blacksquare$

_____

_____

**2.** Escribe las operaciones relacionadas para el conjunto de números.

4, 7, 28

_____

_____

## Repaso en espiral

**3.** Beth corre 20 millas por semana durante 8 semanas. ¿Cuántas millas corre Beth en 8 semanas?

_____

**4.** Halla el producto.

$5 \times 0$

_____

**5.** El librero de Uri tiene 5 estantes. Hay 9 libros en cada estante. ¿Cuántos libros hay en total en el librero de Uri?

_____

**6.** Hay 6 pilas en un paquete. ¿Cuántas pilas habrá en 6 paquetes?

_____

PRACTICA MÁS CON EL
**Entrenador personal**
en matemáticas

Nombre _____

# Las reglas de división para el 1 y el 0

**Pregunta esencial** ¿Cuáles son las reglas para dividir entre 1 y entre 0?

**Objetivo de aprendizaje** Usarás reglas y estrategias para comprender las propiedades de 0 y 1 en la división.

## Soluciona el problema *En el mundo*

¿Qué reglas de la división pueden ayudarte a dividir entre 1 y entre 0?

Si hay solo 1 pecera, entonces todos los peces deben ir en esa pecera.

$$4 \div 1 = 4$$

↑ número de peces    ↑ número de peceras    ↑ número en cada pecera

**Regla A:** Cualquier número dividido entre 1 es igual a ese número.

**¡Inténtalo!** Hay 3 peces y 1 pecera. Haz un dibujo rápido para mostrar los peces en la pecera.

Escribe la ecuación que representa tu dibujo.

_____ ÷ _____ = _____

**Charla matemática**

**PRÁCTICAS Y PROCESOS MATEMÁTICOS 7**

**Identifica la relación** Explica cuál es la relación entre la Regla A y la propiedad de identidad de la multiplicación.

Si hay el mismo número de peces y de peceras, entonces debe haber 1 pez en cada pecera.

$$4 \div 4 = 1$$

↑ número de peces    ↑ número de peceras    ↑ número en cada pecera

**Regla B:** Cualquier número (excepto 0) dividido entre sí mismo es igual a 1.

**¡Inténtalo!** Hay 3 peces y 3 peceras. Haz un dibujo rápido para mostrar los peces divididos equitativamente entre las peceras.

Escribe la ecuación que representa tu dibujo.

_____ ÷ _____ = _____

Si hay 0 peces y 4 peceras, no habrá ningún pez en las peceras.

0 ÷ 4 = 0

↑ ↑ ↑

número de peces | número de peceras | número en cada pecera

**Regla C:** Cero dividido entre cualquier número (excepto 0) es igual a 0.

**¡Inténtalo!** Hay 0 peces y 3 peceras. Haz un dibujo rápido para mostrar las peceras.

Escribe la ecuación que representa tu dibujo.

_____ ÷ _____ = _____

Si hay 0 peceras, entonces no puedes separar los peces equitativamente entre peceras. Dividir entre 0 no es posible.

**Regla D:** No se puede dividir entre 0.

## Comparte y muestra    MATH BOARD

**1.** Usa la ilustración para hallar 2 ÷ 2. _____

**Charla matemática**

**Generaliza** ¿Qué sucede cuando divides un número (con excepción del 0) entre sí mismo?

**Halla el cociente.**

**2.** 7 ÷ 1 = _____

**3.** 8 ÷ 8 = _____

✓ **4.** 0 ÷ 5 = _____

✓ **5.** 6 ÷ 6 = _____

Nombre _____

**Halla el cociente.**

**6.** $0 \div 8 =$ _____

**7.** $5 \div 5 =$ _____

**8.** $2 \div 1 =$ _____

**9.** $0 \div 7 =$ _____

**10.** $5\overline{)0}$

**11.** $1\overline{)9}$

**12.** $7\overline{)7}$

**13.** $10\overline{)10}$

## Práctica: Copia y resuelve  Halla el cociente.

**14.** $6 \div 1$

**15.** $25 \div 5$

**16.** $0 \div 6$

**17.** $18 \div 3$

**18.** $14 \div 2$

**19.** $9 \div 9$

**20.** $28 \div 4$

**21.** $8 \div 1$

**22.** $3\overline{)27}$

**23.** $5\overline{)10}$

**24.** $3\overline{)0}$

**25.** $1\overline{)0}$

## Resolución de problemas • Aplicaciones En el mundo

**26.** **PIENSA MÁS**  Claire tiene 7 periquitos. Coloca 4 en una jaula. Divide los otros periquitos equitativamente entre 3 amigos. ¿Cuántos periquitos tiene cada amigo?

_____

**27.** **MÁS AL DETALLE**  Lena tiene 5 loros. Le da a cada loro 1 uva a la mañana y 1 uva a la noche. ¿Cuántas uvas les da a los loros por día?

_____

**28.** **PRÁCTICAS Y PROCESOS MATEMÁTICOS 6**  Imagina que una tienda de mascotas tiene 21 aves en 21 jaulas. Usa lo que sabes sobre las reglas de la división para hallar el número de aves que hay en cada jaula. **Explica** tu respuesta.

_____

_____

**29.** [PIENSA MÁS] En los ejercicios 29a–29c, elige
Verdadero o Falso para cada ecuación.

29a. $4 \div 4 = 1$    ○ Verdadero  ○ Falso

29b. $6 \div 1 = 1$    ○ Verdadero  ○ Falso

29c. $1 \div 5 = 1$    ○ Verdadero  ○ Falso

## Conectar con la Lectura

### Compara y contrasta

Has aprendido las reglas para dividir entre 1.
Compáralas y contrástalas para aprender cómo
usar las reglas para resolver problemas.

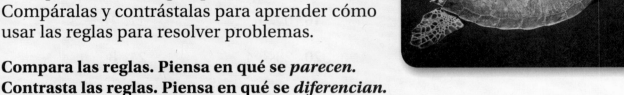

**Compara las reglas. Piensa en qué se *parecen*.**
**Contrasta las reglas. Piensa en qué se *diferencian*.**

**Lee:**   Regla A: Cualquier número dividido entre 1 es igual a
           ese número.

           Regla B: Cualquier número (excepto 0) dividido entre sí
           mismo es igual a 1.

**Compara:**   ¿En qué se parecen las reglas?

           • Ambas son reglas de división entre 1.

**Contrasta:**   ¿En qué se diferencian las reglas?

           • La Regla A es sobre la división de un número entre 1.
             El cociente es ese número.

           • La Regla B es sobre la división de un número (excepto 0)
             entre sí mismo.
             El cociente siempre es 1.

**Lee el problema. Escribe una ecuación. Resuélvela.**
**Escribe *Regla A* o *Regla B* para indicar qué regla usaste.**

**30.** Jamal compró 7 peces de colores en la
tienda de mascotas. Los puso en
1 pecera. ¿Cuántos peces de colores
puso en la pecera?

**31.** Ava tiene 6 tortugas. Las divide
en partes iguales entre 6 acuarios.
¿Cuántas tortugas colocó en cada
acuario?

# Las reglas de división para el 1 y el 0

**Objetivo de aprendizaje** Usarás reglas y estrategias para comprender las propiedades de 0 y 1 en la división.

**Halla el cociente.**

**1.** $3 \div 1 = \underline{\phantom{xx}3\phantom{xx}}$     **2.** $8 \div 8 = \underline{\phantom{xxxx}}$     **3.** $\underline{\phantom{xxxx}} = 0 \div 6$     **4.** $2 \div 2 = \underline{\phantom{xxxx}}$

**5.** $\underline{\phantom{xxxx}} = 9 \div 1$     **6.** $0 \div 2 = \underline{\phantom{xxxx}}$     **7.** $0 \div 3 = \underline{\phantom{xxxx}}$     **8.** $\underline{\phantom{xxxx}} = 0 \div 4$

**9.** $7\overline{)7}$     **10.** $1\overline{)6}$     **11.** $9\overline{)0}$     **12.** $1\overline{)5}$

**13.** $1\overline{)0}$     **14.** $4\overline{)4}$     **15.** $1\overline{)10}$     **16.** $2\overline{)2}$

## Resolución de problemas  En el mundo

**17.** No hay caballos en los establos. Hay 3 establos en total. ¿Cuántos caballos hay en cada establo?

_____

**18.** Jon tiene 6 cometas. Él y sus amigos elevan una cometa cada uno. ¿Cuántas personas en total elevan cometa?

_____

**19.** **ESCRIBE** ▸ *Matemáticas* Compara y contrasta las reglas de la multiplicación para 1 y 0 con las reglas de la división para 1 y 0.

_____

_____

## Repaso de la lección

**1.** Candace tiene 6 pares de jeans. Coloca cada par en una percha. ¿Cuántas perchas usa Candace?

_____

**2.** Hay 0 pájaros en 4 jaulas. ¿En qué ecuación de división se describe cuántos pájaros hay en cada jaula?

_____

## Repaso en espiral

**3.** Hay 7 platos sobre la mesa. Hay 0 sándwiches en cada plato. ¿Cuántos sándwiches hay en los platos en total?

$$7 \times 0$$

_____

_____

_____

**4.** Muestra una manera de separar la matriz para hallar el producto.

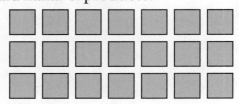

_____

_____

**5.** Describe el patrón de la tabla.

| Camionetas | 1 | 2 | 3 | 4 | 5 |
|---|---|---|---|---|---|
| Estudiantes | 6 | 12 | 18 | 24 | 30 |

_____

_____

_____

**6.** Usa la gráfica.

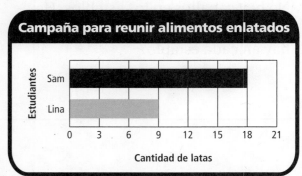

Campaña para reunir alimentos enlatados

¿Cuántas latas más trajo Sam que Lina?

_____

**PRACTICA MÁS CON EL**
**Entrenador personal en matemáticas**

## ✓ Repaso y prueba del Capítulo 6

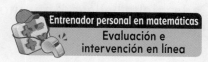

1. En los ejercicios 1a–1d, elige Verdadero o Falso para cada ecuación.

   1a.  $3 \div 1 = 1$  ○ Verdadero  ○ Falso

   1b.  $0 \div 4 = 0$  ○ Verdadero  ○ Falso

   1c.  $7 \div 7 = 1$  ○ Verdadero  ○ Falso

   1d.  $6 \div 1 = 6$  ○ Verdadero  ○ Falso

2. Elizabeth tiene 12 caballos en su granja. Coloca el mismo número de caballos en cada uno de 3 corrales. ¿Cuántos caballos hay en cada corral?

   Encierra en un círculo el número que hace que la oración sea verdadera.

   Hay
   | 4 |
   |---|
   | 9 |
   | 36 |
   caballos en cada corral.

3. Chris planta 25 semillas de calabaza en 5 hileras iguales. ¿Cuántas semillas planta Chris en cada hilera?

   Dibuja una matriz para representar el problema. Luego, resuelve el problema.

   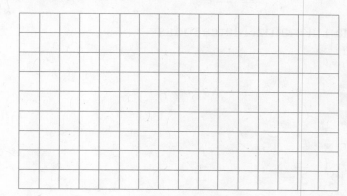

   _____ semillas

APRENDE EN
LÍNEA

Opciones de evaluación
**Prueba del capítulo**

**4.** Becca caminó durante 24 minutos alrededor de una pista. Cada vuelta le llevó 3 minutos. ¿Cuántas vueltas a la pista dio Becca?

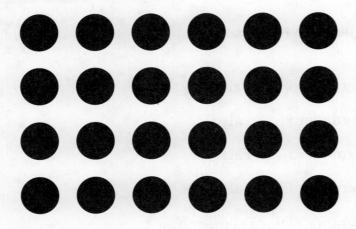

Forma grupos iguales para representar el problema. Luego, explica cómo resolviste el problema.

_____

_____

**5.** Hay 7 carros en un parque de diversiones. Hay 42 personas repartidas equitativamente entre los 7 carros. Cada carro tiene la misma cantidad de personas. ¿Cuántas personas hay en un carro?

42 personas

_____ personas

**6.** Elige las ecuaciones que representan la matriz. Marca todas las opciones que correspondan.

(A) $3 \times 5 =$ ▢

(B) $2 \times$ ▢ $= 12$

(C) ▢ $\div 3 = 5$

(D) $5 \times$ ▢ $= 15$

(E) $12 \div 3 =$ ▢

(F) $15 \div 5 =$ ▢

**7.** MÁS AL DETALLE Eduardo visitó a su primo durante 28 días en el verano. La semana tiene 7 días. ¿Cuánto tiempo, en semanas, duró la visita de Eduardo?

**Parte A**

Dibuja saltos en la recta numérica para representar el problema.

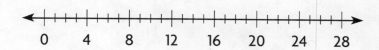

**Parte B**

Escribe una ecuación de división para representar el modelo.

_____

_____ semanas

**8.** Un cuaderno tiene 64 páginas. Si cada capítulo tiene 8 páginas, ¿cuántos capítulos tiene el cuaderno?

_____ capítulos

**9.** Hay 56 manzanas en 7 canastas, y cada canasta tiene el mismo número de manzanas. ¿Cuántas manzanas hay en cada canasta?

En los ejercicios 9a–9d, elige Sí o No para indicar si la ecuación representa el problema.

| | | | |
|---|---|---|---|
| 9a. | $56 + 7 = \blacksquare$ | ○ Sí | ○ No |
| 9b. | $7 \times \blacksquare = 56$ | ○ Sí | ○ No |
| 9c. | $56 \div \blacksquare = 8$ | ○ Sí | ○ No |
| 9d. | $56 - \blacksquare = 8$ | ○ Sí | ○ No |

**10.** Stefan tiene 24 fotografías para poner en unos carteles. Elige una forma en la que puede disponer las fotografías en los carteles en grupos iguales. Marca todas las opciones que correspondan.

Ⓐ 6 fotos en cada uno de 4 carteles

Ⓓ 5 fotos en cada uno de 5 carteles

Ⓑ 7 fotos en cada uno de 3 carteles

Ⓔ 3 fotos en cada uno de 8 carteles

Ⓒ 4 fotos en cada uno de 6 carteles

Ⓕ 7 fotos en cada uno de 4 carteles

**11.** Debbie hizo esta matriz para representar una ecuación de división. ¿Qué ecuación representó Debbie? Marca todas las opciones que correspondan.

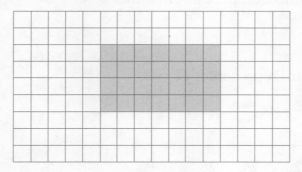

- (A) $14 \div 7 = 2$
- (B) $28 \div 4 = 7$
- (C) $28 \div 7 = 4$
- (D) $14 \div 2 = 7$

**12.** La Sra. Edwards tejió unos guantes. Cada guante tenía 5 dedos. Tejió un total de 40 dedos. ¿Cuántos guantes tejió la Sra. Edwards?

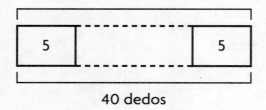

40 dedos

_____ guantes

**13.** Elige un número para completar la ecuación.

| 0 | 1 | 7 |

$7 \div 7 =$ _____          $7 \div 1 =$ _____          $0 \div 7 =$ _____

**14.** El entrenador separó 18 jugadores en 3 grupos diferentes en una práctica de lacrosse. ¿Cuántos jugadores había en cada grupo?

_____ jugadores

Nombre _____

**15.** Escribe una ecuación de división para representar la resta repetida.

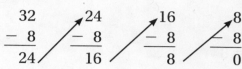

$$\begin{array}{ccc} 32 & 24 & 16 & 8 \\ -8 & -8 & -8 & -8 \\ \hline 24 & 16 & 8 & 0 \end{array}$$

_____

**16.** Escribe las operaciones relacionadas para la matriz. Explica por qué no hay más operaciones relacionadas.

_____

_____

**17.** PIENSA MÁS   Darius cocinó 18 panecillos para sus amigos. Le dio a cada amigo la misma cantidad de panecillos y no le sobró ninguno.

**Parte A**

Haz un dibujo para mostrar cómo repartió los panecillos Darius y completa la oración.

Darius le dio panecillos a _____

_____ amigos.

**Parte B**

¿Podría haber repartido Darius todos sus panecillos en partes iguales entre 4 de sus amigos? Explica por qué.

_____

_____

**18.** Encierra en un círculo los números para completar las operaciones relacionadas.

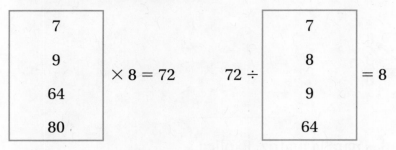

| 7 |
| 9 |  × 8 = 72
| 64 |
| 80 |

72 ÷ | 7 | = 8
     | 8 |
     | 9 |
     | 64 |

**19.** Escribe operaciones relacionadas de multiplicación y división con los números.

9     45     5

_____

_____

**20.** Tito tomó 16 monedas de 1¢ de su alcancía y las colocó en 4 pilas iguales. ¿Cuántas monedas colocó Tito en cada pila? Muestra tu trabajo.

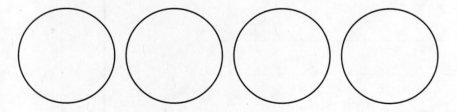

_____ monedas

# Estrategias y operaciones de división

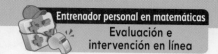
**Entrenador personal en matemáticas**
Evaluación e
intervención en línea

## ✓ Muestra lo que sabes

Comprueba tu comprensión de destrezas importantes.

Nombre _____

▶ **Pensar en la suma para restar** Escribe los números desconocidos.

**1.** $10 - 3 = $ ■

Piensa: $3 + $ ■ $ = 10$

$3 + $ _____ $ = 10$

Entonces, $10 - 3 = $ _____.

**2.** $12 - 8 = $ ■

Piensa: $8 + $ ■ $ = 12$

$8 + $ _____ $ = 12$

Entonces, $12 - 8 = $ _____.

▶ **Factores desconocidos** Escribe el factor desconocido.

**3.** $2 \times $ _____ $ = 10$

**4.** $42 = $ _____ $ \times 7$

**5.** _____ $ \times 6 = 18$

▶ **Operaciones de multiplicación hasta 9** Halla el producto.

**6.** _____ $ = 6 \times 9$

**7.** $3 \times 8 = $ _____

**8.** $4 \times 4 = $ _____

El lunes, los estudiantes del maestro Carson trabajaron en parejas. El martes, trabajaron en grupos de 3. El miércoles, trabajaron en grupos de 4. Cada día, los estudiantes formaron grupos iguales y ninguno quedó fuera de un grupo. ¿Cuántos estudiantes podría haber en la clase del maestro Carson?

▶ **Visualízalo** •••••••••••••••••••••••••••••••••

**Clasifica las palabras de repaso en el diagrama de Venn.**

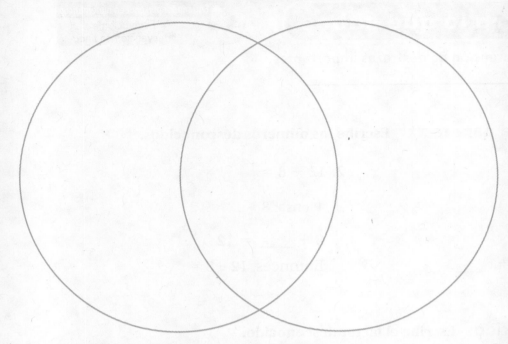

**Palabras de la multiplicación**     **Palabras de la división**

| Palabras de repaso |
| --- |
| cociente |
| dividendo |
| dividir |
| divisor |
| ecuación |
| factor |
| multiplicar |
| operaciones inversas |
| operaciones relacionadas |
| producto |

| Palabra nueva |
| --- |
| orden de las operaciones |

▶ **Comprende el vocabulario** ••••••••••••••••••••••••

**Completa las oraciones con palabras de repaso y nuevas.**

1. Una _____ es un enunciado numérico que incluye un signo de la igualdad para mostrar que dos cantidades son iguales.

2. El _____ es un conjunto especial de reglas que indica el orden en que se hacen los cálculos de un problema.

3. Las _____ son un conjunto de ecuaciones de multiplicación y división relacionadas.

**APRENDE EN LÍNEA**
• **Libro interactivo del estudiante**
• **Glosario multimedia**

# Vocabulario del Capítulo 7

cociente

**quotient**

6

dividendo

**dividend**

14

divisor

**divisor**

16

ecuación

**equation**

17

**inverse operations**

52

operaciones relacionadas

**related facts**

53

orden de las operaciones

**order of operations**

54

producto

**product**

62

El número que debe ser divido en un problema de división

Ejemplos: $32 \div 4 = 8$    $4\overline{)32}$ con $8$ arriba

↑ dividendo      ↑ dividendo

El número, sin incluir el residuo, que resulta de una división

Ejemplo: $35 \div 7 = 5$

↑ cociente

Enunciado numérico que usa el signo de la igualdad para mostrar que dos cantidades son iguales

Ejemplo: $9 \times 2 = 18$ es una ecuación

El número que divide al dividendo

Ejemplos: $32 \div 4 = 8$    $4\overline{)32}$ con $8$ arriba

↑ divisor      ↑ divisor

Conjunto de enunciados numéricos relacionados de suma y resta o de multiplicación y división

Ejemplos: $4 \times 7 = 28$     $28 \div 4 = 7$
            $7 \times 4 = 28$     $28 \div 7 = 4$

Operaciones opuestas u operaciones que se anulan entre sí, como la suma y la resta o la multiplicación y la división

Ejemplos: $16 + 8 = 24$;   $24 - 8 = 16$
            $4 \times 3 = 12$;   $12 \div 4 = 3$

La respuesta en un problema de multiplicación

Ejemplo: $4 \times 5 = 20$

↑ producto

Conjunto especial de reglas que indica el orden en el cual se hacen los cálculos

# Concentración

Recuadro de palabras

cociente

dividendo

divisor

ecuación

operaciones inversas

operaciones relacionadas

orden de las operaciones

producto

**Para 2 a 3 jugadores**

### Materiales

- 1 juego de tarjetas de palabras

### Instrucciones

1. Coloca las tarjetas boca abajo en filas. Túrnense para jugar.
2. Elige dos tarjetas y ponlas boca arriba.
   - Si las tarjetas muestran una palabra y su significado, coinciden. Conserva el par y vuelve a jugar.
   - Si las tarjetas no coinciden, vuelve a ponerlas boca abajo.
3. El juego terminará cuando todas las tarjetas coincidan. Los jugadores cuentan sus pares. Ganará la partida el jugador con más pares.

# Escríbelo

### Reflexiona

Elige una idea. Escribe sobre ella.

- $16 \div 8$ y $8 \div 16$, ¿tienen el mismo cociente? Explica por qué.
- Explica el orden de las operaciones con tus propias palabras.
- Escribe un cuento creativo que incluya una división entre 2, 5 o 10.

## Nombre _____

# Dividir entre 2

**Pregunta esencial** ¿Qué significa dividir entre 2?

**Objetivo de aprendizaje** Usarás fichas para representar la división entre 2 y escribirás una ecuación de división.

## 🔑 Soluciona el problema

En el patio trasero de Marisa hay 10 colibríes y 2 comederos. Si en cada comedero hay el mismo número de aves, ¿cuántas aves hay en cada uno?

- ¿Qué debes hallar?
  _____

- Encierra en un círculo los números que debes usar.

- ¿Qué puedes usar para resolver el problema? _____

## 🔒 Actividad 1

Usa fichas para hallar cuántos hay en cada grupo.

**Materiales** ■ fichas ■ Tablero de matemáticas

**REPRESENTA**

- Usa 10 fichas.
- Dibuja 2 círculos en la pizarra.
- Coloca 1 ficha a la vez en cada círculo hasta que hayas usado las 10 fichas.
- Dibuja el resto de las fichas para mostrar tu trabajo.

**PIENSA**

_____ en total

_____ grupos iguales

_____ en cada grupo

**ANOTA**

$$10 \div 2 = 5 \text{ o } 2\overline{)10}$$

**Lee:** Diez dividido entre dos es igual a cinco.

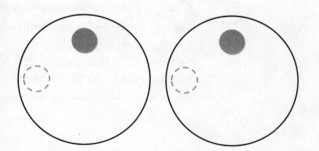

Hay _____ fichas en cada uno de los 2 grupos.

Entonces, hay _____ colibríes en cada comedero.

Un colibrí puede volar hacia la derecha, hacia ▶ la izquierda, hacia arriba, hacia abajo, hacia adelante, hacia atrás ¡e incluso cabeza abajo!

**Charla matemática**

**PRÁCTICAS Y PROCESOS MATEMÁTICOS** ❶

**Analiza** ¿Qué elemento del problema representa cada número de 10 ÷ 2 = 5?

## 🔒 Actividad 2 Haz un dibujo para hallar cuántos grupos iguales hay.

En el patio trasero de Tyler hay 10 colibríes.
Si hay 2 colibríes en cada comedero, ¿cuántos comederos hay?

**Idea matemática**
Puedes dividir para hallar el número que hay en cada grupo o para hallar el número de grupos iguales que hay.

### REPRESENTA

- Observa las 10 fichas.
- Encierra en un círculo un grupo de 2 fichas.
- Sigue encerrando en un círculo grupos de 2 hasta que las 10 fichas estén en grupos.

Hay _____ grupos de 2 fichas.

Entonces, hay _____ comederos.

### PIENSA

_____ en total

_____ en cada grupo

_____ grupos iguales

### ANOTA

$$10 \div 2 = 5 \text{ o } 2\overline{)10}^{\,5}$$

**Lee:** Diez dividido entre dos es igual a cinco.

---

## Comparte y muestra  MATH BOARD

**1.** Completa la ilustración para hallar $6 \div 2$. _____

**Charla matemática**  PRÁCTICAS Y PROCESOS MATEMÁTICOS ②

**Usa el razonamiento** Explica por qué puedes escribir más de una ecuación de división a partir del dibujo que hiciste.

**Escribe una ecuación de división para la ilustración.**

**2.**

_____

**⊘3.**
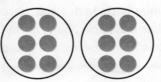
_____

**⊘4.**
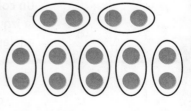
_____

Nombre _____

## Comparte y muestra

**Escribe una ecuación de división para la ilustración.**

**5.**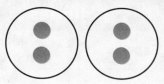

_____

**6.**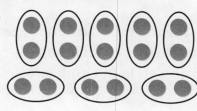

_____

**7.**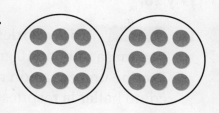

_____

**Halla el cociente. Puedes hacer un dibujo rápido como ayuda.**

**8.** $2 \div 2 =$ _____

**9.** $16 \div 2 =$ _____

**10.**

$2\overline{)20}$

**PRÁCTICAS Y PROCESOS MATEMÁTICOS ②** **Razonamiento abstracto** **Álgebra** **Halla el número desconocido.**

**11.** _____ $\div 2 = 5$

**12.** _____ $\div 2 = 2$

**13.** _____ $\div 2 = 3$

**14.** _____ $\div 2 = 8$

**15.** Lin hace un diseño de pared con 16 baldosas. La mitad de las baldosas son rojas y la otra mitad son azules. Si retira 4 baldosas rojas del diseño, ¿cuántas baldosas rojas quedan en el diseño?

_____

**16.** **MÁS AL DETALLE** Becky grabó dos videos mientras un colibrí gigante se alimentaba 4 veces y un colibrí garganta rubí se alimentaba 8 veces de su comedero nuevo. Cada video grabó el mismo número de comidas hechas por los colibríes. ¿Cuántas comidas se muestran en cada video? Justifica tu respuesta.

_____

_____

## Resolución de problemas • Aplicaciones

**Usa la tabla para resolver los problemas 17 y 18.**

| Colibríes | |
|---|---|
| **Especie** | **Masa (en gramos)** |
| Magnífico | 7 |
| De garganta rubí | 3 |
| De corona morada | 5 |

17. **MÁS AL DETALLE**  Dos colibríes de la misma especie tienen una masa total de 10 gramos. ¿De qué especie son? Escribe una ecuación de división en la que muestres cómo hallar la respuesta.

_____

18. **PIENSA MÁS**  En un comedero hay 3 colibríes de garganta rubí y 2 colibríes de otra especie. Las aves tienen una masa de 23 gramos en total. ¿Qué otra especie de colibrí hay en el comedero? **Explícalo.**

**ESCRIBE** ▶ *Matemáticas*
**Muestra tu trabajo**

_____
_____
_____
_____

19. **PIENSA MÁS**  Ryan tiene 18 medias.

| Divisor | Cociente |
|---|---|
| ○ 1 | ○ 1 |
| ○ 2 | ○ 3 |
| ○ 6 | ○ 9 |
| ○ 18 | ○ 18 |

Elige un número de cada columna para mostrar la ecuación de división representada por el dibujo.

$$18 \div \frac{?}{\text{(divisor)}} = \frac{?}{\text{(cociente)}}$$

# Dividir entre 2

**Escribe una ecuación de división para el dibujo.**

**1.**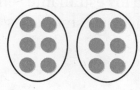

$12 \div 2 = 6$ o

$12 \div 6 = 2$

**2.**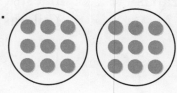

_____

_____

**3.**

_____

_____

**Halla el cociente. Puedes hacer un dibujo rápido como ayuda.**

**4.** _____ $= 14 \div 2$

**5.** $2\overline{)18}$

**6.** $16 \div 2 =$ _____

## Resolución de problemas

**7.** El Sr. Reynolds, el maestro de gimnasia, dividió una clase de 16 estudiantes en 2 equipos iguales. ¿Cuántos estudiantes había en cada equipo?

_____

**8.** Sandra tiene 10 libros. Los divide en grupos de 2 libros. ¿Cuántos grupos puede formar?

_____

**9.** [ESCRIBE ▸*Matemáticas*] Explica cómo dividir una cantidad entre 2. Usa los términos *dividendo, divisor* y *cociente*.

_____

_____

## Repaso de la lección

**1.** Ava tiene 12 manzanas y 2 canastas. Coloca el mismo número de manzanas en cada canasta. ¿Cuántas manzanas hay en una canasta?

_____

**2.** En el musical de la escuela, 8 estudiantes cantan una canción. La maestra Lang ubica a los estudiantes en 2 hileras iguales. ¿Cuántos estudiantes hay en cada hilera?

_____

## Repaso en espiral

**3.** Halla el producto.

$$2 \times 6$$

_____

**4.** Jayden planta 24 árboles. Planta los árboles equitativamente en 3 hileras. ¿Cuántos árboles hay en cada hilera?

_____

**5.** Describe un patrón en los números.

9, 12, 15, 18, 21, 24

_____

**6.** Un triciclo tiene 3 ruedas. ¿Cuántas ruedas hay en 4 triciclos?

_____

PRACTICA MÁS CON EL
Entrenador personal
en matemáticas

# Dividir entre 10

**Pregunta esencial** ¿Qué estrategias puedes usar para dividir entre 10?

**Objetivo de aprendizaje** Usarás la resta repetida, las rectas numéricas y la relación entre la multiplicación y la división para dividir entre 10.

## 🔑 Soluciona el problema En el mundo

En una visita al zoológico de Philadelphia van 50 estudiantes. Están separados en grupos iguales de 10 estudiantes cada uno. ¿Cuántos grupos de estudiantes hay?

- ¿Qué debes hallar?

  _____

- Encierra en un círculo los números que debes usar.

### 🔒 De una manera Usa la resta repetida.

- Comienza con 50.
- Resta 10 hasta llegar a 0.
- Cuenta el número de veces que restaste 10.

$$\begin{array}{ccccc}
50 & 40 & 30 & 20 & 10 \\
-10 & -10 & -10 & -10 & -10 \\
\hline
40 & 30 & & & \\
\end{array}$$

1     2     3     4     5

Restaste 10 cinco veces. $50 \div 10 = $ _____

Entonces, hay _____ grupos de 10 estudiantes.

### 🔒 De otras maneras

**A** Usa una recta numérica.

- Comienza en 50 y cuenta hacia atrás de 10 en 10 hasta llegar a 0.
- Cuenta el número de veces que saltaste de 10 en 10 hacia atrás.

0  5  10  15  20  25  30  35  40  45  50

Saltaste hacia atrás de 10 en 10 cinco veces.

$50 \div 10 = $ _____

**Charla matemática** PRÁCTICAS Y PROCESOS MATEMÁTICOS ③

**Compara representaciones** ¿En qué se diferencian contar sobre una recta numérica para dividir entre 10 y contar sobre una recta numérica para multiplicar por 10?

**B** Usa una tabla de multiplicar.

**Divide.** $50 \div 10 = $ ▪

Puesto que la división es la operación inversa de la multiplicación, puedes usar una tabla de multiplicar para hallar un cociente.

Piensa en una operación de multiplicación relacionada.

▪ $\times 10 = 50$

**PASO 1** Halla el factor, 10, en la hilera superior.

**PASO 2** Busca hacia abajo el producto, 50.

**PASO 3** Busca hacia la izquierda el factor

desconocido, _____.

Como _____ $\times 10 = 50$, entonces $50 \div 10 = $ _____.

En el Paso 1, ¿es el factor dado de la operación de multiplicación relacionada el divisor o el dividendo?

_____

En el Paso 2, ¿es el producto de la operación de multiplicación relacionada el divisor o el dividendo?

_____

El cociente es el factor desconocido.

| × | 0 | 1 | 2 | 3 | 4 | 5 | 6 | 7 | 8 | 9 | 10 |
|---|---|---|---|---|---|---|---|---|---|---|----|
| **0** | 0 | 0 | 0 | 0 | 0 | 0 | 0 | 0 | 0 | 0 | 0 |
| **1** | 0 | 1 | 2 | 3 | 4 | 5 | 6 | 7 | 8 | 9 | 10 |
| **2** | 0 | 2 | 4 | 6 | 8 | 10 | 12 | 14 | 16 | 18 | 20 |
| **3** | 0 | 3 | 6 | 9 | 12 | 15 | 18 | 21 | 24 | 27 | 30 |
| **4** | 0 | 4 | 8 | 12 | 16 | 20 | 24 | 28 | 32 | 36 | 40 |
| **5** | 0 | 5 | 10 | 15 | 20 | 25 | 30 | 35 | 40 | 45 | 50 |
| **6** | 0 | 6 | 12 | 18 | 24 | 30 | 36 | 42 | 48 | 54 | 60 |
| **7** | 0 | 7 | 14 | 21 | 28 | 35 | 42 | 49 | 56 | 63 | 70 |
| **8** | 0 | 8 | 16 | 24 | 32 | 40 | 48 | 56 | 64 | 72 | 80 |
| **9** | 0 | 9 | 18 | 27 | 36 | 45 | 54 | 63 | 72 | 81 | 90 |
| **10** | 0 | 10 | 20 | 30 | 40 | 50 | 60 | 70 | 80 | 90 | 100 |

## Comparte y muestra  MATH BOARD

**Charla matemática**   **PRÁCTICAS Y PROCESOS MATEMÁTICOS ①**

**Compara estrategias** Además de la resta repetida, ¿cuáles son otras estrategias para resolver $30 \div 10$?

**1.** Usa la resta repetida para hallar $30 \div 10$. _____

**Piensa:** ¿Cuántas veces restas 10?

$$\begin{array}{r} 30 \\ -10 \\ \hline 20 \end{array} \quad \begin{array}{r} 20 \\ -10 \\ \hline 10 \end{array} \quad \begin{array}{r} 10 \\ -10 \\ \hline \square \end{array}$$

**Halla el factor y el cociente desconocidos.**

**2.** $10 \times$ _____ $= 40$  _____ $= 40 \div 10$

**③ 3.** $10 \times$ _____ $= 60$  $60 \div 10 = $ _____

**Halla el cociente.**

**4.** _____ $= 20 \div 10$

**5.** $10\overline{)50}$

**6.** $10\overline{)70}$

**③ 7.** $90 \div 10 = $ _____

Nombre _____

**Halla el factor y el cociente desconocidos.**

**8.** $10 \times$ ___ $= 70$    $70 \div 10 =$ ___

**9.** $10 \times$ ___ $= 10$    $10 \div 10 =$ ___

**Halla el cociente.**

**10.** $50 \div 10 =$ ___

**11.** ___ $= 60 \div 10$

**12.** $10\overline{)40}$

**13.** $10\overline{)80}$

PRÁCTICAS Y PROCESOS MATEMÁTICOS ② **Razona de forma cuantitativa Álgebra** Escribe $<$, $>$ o $=$.

**14.** $10 \div 1 \bigcirc 4 \times 10$

**15.** $17 - 6 \bigcirc 18 \div 2$

**16.** $4 \times 4 \bigcirc 8 + 8$

**17.** $23 + 14 \bigcirc 5 \times 8$

**18.** $70 \div 10 \bigcirc 23 - 16$

**19.** $9 \times 0 \bigcirc 9 + 0$

**20.** MÁS AL DETALLE  Hay 70 barras de tiza en una caja. Si cada uno de los 10 estudiantes recibe un número igual de barras de tiza, ¿cuántas barras de tiza recibirá cada estudiante?

_____

**21.** MÁS AL DETALLE  Elijah escribió su nombre en 15 camisas escolares. Cora escribió su nombre en 15 camisas escolares. Juntos rotularon 10 camisas diarias ¿Durante cuántos días rotularon camisas Elijah y Cora?

_____

**22.** MÁS AL DETALLE  Peyton tiene 23 cubos. Myra tiene 18 cubos. Si ambos estudiantes usan todos sus cubos para hacer trenes de 10 cubos, ¿cuántos trenes pueden hacer?

_____

## Resolución de problemas • Aplicaciones

**Usa la pictografía para resolver los problemas 23 a 25.**

23. Lyle quiere agregar pingüinos a la pictografía. Hay 30 adhesivos de pingüinos. ¿Cuántos símbolos debe dibujar Lyle para representar los pingüinos?

_____

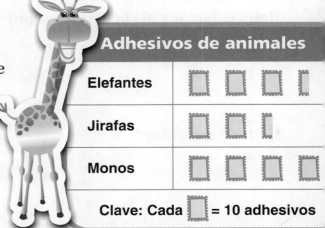

**Adhesivos de animales**

| | | | | |
|---|---|---|---|---|
| **Elefantes** | ☐ | ☐ | ☐ | ☐ |
| **Jirafas** | ☐ | ☐ | ☐ | |
| **Monos** | ☐ | ☐ | ☐ | ☐ |

Clave: Cada ☐ = 10 adhesivos

24. **MÁS AL DETALLE** Usa la información de la pictografía para escribir un problema. Luego resuélvelo.

_____

_____

25. **PIENSA MÁS** ¿Tiene sentido? Lena quiere pegar los adhesivos de monos en un álbum. Dice que usará más páginas si pega 5 adhesivos por página en lugar de 10 adhesivos por página. ¿Tiene razón? Explícalo.

_____

_____

_____

**ESCRIBE** *Matemáticas* • **Muestra tu trabajo**

26. **PRÁCTICAS Y PROCESOS MATEMÁTICOS ⑥** **Explica** en qué se parecen un ejercicio de división y un ejercicio de factor desconocido.

_____

_____

_____

27. **PIENSA MÁS** Lilly encontró 40 caracoles de mar. Puso 10 caracoles en cada balde. ¿Cuántos baldes usó Lilly? Muestra tu trabajo.

_____ baldes

# Dividir entre 10

**Objetivo de aprendizaje** Usarás la resta repetida, las rectas numéricas y la relación entre la multiplicación y la división para dividir entre 10.

**Halla el factor y el cociente desconocidos.**

**1.** $10 \times \underline{\;2\;} = 20$    $20 \div 10 = \underline{\;2\;}$

**2.** $10 \times \underline{\quad} = 70$    $70 \div 10 = \underline{\quad}$

**3.** $10 \times \underline{\quad} = 80$    $80 \div 10 = \underline{\quad}$

**4.** $10 \times \underline{\quad} = 30$    $30 \div 10 = \underline{\quad}$

**Halla el cociente.**

**5.** $60 \div 10 = \underline{\quad}$

**6.** $\underline{\quad} = 40 \div 4$

**7.** $20 \div 2 = \underline{\quad}$

**8.** $50 \div 10 = \underline{\quad}$

**9.** $10\overline{)40}$

**10.** $10\overline{)70}$

**11.** $10\overline{)100}$

**12.** $10\overline{)20}$

## Resolución de problemas  En el mundo

**13.** Un lápiz cuesta 10¢. ¿Cuántos lápices puede comprar Brent con 90¢?

**14.** La Sra. Marks quiere comprar 80 bolígrafos. Si los bolígrafos vienen en paquetes de 10, ¿cuántos paquetes debe comprar?

_____

_____

**13.** **ESCRIBE** ▸*Matemáticas* Escribe y resuelve un problema en el que se deba dividir entre 10.

_____

_____

## Repaso de la lección

**1.** Gracie usa 10 cuentas en cada collar que hace. Tiene 60 cuentas para usar. ¿Cuántos collares puede hacer Gracie?

_____

**2.** Un florista coloca 10 flores en cada florero. ¿Cuántos floreros necesita el florista para colocar 40 flores?

_____

## Repaso en espiral

**3.** ¿Cuál es el factor desconocido?

$$7 \times p = 14$$

_____

**4.** En la panadería Aspen se vendieron 40 cajas de pancitos en un día. Cada caja contiene 6 pancitos. ¿Cuántos pancitos se vendieron en total en la panadería?

_____

**5.** El Sr. Samuels compra una hoja de estampillas. Hay 4 hileras con 7 estampillas en cada hilera. ¿Cuántas estampillas compra el Sr. Samuels?

_____

**6.** 56 estudiantes van de excursión al centro de ciencias. Los estudiantes recorren el centro en grupos de 8. ¿Cuántos grupos de estudiantes hay?

_____

PRACTICA MÁS CON EL
**Entrenador personal**
en matemáticas

# Dividir entre 5

**Pregunta esencial** ¿Qué significa dividir entre 5?

**Objetivo de aprendizaje** Usarás el conteo hacia adelante y hacia atrás en una recta numérica como estrategia para dividir entre 5.

## Soluciona el problema En el mundo

Kaley quiere comprar una jaula nueva para Coconut, su conejillo de indias. Ha ahorrado 35¢. Si ahorró una moneda de 5¢ por día, ¿durante cuántos días ha ahorrado?

• ¿Cuánto vale un "nickel americano"?

_____

### De una manera Cuenta hacia adelante de 5 en 5.

• Comienza en 0.

• Cuenta hacia adelante de 5, 10, _____, _____, _____, _____, _____

  5 en 5 hasta llegar a 35.   1   2    3     4      5      6      7

• Cuenta el número de veces que contaste hacia adelante.

Contaste hacia adelante de 5 en 5 siete veces.

$35 \div 5 =$ _____

Entonces, Kaley ha ahorrado durante _____ días.

### De otra manera

Manos a la obra

**Cuenta hacia atrás en una recta numérica.**

• Comienza en 35.

• Cuenta hacia atrás de 5 en 5 hasta llegar a 0. Traza los saltos en la recta numérica.

• Cuenta el número de veces que saltaste hacia atrás de 5 en 5.

Saltaste hacia atrás de 5 en 5 _____ veces.

$35 \div 5 =$ _____

**Charla matemática**

PRÁCTICAS Y PROCESOS MATEMÁTICOS ②

**Razona de forma abstracta** ¿Qué pasaría si Kaley ahorrara 7¢ en lugar de 5¢ por día? ¿Qué tendrías que cambiar para hallar el número de días que ha ahorrado?

© Houghton Mifflin Harcourt Publishing Company • Image Credits: ©Peter Cade/Getty Images

## Estrategias para multiplicar y dividir con 5

Has aprendido a usar dobles para multiplicar. Ahora aprenderás a usar dobles para dividir entre 5.

 **Usa operaciones con 10 y luego resta la mitad para multiplicar por 5.**

Cuando uno de los factores es 5, puedes usar una operación con 10.

$5 \times 2 = $ ▪

Primero, multiplica por 10.

$10 \times 2 = $ _____

Después de multiplicar, resta la mitad del producto.

$20 \div 2 = $ _____

Entonces, $5 \times 2 = $ _____.

 **Divide entre 10 y luego duplica para dividir entre 5.**

Cuando el divisor es 5 y el dividendo es par, puedes usar una operación con 10.

$30 \div 5 = $ ▪

Primero, divide entre 10.

$30 \div 10 = $ _____

Después de dividir, duplica el cociente.

$3 + $ _____ $= $ _____

Entonces, $30 \div 5 = $ _____.

## Comparte y muestra

**1.** Cuenta hacia atrás en la recta numérica para hallar $15 \div 5$. _____

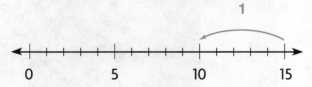

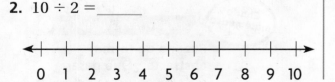

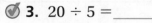

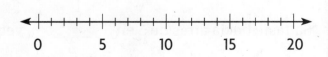

**Charla matemática** — PRÁCTICAS Y PROCESOS MATEMÁTICOS ⑥

**Explica** en qué se parecen contar hacia adelante para resolver un problema de división y contar hacia atrás en una recta numérica.

**Cuenta hacia adelante o hacia atrás para resolver los ejercicios.**

**2.** $10 \div 2 = $ _____

**3.** $20 \div 5 = $ _____

**Halla el cociente.**

**4.** $50 \div 5 = $ _____

**5.** $5 \div 5 = $ _____

**6.** $45 \div 5 = $ _____

## Por tu cuenta

**Cuenta hacia adelante o hacia atrás para resolver los ejercicios.**

**7.** $30 \div 5 =$ _____

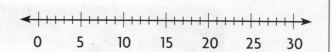

**8.** $25 \div 5 =$ _____

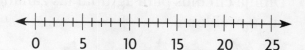

**Halla el cociente.**

**9.** ___ $= 20 \div 5$

**10.** $40 \div 5 =$ ___

**11.** ___ $= 18 \div 2$

**12.** $0 \div 5 =$ ___

**13.** $35 \div 5 =$ ___

**14.** ___ $= 10 \div 5$

**15.** $40 \div 10 =$ ___

**16.** ___ $= 4 \div 2$

**17.** $10\overline{)30}$

**18.** $2\overline{)16}$

**19.** $5\overline{)45}$

**20.** $5\overline{)15}$

**PRÁCTICAS Y PROCESOS MATEMÁTICOS 7** Busca un patrón **Álgebra** Completa la tabla.

**21.**

| × | 1 | 2 | 3 | 4 | 5 |
|---|---|---|---|---|---|
| 10 | | | | | |
| 5 | | | | | |

**22.**

| ÷ | 10 | 20 | 30 | 40 | 50 |
|---|---|---|---|---|---|
| 10 | | | | | |
| 5 | | | | | |

## Resolución de problemas • Aplicaciones

**23.** **PRÁCTICAS Y PROCESOS MATEMÁTICOS 1** **Evalúa** Los conejillos de indias comen heno, alimento balanceado y verduras. Si el heno Maravilla viene en bolsas de 5 libras y cuesta $15, ¿cuánto cuesta 1 libra de heno?

**24.** *MÁS AL DETALLE* Ana recoge 25 manzanas. Pedro recoge 20 manzanas. Ana y Pedro usan las manzanas para hacer pasteles de manzana. Si colocan 5 manzanas en cada pastel, ¿cuántos pasteles pueden hacer?

**25.** *MÁS AL DETALLE* El empleado en la tienda de mascotas trabaja 45 horas por semana. Trabaja el mismo número de horas de lunes a viernes. Trabaja 5 horas extras el sábado. ¿Cuántas horas trabaja por día de semana?

**26.** **PIENSA MÁS** **Plantea un problema** Maddie fue a
una clínica veterinaria. Vio que el veterinario preparaba
algunas zanahorias para los conejillos de indias.

Escribe un problema de división que se pueda
resolver con la ilustración de las zanahorias.
Dibuja círculos para agrupar las zanahorias
en tu problema.

**Plantea un problema.**      **Resuelve tu problema.**

_____     _____

_____     _____

_____     _____

_____     _____

- Agrupa las zanahorias de otra manera. Luego escribe un
  problema para los nuevos grupos. Resuelve tu problema.

_____

_____

_____

**27.** **PIENSA MÁS** Encierra en un círculo el factor y el cociente
desconocidos.

$$5 \times \boxed{\begin{matrix}5\\6\\7\end{matrix}} = 35 \qquad\qquad \boxed{\begin{matrix}5\\6\\7\end{matrix}} = 35 \div 5$$

# Dividir entre 5

**Objetivo de aprendizaje** Usarás el conteo hacia adelante y hacia atrás en una recta numérica como estrategia para dividir entre 5.

**Cuenta hacia adelante o hacia atrás en una recta numérica para resolver los ejercicios.**

**1.** $40 \div 5 = \underline{\phantom{8}8\phantom{8}}$

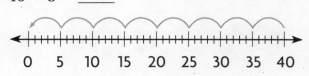

0   5   10   15   20   25   30   35   40

**2.** $25 \div 5 = \underline{\phantom{xxx}}$

0   5   10   15   20   25

**Halla el cociente.**

**3.** $\underline{\phantom{xxx}} = 10 \div 5$

**4.** $\underline{\phantom{xxx}} = 30 \div 5$

**5.** $14 \div 2 = \underline{\phantom{xxx}}$

**6.** $5 \div 5 = \underline{\phantom{xxx}}$

**7.** $\underline{\phantom{xxx}} = 0 \div 5$

**8.** $20 \div 5 = \underline{\phantom{xxx}}$

**9.** $25 \div 5 = \underline{\phantom{xxx}}$

**10.** $\underline{\phantom{xxx}} = 35 \div 5$

**11.** $5\overline{)20}$

**12.** $10\overline{)70}$

**13.** $5\overline{)15}$

**14.** $5\overline{)40}$

## Resolución de problemas

**15.** Un fabricante de carros de juguete coloca 5 ruedas en cada kit. Una máquina produce 30 ruedas por vez. ¿Cuántos paquetes de 5 ruedas se pueden producir a partir de las 30 ruedas?

_____

**16.** Un fabricante de muñecas coloca una bolsa pequeña con 5 cintas para el cabello dentro de cada caja con una muñeca. ¿Cuántas bolsas de 5 cintas para el cabello se pueden hacer a partir de 45 cintas para el cabello?

_____

**17.** **ESCRIBE** ▸ *Matemáticas* Escribe sobre qué método prefieres usar para dividir entre 5; contar hacia adelante, contar hacia atrás en una recta numérica o dividir entre 10 y luego duplicar el cociente. Explica por qué.

_____

## Repaso de la lección

**1.** Una empresa de trenes de juguete coloca 5 furgones con cada juego de trenes. ¿Cuántos juegos se pueden completar con 35 furgones?

_____

**2.** Una máquina produce 5 botones a la vez. Cada camisa de muñeca lleva 5 botones. ¿Cuántas camisas de muñeca se pueden completar con 5 botones?

_____

## Repaso en espiral

**3.** Julia gana $5 por día por hacer mandados para un vecino. ¿Cuánto ganará Julia si hace mandados durante 6 días en un mes?

_____

**4.** Marcus tiene 12 rebanadas de pan. Usa 2 rebanadas de pan en cada emparedado. ¿Cuántos emparedados puede hacer Marcus?

_____

**Usa el diagrama de puntos para resolver los ejercicios 5 y 6.**

**5.** ¿Cuántos estudiantes no tienen mascotas?

_____

**6.** ¿Cuántos estudiantes respondieron la pregunta "¿Cuántas mascotas tienes?"?

_____

**Número de mascotas**

PRACTICA MÁS CON EL
**Entrenador personal**
en matemáticas

Nombre _____

# Dividir entre 3

**Pregunta esencial** ¿Qué estrategias puedes usar para dividir entre 3?

**Objetivo de aprendizaje** Usarás fichas para hacer grupos iguales y hacer conteos hacia atrás en una recta numérica para dividir entre 3.

## 🔑 Soluciona el problema En el mundo

En una excursión, 18 estudiantes se anotaron para participar en la carrera de relevos. Cada equipo de relevo debe tener 3 estudiantes. ¿Cuántos equipos se pueden formar?

## 🔒 De una manera Forma grupos iguales.

- Observa las 18 fichas de abajo.

- Encierra en un círculo el número mayor posible de grupos de 3.

- Cuenta el número de grupos.

- ¿Qué debes hallar?

  _____

  _____

- Encierra en un círculo los números que debes usar.

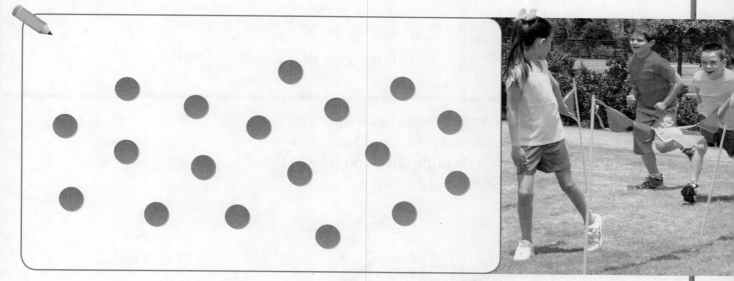

Hay _____ grupos de 3.

Entonces, se pueden formar _____ equipos.

Puedes escribir $18 \div 3 =$ _____ o $3\overline{)18}$.

**Charla matemática** PRÁCTICAS Y PROCESOS MATEMÁTICOS ①

**Entiende los problemas** Supongamos que la pregunta fuera cuántos estudiantes habría en 3 equipos iguales. ¿Cómo representarías 3 equipos iguales? ¿Sería el cociente el mismo?

## 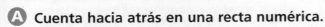 De otras maneras

**A** **Cuenta hacia atrás en una recta numérica.**

- Comienza en 18.

- Cuenta hacia atrás de 3 en 3 tantas veces como sea posible. Traza los saltos en la recta numérica.

- Cuenta el número de veces que saltaste hacia atrás de 3 en 3.

 **Para evitar errores**

Asegúrate de contar el mismo número de espacios cada vez que saltes hacia atrás en la recta numérica.

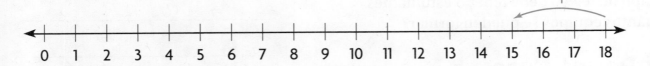

Saltaste hacia atrás de 3 en 3 _____ veces.

**B** **Usa una operación de multiplicación relacionada.**

Puesto que la división es la operación inversa de la multiplicación, piensa en una operación de multiplicación relacionada para hallar 18 ÷ 3.

■ × 3 = 18
6 × 3 = 18

**Piensa:** ¿Qué número completa la operación de multiplicación?

Entonces, 18 ÷ 3 = _____ o 3)‾18‾.

- ¿Qué pasaría si se anotaran 24 estudiantes para la carrera de relevos y hubiera 3 estudiantes en cada equipo? ¿Qué operación de multiplicación relacionada usarías para hallar el número de equipos?

_____

## Comparte y muestra

1. Encierra en un círculo grupos de 3 para hallar 12 ÷ 3. _____

**Charla matemática** PRÁCTICAS Y PROCESOS MATEMÁTICOS **4**

**Representa matemáticas** ¿Qué representa el número de círculos que hiciste?

**Halla el cociente.**

**2.** 6 ÷ 3 = ___        **3.** ___ = 14 ÷ 2        **4.** 21 ÷ 3 = ___        **5.** ___ = 30 ÷ 5

Nombre _____

## Por tu cuenta

**Práctica: Copia y resuelve** Halla el cociente. Haz un dibujo rápido como ayuda.

**6.** $9 \div 3$

**7.** $10 \div 5$

**8.** $18 \div 2$

**9.** $24 \div 3$

**Halla el cociente.**

**10.** ___ $= 12 \div 2$

**11.** $40 \div 5 =$ ___

**12.** $60 \div 10 =$ ___

**13.** ___ $= 20 \div 10$

**14.** $3\overline{)15}$

**15.** $2\overline{)4}$

**16.** $5\overline{)20}$

**17.** $3\overline{)18}$

**PRÁCTICAS Y PROCESOS MATEMÁTICOS** ② Usa el razonamiento **Álgebra** Escribe $+$, $-$, $\times$ o $\div$.

**18.** $25 \bigcirc 5 = 10 \div 2$

**19.** $3 \times 3 = 6 \bigcirc 3$

**20.** $16 \bigcirc 2 = 24 - 16$

**21.** $13 + 19 = 8 \bigcirc 4$

**22.** $14 \bigcirc 2 = 6 \times 2$

**23.** $21 \div 3 = 5 \bigcirc 2$

**24.** Jem pega 21 fotografías y 15 postales en un álbum. Si coloca 3 artículos en cada página, ¿cuántas páginas de su álbum llenará Jem?

**25.** **MÁS AL DETALLE** Sue siembra 18 flores rosadas y 9 flores amarillas en materas. Siembra 3 plantas en cada matera. ¿Cuántas materas usa Sue?

**26.** **MÁS AL DETALLE** Blaine hace una matriz de 12 cuadrados rojos y 18 cuadrados azules. Si coloca 3 cuadrados en cada hilera ¿cuántas hileras tendrá la matriz de Blaine?

## Resolución de problemas • Aplicaciones En el mundo

**Usa la tabla para resolver los problemas 27 y 28.**

**27.** MÁS AL DETALLE  Hay 5 equipos iguales en la carrera de relevos. ¿Cuántos estudiantes hay en cada equipo? Escribe una ecuación de división en la que muestres el número de estudiantes que hay en cada equipo.

| Juegos de la excursión | |
|---|---|
| Actividad | Número de estudiantes |
| Carrera de relevos | 25 |
| Lanzamientos | 18 |
| Carrera con saltos | 27 |

_____

**28.** PIENSA MÁS  Los estudiantes que participan en la carrera con saltos y en los lanzamientos compiten en equipos de 3. ¿Cuántos equipos más participan en la carrera con saltos que en los lanzamientos? **Explica** cómo lo sabes.

ESCRIBE ▸ *Matemáticas*
**Muestra tu trabajo**

_____

_____

**29.** PRÁCTICAS Y PROCESOS MATEMÁTICOS ❶ **Encuentra el sentido al problema** Michael reparte 21 tarjetas deportivas en pilas de 3. La respuesta es 7 pilas. ¿Cuál es la pregunta?

_____

_____

**30.** PIENSA MÁS  Jorge ganó $24 vendiendo agua durante el juego de béisbol. Quiere saber cuántas botellas de agua vendió. Jorge usó esta recta numérica para ayudarse.

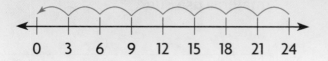

Escribe la ecuación de división que representa la recta numérica.

_____ ÷ _____ = _____

Nombre _____

# Dividir entre 3

**Objetivo de aprendizaje** Usarás fichas para hacer grupos iguales y hacer conteos hacia atrás en una recta numérica para dividir entre 3.

**Halla el cociente. Haz un dibujo rápido como ayuda.**

**1.** $12 \div 3 =$ ___4___

**2.** $24 \div 3 =$ ____

**3.** ____ $= 6 \div 3$

**4.** $40 \div 5 =$ ____

**Halla el cociente.**

**5.** ____ $= 15 \div 3$

**6.** ____ $= 21 \div 3$

**7.** $16 \div 2 =$ ____

**8.** $27 \div 3 =$ ____

**9.** $0 \div 3 =$ ____

**10.** $9 \div 3 =$ ____

**11.** ____ $= 30 \div 3$

**12.** ____ $= 12 \div 4$

**13.** $3\overline{)12}$

**14.** $3\overline{)15}$

**15.** $3\overline{)24}$

**16.** $3\overline{)9}$

## Resolución de problemas

**17.** La directora de la escuela de la calle Miller tiene 12 paquetes de lápices nuevos. Repartirá 3 paquetes en cada clase de tercer grado. ¿Cuántas clases de tercer grado hay?

_____

**18.** Mike tiene $21 para gastar en el centro comercial. Gasta todo su dinero en pulseras para sus hermanas. Cada pulsera cuesta $3. ¿Cuántas pulseras compra?

_____

**19.** ESCRIBE ▸ *Matemáticas* Explica cómo dividir una cantidad entre 3.

_____

_____

## Repaso de la lección

**1.** Se dividen 18 fichas en partes iguales entre 3 grupos. ¿Cuántas fichas hay en cada grupo?

_____

**2.** Josh tiene 27 pelotas de béisbol firmadas. Las coloca equitativamente en 3 estantes. ¿Cuántas pelotas de béisbol hay en cada estante?

_____

## Repaso en espiral

**3.** Cada bicicleta tiene 2 ruedas. ¿Cuántas ruedas hay en 8 bicicletas?

_____

**4.** ¿Cuántos estudiantes miran menos de 3 horas de TV por día?

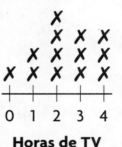

**Horas de TV**

_____

**5.** Completa el enunciado numérico para mostrar un ejemplo de la propiedad distributiva.

$$3 \times 6 =$$

_____

_____

**6.** ¿Qué número desconocido completa las ecuaciones?

$$3 \times \blacksquare = 21 \qquad 21 \div 3 = \blacksquare$$

_____

_____

PRACTICA MÁS CON EL
Entrenador personal
en matemáticas

Nombre _____

# Dividir entre 4

**Pregunta esencial** ¿Qué estrategias puedes usar para dividir entre 4?

**Objetivo de aprendizaje** Formarás matrices usando fichas cuadradas y formarás grupos iguales usando fichas como estrategias para dividir entre 4.

## 🔑 Soluciona el problema En el mundo

Un agricultor planta 12 arces rojos en 4 hileras iguales. ¿Cuántos árboles hay en cada hilera?

• ¿Qué estrategia puedes usar para resolver el problema?

_____

### 🔒 De una manera Forma una matriz.

• Observa la matriz.

• Para continuar la matriz, dibuja 1 ficha cuadrada en cada una de las 4 hileras hasta haber dibujado las 12 fichas.

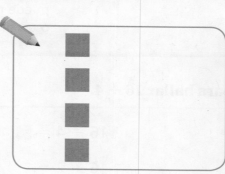

• Cuenta el número de fichas que hay en cada hilera.

Hay _____ fichas en cada hilera.

Entonces, hay _____ árboles en cada hilera.

**Escribe:** _____ ÷ _____ = _____ o 4)‾1‾2‾

**Lee:** Doce dividido entre cuatro es igual a tres.

### 🔒 De otras maneras

**A** Forma grupos iguales.

• Dibuja 1 ficha en cada grupo.

• Sigue dibujando 1 ficha a la vez hasta haber dibujado las 12 fichas.

Hay _____ fichas en cada grupo.

**Charla matemática** PRÁCTICAS Y PROCESOS MATEMÁTICOS ⑥

**Compara** ¿En qué se parecen formar una matriz para resolver el problema y formar grupos iguales?

**B** Usa factores para hallar 12 ÷ 4.

Los factores de 4 son 2 y 2.

$$2 \times 2 = 4$$

factores    producto

Para dividir entre 4, usa los factores.

$12 \div 4 = n$

Divide entre 2.                    $12 \div 2 = 6$

Luego divide entre 2 otra vez.  $6 \div 2 = 3$

$12 \div 4 =$ _____

**C** Usa una operación de multiplicación relacionada.

$12 \div 4 = n$

$4 \times n = 12$

$4 \times 3 = 12$

**Piensa:** ¿Qué número completa la operación de multiplicación?

$12 \div 4 =$ _____ o $4\overline{)12}$

**Recuerda**

Un número desconocido se puede representar con una letra o un símbolo, como *n*.

---

**¡Inténtalo!** Usa factores de 4 para hallar 16 ÷ 4.

Los factores de 4 son 2 y 2.

Divide entre 2.

Luego divide entre 2 otra vez.

$16 \div 4 = $

$16 \div 2 =$ _____

$8 \div 2 =$ _____

**Piensa:** Dividir entre los factores del divisor es lo mismo que dividir entre el divisor.

Entonces, $16 \div 4 =$ _____ .

---

**Comparte y muestra**  MATH BOARD

1. Usa la matriz para hallar 28 ÷ 4. _____

**Charla matemática**   PRÁCTICAS Y PROCESOS MATEMÁTICOS ④

**Representa** ¿Cómo usas una matriz para hallar el cociente?

**Halla el cociente.**

2. _____ $= 21 \div 3$       3. $8 \div 4 =$ _____       4. _____ $= 40 \div 5$       ⊘ 5. $24 \div 4 =$ _____

**Halla el número desconocido.**

6. $20 \div 4 = a$       7. $12 \div 2 = p$       8. $27 \div 3 = \blacktriangle$       ⊘ 9. $12 \div 4 = t$

$a =$ _____          $p =$ _____          $\blacktriangle =$ _____          $t =$ _____

Nombre _____

## Por tu cuenta

**Práctica: Copia y resuelve** Dibuja fichas cuadradas para formar una matriz. Halla el cociente.

**10.** $30 \div 10$

**11.** $15 \div 5$

**12.** $40 \div 4$

**13.** $16 \div 2$

**Halla el cociente.**

**14.** $12 \div 3 =$ ___

**15.** $20 \div 4 =$ ___

**16.** $4\overline{)16}$

**17.** $5\overline{)25}$

**Halla el número desconocido.**

**18.** $45 \div 5 = b$

$b =$ ___

**19.** $20 \div 10 = e$

$e =$ ___

**20.** $8 \div 2 = \blacksquare$

$\blacksquare =$ ___

**21.** $24 \div 3 = h$

$h =$ ___

**Álgebra** Completa la tabla.

**22.**

| ÷ | 9 | 12 | 15 | 18 |
|---|---|----|----|----|
| 3 |   |    |    |    |

**23.**

| ÷ | 20 | 24 | 28 | 32 |
|---|----|----|----|----|
| 4 |    |    |    |    |

**PRÁCTICAS Y PROCESOS MATEMÁTICOS ②** Usa el razonamiento **Álgebra** Halla el número desconocido.

**24.** $14 \div$ ___ $= 7$

**25.** $30 \div$ ___ $= 6$

**26.** $8 \div$ ___ $= 2$

**27.** $24 \div$ ___ $= 8$

**28.** $36 \div$ ___ $= 9$

**29.** $40 \div$ ___ $= 4$

**30.** $3 \div$ ___ $= 1$

**31.** $35 \div$ ___ $= 7$

**32.** El Sr. Benz ordena 24 atriles en clase. Coloca los atriles en 4 hileras iguales. ¿Cuántos atriles hay en cada hilera?

**33.** MÁS AL DETALLE Monty tiene 16 carros de juguete en 4 grupos iguales y 24 botes de juguete en 3 grupos iguales. ¿Cuántos botes de juguete más que carros de juguete hay en cada grupo?

**34.** MÁS AL DETALLE María coloca 15 adhesivos de animales en 3 hileras iguales en su álbum de adhesivos. Coloca 28 adhesivos de flores en 4 hileras iguales. ¿Cuántos adhesivos de flores más que adhesivos de animales hay en cada hilera?

© Houghton Mifflin Harcourt Publishing Company

## Resolución de problemas • Aplicaciones

**Usa la tabla para resolver los problemas 35 y 36.**

35. **MÁS AL DETALLE** Douglas plantó los abedules en 4 hileras iguales. Luego agregó 2 arces más a cada hilera. ¿Cuántos árboles plantó en cada hilera?

_____

36. **PIENSA MÁS** La Sra. Banks plantó los robles en 4 hileras iguales. El Sr. Webb plantó los cornejos en 3 hileras iguales. ¿Quién plantó más árboles en cada hilera? ¿Cuántos más? Explica cómo lo sabes.

_____

_____

### Árboles plantados

| Especie | Cantidad plantada |
|---------|-------------------|
| Cornejo | 24 |
| Roble | 28 |
| Abedul | 16 |

**ESCRIBE** ▸ *Matemáticas*
**Muestra tu trabajo**

37. **PRÁCTICAS Y PROCESOS MATEMÁTICOS 6** **Usa vocabulario de matemáticas** Bryan gana $40 por semana por cortar el césped. Por cada jardín donde corta el césped gana la misma cantidad de dinero. Si trabaja en 4 jardines, ¿cuánto gana Bryan por cada uno? Explica cómo hallaste el resultado.

_____

_____

_____

**Entrenador personal en matemáticas**

38. **PIENSA MÁS** Para los números 38a a 38d, elige Verdadero o Falso para cada ecuación.

38a. $0 \div 4 = 4$     ○ Verdadero     ○ Falso

38b. $4 \div 4 = 1$     ○ Verdadero     ○ Falso

38c. $20 \div 4 = 6$     ○ Verdadero     ○ Falso

38d. $24 \div 4 = 8$     ○ Verdadero     ○ Falso

# Dividir entre 4

**Objetivo de aprendizaje** Formarás matrices usando fichas cuadradas y formarás grupos iguales usando fichas como estrategias para dividir entre 4.

**Dibuja fichas cuadradas para formar una matriz.
Halla el cociente.**

1. __4__ $= 16 \div 4$

2. $20 \div 4 =$ _____

3. $12 \div 4 =$ _____

4. $10 \div 2 =$ _____

**Halla el cociente.**

5. $24 \div 3 =$ _____

6. _____ $= 8 \div 2$

7. $32 \div 4 =$ _____

8. _____ $= 28 \div 4$

9. $4\overline{)36}$

10. $4\overline{)8}$

11. $4\overline{)24}$

12. $3\overline{)30}$

**Halla el número desconocido.**

13. $20 \div 5 = a$

14. $32 \div 4 = p$

15. $40 \div 10 = \blacksquare$

16. $18 \div 3 = x$

$a =$ _____

$p =$ _____

$\blacksquare =$ _____

$x =$ _____

## Resolución de problemas En el mundo

17. La maestra Higgins tiene 28 estudiantes en su clase de gimnasia. Los ubica en 4 grupos iguales. ¿Cuántos estudiantes hay en cada grupo?

_____

18. Andy tiene 36 CD. Compra un estuche en el que caben 4 CD en cada sección. ¿Cuántas secciones puede llenar?

_____

19. **ESCRIBE** *Matemáticas* Escribe y resuelve un problema en el que se deba dividir entre 4.

_____

_____

## Repaso de la lección

**1.** Darion recoge 16 toronjas de un árbol que está en su patio trasero. Coloca 4 toronjas en cada bolsa. ¿Cuántas bolsas necesita?

_____

**2.** Tori tiene una bolsa de 32 marcadores para repartir en partes iguales entre 3 amigas y ella. ¿Cuántos marcadores recibirán Tori y cada una de sus amigas?

_____

## Repaso en espiral

**3.** Halla el producto.

$$3 \times 7$$

_____

**4.** Describe un patrón en los siguientes números.

$$8, 12, 16, 20, 24, 28$$

_____

**5.** Usa la propiedad conmutativa de la multiplicación para escribir un enunciado numérico relacionado.

$$4 \times 5 = 20$$

_____

**6.** Jasmine tiene 18 caballos de juguete. Los coloca equitativamente en 3 estantes. ¿Cuántos caballos de juguete hay en cada estante?

_____

© Houghton Mifflin Harcourt Publishing Company

# Dividir entre 6

**Pregunta esencial** ¿Qué estrategias puedes usar para dividir entre 6?

**Objetivo de aprendizaje** Dibujarás fichas para formar grupos iguales y usarás la relación entre la multiplicación y la división para dividir entre 6.

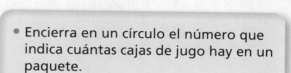

## 🔑 Soluciona el problema En el mundo

La maestra Sing debe comprar 24 cajas de jugo para la merienda de la clase. Las cajas de jugo vienen en paquetes de 6 cajas. ¿Cuántos paquetes debe comprar la maestra Sing?

### 🔒 De una manera Forma grupos iguales.

- Dibuja 24 fichas.

- Encierra en un círculo el mayor número posible de grupos de 6.

- Cuenta el número de grupos.

- Encierra en un círculo el número que indica cuántas cajas de jugo hay en un paquete.

- ¿Cómo puedes usar la información para resolver el problema?

  _____

  _____

  _____

Hay _____ grupos de 6.

Entonces, la maestra Sing debe comprar _____ paquetes de cajas de jugo.

Puedes escribir _____ ÷ _____ = _____ o 6)‾24‾.

**Charla matemática** PRÁCTICAS Y PROCESOS MATEMÁTICOS ①

**Entiende los problemas** Si dividieras las 24 fichas entre grupos de 4, ¿cuántos grupos habría?

## 🔑 De otras maneras

**Ⓐ** Usa una operación de multiplicación relacionada.

dividendo  divisor  cociente

$24 \div 6 = \blacksquare$

$\blacksquare \times 6 = 24$

**Piensa:** ¿Qué número completa la operación de multiplicación?

$4 \times 6 = 24$

$24 \div 6 = \underline{\qquad}$  o  $6\overline{)24}$

**Ⓑ** Usa factores para hallar $24 \div 6$.

Los factores de 6 son 3 y 2.

$3 \times 2 = 6$

factores  producto

Para dividir entre 6, usa los factores.

$24 \div 6 = \blacksquare$

Divide entre 3.         $24 \div 3 = 8$

Luego divide entre 2.     $8 \div 2 = 4$

$24 \div 6 = \underline{\qquad}$

---

- ¿De qué manera saber que $6 \times 9 = 54$ te ayuda para hallar $54 \div 6$?

_____

_____

## Comparte y muestra  MATH BOARD

**1.** Sigue formando grupos iguales para hallar $18 \div 6$. _____

> **Charla matemática**
>
> PRÁCTICAS Y PROCESOS MATEMÁTICOS ②
>
> **Usa el razonamiento**
> ¿Cómo puedes usar factores para hallar $18 \div 6$?

**Halla el factor y el cociente desconocidos.**

**2.** ___ $\times 6 = 36$     $36 \div 6 =$ ___

**✓3.** $6 \times$ ___ $= 12$     $12 \div 6 =$ ___

**Halla el cociente.**

**4.** ___ $= 0 \div 2$

**5.** $6 \div 6 =$ ___

**6.** ___ $= 28 \div 4$

**✓7.** $42 \div 6 =$ ___

396

Nombre _____

## Por tu cuenta

**Halla el factor y el cociente desconocidos.**

**8.** $6 \times$ _____ $= 30$     $30 \div 6 =$ _____

**9.** _____ $\times 6 = 48$     $48 \div 6 =$ _____

**Halla el cociente.**

**10.** $12 \div 6 =$ _____

**11.** _____ $= 6 \div 1$

**12.** $6\overline{)6}$

**13.** $2\overline{)10}$

**Halla el número desconocido.**

**14.** $24 \div 6 = n$

$n =$ _____

**15.** $40 \div 5 = \blacktriangle$

$\blacktriangle =$ _____

**16.** $60 \div 10 = m$

$m =$ _____

**17.** $18 \div 6 = \blacksquare$

$\blacksquare =$ _____

**PRÁCTICAS Y PROCESOS MATEMÁTICOS ②** Usa el razonamiento **Álgebra** **Halla el número desconocido.**

**18.** $20 \div$ _____ $= 4$

**19.** $24 \div$ _____ $= 8$

**20.** $16 \div$ _____ $= 4$

**21.** $3 \div$ _____ $= 3$

**22.** $42 \div$ _____ $= 7$

**23.** $30 \div$ _____ $= 10$

**24.** $10 \div$ _____ $= 2$

**25.** $32 \div$ _____ $= 4$

**26.** El Sr. Brooks tiene 36 estudiantes en su clase de gimnasia. Forma 6 equipos con el mismo número de estudiantes en cada equipo. ¿Cuántos estudiantes habrá en cada equipo?

_____

**27.** MÁS AL DETALLE Sandy hornea 18 pasteles. Se queda con 2 pasteles y vende el resto a 4 personas en una venta pastelera. Si cada persona compra el mismo número de pasteles, ¿cuántos pasteles le vendió Sandy a cada persona?

_____

**28.** PIENSA MÁS Derek tiene 2 cajas de meriendas de fruta. Hay 12 meriendas de fruta en cada caja. Si él come 6 por día, ¿cuántos días durarán las meriendas de fruta? Explícalo.

_____

_____

## Resolución de problemas • Aplicaciones (En el mundo)

29. **MÁS AL DETALLE** Cody cocina 12 panecillos y se queda con 6. ¿Cuántos panecillos puede regalar a cada uno de sus 6 amigos si cada amigo recibe el mismo número de panecillos?

_____

30. **PRÁCTICAS Y PROCESOS MATEMÁTICOS ③** **Argumenta** Mary tiene 36 adhesivos para dar a 6 amigos. Dice que solo puede dar 5 adhesivos a cada amigo. Usa una ecuación de división para describir el error de Mary.

_____

_____

_____

• **ESCRIBE** ▸ *Matemáticas* • **Muestra tu trabajo**

31. **ESCRIBE** ▸ *Matemáticas* **Plantea un problema** Escribe y resuelve un problema para el modelo de barras.

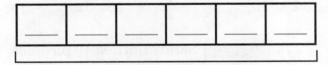

30

_____

_____

_____

_____

**Entrenador personal en matemáticas**

32. **PIENSA MÁS +** Cada camioneta puede transportar 6 personas. ¿Cuántas camionetas se necesitan para transportar 48 personas a un evento? Explica la estrategia que utilizaste para resolver el problema.

_____ camionetas

Nombre _____

# Dividir entre 6

**Objetivo de aprendizaje** Dibujarás fichas para formar grupos iguales y usarás la relación entre la multiplicación y la división para dividir entre 6.

**Halla el factor y el cociente desconocidos.**

**1.** $6 \times \underline{\phantom{7}7\phantom{7}} = 42$     $42 \div 6 = \underline{\phantom{7}7\phantom{7}}$

**2.** $6 \times \underline{\phantom{aa}} = 18$     $18 \div 6 = \underline{\phantom{aa}}$

**3.** $4 \times \underline{\phantom{aa}} = 24$     $24 \div 4 = \underline{\phantom{aa}}$

**4.** $6 \times \underline{\phantom{aa}} = 54$     $54 \div 6 = \underline{\phantom{aa}}$

**Halla el cociente.**

**5.** $\underline{\phantom{aa}} = 24 \div 6$

**6.** $48 \div 6 = \underline{\phantom{aa}}$

**7.** $\underline{\phantom{aa}} = 6 \div 6$

**8.** $12 \div 6 = \underline{\phantom{aa}}$

**9.** $6\overline{)36}$

**10.** $6\overline{)54}$

**11.** $6\overline{)30}$

**12.** $1\overline{)6}$

**Halla el número desconocido.**

**13.** $p = 42 \div 6$

$p = \underline{\phantom{aa}}$

**14.** $18 \div 3 = q$

$q = \underline{\phantom{aa}}$

**15.** $r = 30 \div 6$

$r = \underline{\phantom{aa}}$

**16.** $60 \div 6 = s$

$s = \underline{\phantom{aa}}$

## Resolución de problemas

**17.** A Lucas le quedan por leer 36 páginas de un libro. Si lee 6 páginas por día, ¿cuántos días tardará Lucas en terminar el libro?

_____

**18.** Juan tiene $24 para gastar en la librería. Si cada libro cuesta $6, ¿cuántos libros puede comprar?

_____

**19.** **ESCRIBE** ▸ *Matemáticas*  ¿Qué estrategia usarías para dividir $36 \div 6$? Explica por qué elegiste esta estrategia.

_____

_____

## Repaso de la lección

**1.** Eliana trabajó como niñera la semana pasada y ganó $54. Gana $6 por hora. ¿Cuántas horas trabajó como niñera la semana pasada?

_____

**2.** ¿Cuál es el factor y el cociente desconocidos?

$$6 \times \blacksquare = 42 \qquad 42 \div 6 = \blacksquare$$

_____

## Repaso en espiral

**3.** El entrenador Clarke tiene 48 estudiantes en su clase de educación física. Para hacer una actividad, ubica a los estudiantes en equipos de 6. ¿Cuántos equipos puede formar el entrenador Clarke?

_____

**4.** Eva lee 3 libros por mes durante 7 meses. ¿Cuántos libros más debe leer para llegar a 30 libros leídos?

_____

**5.** Cada vaca tiene 4 patas. ¿Cuántas patas tendrán 5 vacas?

_____

**6.** Halla el producto.

$$3 \times 9$$

_____

# Revisión de la mitad del capítulo

## Conceptos y destrezas

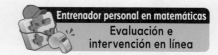
Entrenador personal en matemáticas
**Evaluación e intervención en línea**

**1. Explica** cómo formar una matriz para hallar $20 \div 4$.

_____

_____

_____

**2. Explica** cómo formar grupos iguales para hallar $30 \div 6$.

_____

_____

_____

**Halla el factor y el cociente desconocidos.**

**3.** $10 \times$ _____ $= 50$  _____ $= 50 \div 10$

**4.** $2 \times$ _____ $= 16$  _____ $= 16 \div 2$

**5.** $2 \times$ _____ $= 20$  _____ $= 20 \div 2$

**6.** $5 \times$ _____ $= 20$  _____ $= 20 \div 5$

**Halla el cociente.**

**7.** ____ $= 6 \div 6$

**8.** $21 \div 3 =$ ____

**9.** ____ $= 0 \div 3$

**10.** $36 \div 4 =$ ____

**11.** $5\overline{)35}$

**12.** $4\overline{)24}$

**13.** $6\overline{)54}$

**14.** $3\overline{)9}$

**Capítulo 7    401**

**15.** Carter tiene 18 libros nuevos. Piensa leer 3 de los libros por semana. ¿Cuántas semanas tardará Carter en leer todos sus libros nuevos?

_____

**16.** MÁS AL DETALLE Gabriela preparó 5 *waffles* para el desayuno. Tiene 25 fresas y 15 moras para decorarlos. Pondrá el mismo número de bayas en cada uno. ¿Cuántas bayas pondrá Gabriela en cada *waffle?*

_____

**17.** En la feria hay 60 personas en la fila para subir a un juego. En cada carrito del juego caben 10 personas. Escribe una ecuación que puedas usar para hallar el número de carritos necesarios para llevar a las 60 personas.

_____

**18.** Alyssa tiene 4 magdalenas. Le da 2 magdalenas a cada uno de sus primos. ¿Cuántos primos tiene Alyssa?

_____

Nombre _____

# Dividir entre 7

**Pregunta esencial** ¿Qué estrategias puedes usar para dividir entre 7?

**Objetivo de aprendizaje** Formarás matrices usando fichas cuadradas, usarás la relación entre la multiplicación y la división y dibujarás fichas para formar grupos iguales para dividir entre 7.

## 🔑 Soluciona el problema En el mundo

Yasmin usó 28 manzanas grandes para hacer 7 hogazas de pan de manzana. Usó el mismo número de manzanas para cada tarta. ¿Cuántas manzanas usó Yasmin para cada hogaza de pan de manzana?

- ¿Debes hallar el número de grupos iguales o el número de elementos en cada grupo?

  _____

- ¿Qué rotulo tendrá tu respuesta?

  _____

### 🔑 De una manera Forma una matriz.

- Dibuja 1 ficha cuadrada en cada una de 7 hileras.

- Sigue dibujando 1 ficha en cada hilera hasta haber dibujado las 28 fichas.

- Cuenta el número de fichas que hay en cada hilera.

Hay _____ fichas en cada hilera.

Entonces, Yasmin usó _____ para cada hogaza de pan de manzana.

Puedes escribir 28 ÷ 7 = _____ o 7)‾28 .

**Charla matemática**

PRÁCTICAS Y PROCESOS MATEMÁTICOS ①

**Entiende los problemas** ¿Por qué puedes usar la división para resolver el problema?

# 🔶 De otras maneras

**Ⓐ Usa una operación de multiplicación relacionada.**

$28 \div 7 = a$     $7 \times a = 28$     Piensa: ¿Qué número     $28 \div 7 = $ _____ o $7\overline{)28}$
                    $7 \times 4 = 28$     completa la operación
                                          de multiplicación?

**Ⓑ Forma grupos iguales.**

• Dibuja 7 círculos para representar 7 grupos.

• Dibuja 1 ficha en cada grupo.

• Sigue dibujando 1 ficha a la vez hasta haber dibujado las 28 fichas.

Hay _____ fichas en cada grupo.

## Comparte y muestra    MATH BOARD

1. Usa la operación de multiplicación relacionada para hallar $42 \div 7$.
   $6 \times 7 = 42$

   $42 \div 7 = $ _____

**Charla matemática**    PRÁCTICAS Y PROCESOS MATEMÁTICOS ⑧

Generaliza ¿Por qué puedes usar una operación de multiplicación relacionada para resolver un problema de división?

**Halla el factor y el cociente desconocidos.**

2. $7 \times $ _____ $= 7$     $7 \div 7 = $ _____       ✓ 3. $7 \times $ _____ $= 35$     $35 \div 7 = $ _____

**Halla el cociente.**

4. $4 \div 2 = $ _____     5. $56 \div 7 = $ _____     6. _____ $= 20 \div 5$     ✓ 7. _____ $= 21 \div 7$

Nombre _____

## Por tu cuenta

**Halla el factor y el cociente desconocidos.**

**8.** $3 \times$ _____ $= 9$     _____ $= 9 \div 3$

**9.** $7 \times$ _____ $= 49$     $49 \div 7 =$ _____

**Halla el cociente.**

**10.** $48 \div 6 =$ _____     **11.** $7 \div 1 =$ _____     **12.** $7\overline{)21}$     **13.** $2\overline{)8}$

**Halla el número desconocido.**

**14.** $60 \div 10 = \blacksquare$     **15.** $70 \div 7 = k$     **16.** $m = 63 \div 9$     **17.** $r = 12 \div 6$

$\blacksquare =$ _____     $k =$ _____     $m =$ _____     $r =$ _____

**PRÁCTICAS Y PROCESOS MATEMÁTICOS ⑥** **Hacer conexiones** **Álgebra** **Completa la tabla.**

**18.**

| ÷ | 18 | 30 | 24 | 36 |
|---|----|----|----|----|
| 6 |    |    |    |    |

**19.**

| ÷ | 56 | 42 | 49 | 35 |
|---|----|----|----|----|
| 7 |    |    |    |    |

**20.** Clare compró 35 melocotones para hacer dulce. Usó 7 melocotones por cada frasco. ¿Cuántos frascos de dulce hizo Clare?

_____

**21.** Hay 49 frascos de dulce de melocotón dentro de 7 cajas de regalo. Si cada caja tiene el mismo número de frascos de dulce, ¿cuántos frascos hay en cada caja?

_____

**22.** _MÁS AL DETALLE_ En la banda marcial hay 31 niñas y 25 niños. Cuando la banda marcha lo hace en 7 hileras. ¿Cuántas personas hay en cada hilera?

_____

**23.** _MÁS AL DETALLE_ Ed tiene 42 cuentas rojas y 28 cuentas azules. Usa un número igual de cuentas para decorar cada una de sus 7 esculturas. ¿Cuántas cuentas hay en cada escultura?

_____

## Soluciona el problema  En el mundo

**24.** **PIENSA MÁS**    Gavin vendió 21 panes a 7 personas diferentes. Cada persona compró el mismo número de panes. ¿Cuántos panes le vendió Gavin a cada persona?

**a.** ¿Qué debes hallar? _____

_____

**b.** ¿Cómo puedes usar un modelo de barras para decidir qué operación

debes usar para resolver el problema? _____

_____

_____

**c.** Completa el modelo de barras para hallar el número de panes que Gavin le vendió a cada persona.

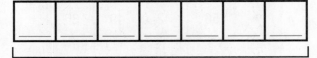

21 panes

**d.** ¿De qué otra manera podrías haber resuelto el problema?

_____

_____

**e.** Completa las oraciones.

Gavin vendió _____ panes a _____ personas diferentes.

Cada persona compró el mismo número

de _____.

Entonces, Gavin le vendió _____ panes a cada persona.

---

**25.** **MÁS AL DETALLE**    Hay 35 panes de harina común y 42 panes de harina de salvado en 7 estantes de la panadería. Cada estante tiene el mismo número de panes comunes y la misma cantidad de panes de salvado. ¿Cuántos panes hay en cada estante?

_____

**26.** **PIENSA MÁS**    Escribe el símbolo correcto para que la ecuación sea verdadera.

| × | ÷ | + | − |
|---|---|---|---|

$28 = 7 \boxed{\phantom{x}} 4$    $42 \boxed{\phantom{x}} 7 = 35$

$7 = 49 \boxed{\phantom{x}} 7$

Nombre _____

# Dividir entre 7

**Objetivo de aprendizaje** Formarás matrices usando fichas cuadradas, usarás la relación entre la multiplicación y la división y dibujarás fichas para formar grupos iguales para dividir entre 7.

## Halla el factor y el cociente desconocidos.

**1.** $7 \times \underline{\phantom{6}6\phantom{6}} = 42$  $\qquad$ $42 \div 7 = \underline{\phantom{6}6\phantom{6}}$

**2.** $7 \times \underline{\phantom{xx}} = 35$  $\qquad$ $35 \div 7 = \underline{\phantom{xx}}$

**3.** $7 \times \underline{\phantom{xx}} = 7$  $\qquad$ $7 \div 7 = \underline{\phantom{xx}}$

**4.** $5 \times \underline{\phantom{xx}} = 20$  $\qquad$ $20 \div 5 = \underline{\phantom{xx}}$

## Halla el cociente.

**5.** $7\overline{)21}$  $\qquad$ **6.** $7\overline{)14}$  $\qquad$ **7.** $6\overline{)48}$  $\qquad$ **8.** $7\overline{)63}$

**9.** $\underline{\phantom{xx}} = 35 \div 7$  $\qquad$ **10.** $0 \div 7 = \underline{\phantom{xx}}$  $\qquad$ **11.** $\underline{\phantom{xx}} = 56 \div 7$  $\qquad$ **12.** $32 \div 8 = \underline{\phantom{xx}}$

## Halla el número desconocido.

**13.** $56 \div 7 = e$

$e = \underline{\phantom{xx}}$

**14.** $k = 32 \div 4$

$k = \underline{\phantom{xx}}$

**15.** $g = 49 \div 7$

$g = \underline{\phantom{xx}}$

**16.** $28 \div 7 = s$

$s = \underline{\phantom{xx}}$

## Resolución de problemas  En el mundo

**17.** Veintiocho jugadores se inscriben en básquetbol. El entrenador pone 7 jugadores en cada equipo. ¿Cuántos equipos hay?

_____

**18.** Roberto leyó 42 libros en 7 meses. Leyó el mismo número de libros por mes. ¿Cuántos libros por mes leyó Roberto?

_____

**19.** **ESCRIBE** ▸*Matemáticas* Describe cómo calcular el número de semanas equivalentes a 56 días.

_____

_____

## Repaso de la lección

**1.** Elliot paseó el perro de su vecino el mes pasado y ganó $49. Gana $7 cada vez que pasea el perro. ¿Cuántas veces paseó el perro de su vecino el mes pasado?

_____

**2.** ¿Cuáles son el factor y el cociente desconocidos?

$$7 \times \blacksquare = 63$$

$$63 \div 7 = \blacksquare$$

_____

## Repaso en espiral

**3.** María coloca 6 fresas en cada batido que prepara. Hace 3 batidos. En total, ¿cuántas fresas usa María en los batidos?

_____

**4.** Kaitlyn hace 4 pulseras. Usa 8 cuentas para cada pulsera. ¿Cuántas cuentas usa en total?

_____

**5.** ¿Cuál es el factor desconocido?

$$2 \times 5 = 5 \times \blacksquare$$

_____

_____

_____

**6.** ¿Qué ecuación de división está relacionada con la siguiente ecuación de multiplicación?

$$3 \times 4 = 12$$

_____

_____

_____

PRACTICA MÁS CON EL
**Entrenador personal en matemáticas**

© Houghton Mifflin Harcourt Publishing Company

Nombre _____

# Dividir entre 8

**Pregunta esencial** ¿Qué estrategias puedes usar para dividir entre 8?

**Objetivo de aprendizaje** Usarás la resta repetida y la relación entre la multiplicación y la división para dividir entre 8.

 **Soluciona el problema** *En el mundo*

En la tienda de artículos para acampar de Stephen se vende leña en atados de 8 leños cada uno. Tiene 32 leños para armar atados. ¿Cuántos atados de leña puede armar?

• ¿Qué hará Stephen con los 32 leños?

_____

_____

## De una manera Usa la resta repetida.

• Comienza con 32.

• Resta 8 hasta llegar a 0.

• Cuenta el número de veces que restaste 8.

**Para evitar errores**

Sigue restando el divisor, 8, hasta que la diferencia sea menor que 8.

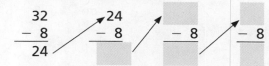

$$\begin{array}{r} 32 \\ -8 \\ \hline 24 \end{array} \qquad \begin{array}{r} 24 \\ -8 \\ \hline \end{array} \qquad \begin{array}{r} \\ -8 \\ \hline \end{array} \qquad \begin{array}{r} \\ -8 \\ \hline \end{array}$$

Número de veces que restas 8:     1          2          3          4

Restaste 8 _____ veces.

Entonces, Stephen puede armar _____ atados de leña.

Puedes escribir $32 \div 8 =$ _____ u $8\overline{)32}$ .

## De otra manera Usa una operación de multiplicación relacionada.

$32 \div 8 = \blacksquare$       $\blacksquare \times 8 = 32$

$4 \times 8 = 32$

**Piensa:** ¿Qué número completa la operación de multiplicación?

$32 \div 8 =$ _____ u $8\overline{)32}$

*Charla matemática*  **PRÁCTICAS Y PROCESOS MATEMÁTICOS ❶**

**Entiende los problemas** ¿De qué manera saber que $4 \times 8 = 32$ te ayuda para hallar $32 \div 8$?

**Ejemplo** Halla el divisor desconocido.

Stephen tiene un leño de 16 pies de longitud. Si corta el leño en trozos de 2 pies de longitud, ¿cuántos trozos obtendrá Stephen?

**Divide.** $16 \div \blacksquare = 2$

También puedes usar una tabla de multiplicar para hallar el divisor de un ejercicio de división.

Piensa: $\blacksquare \times 2 = 16$

**PASO 1** Halla el factor, 2, en la hilera superior.

**PASO 2** Busca hacia abajo el producto, 16.

**PASO 3** Busca hacia la izquierda el factor desconocido.

El factor desconocido es _____.

$$\blacksquare = \text{_____}$$

$$\text{_____} \times 2 = 16 \qquad \text{Verifica.}$$

$$\text{_____} = 16 \checkmark \qquad \text{La ecuación es verdadera.}$$

Entonces, Stephen tendrá _____ trozos.

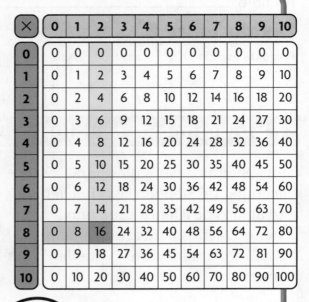

| ×  | 0 | 1  | 2  | 3  | 4  | 5  | 6  | 7  | 8  | 9  | 10  |
|----|---|----|----|----|----|----|----|----|----|----|-----|
| 0  | 0 | 0  | 0  | 0  | 0  | 0  | 0  | 0  | 0  | 0  | 0   |
| 1  | 0 | 1  | 2  | 3  | 4  | 5  | 6  | 7  | 8  | 9  | 10  |
| 2  | 0 | 2  | 4  | 6  | 8  | 10 | 12 | 14 | 16 | 18 | 20  |
| 3  | 0 | 3  | 6  | 9  | 12 | 15 | 18 | 21 | 24 | 27 | 30  |
| 4  | 0 | 4  | 8  | 12 | 16 | 20 | 24 | 28 | 32 | 36 | 40  |
| 5  | 0 | 5  | 10 | 15 | 20 | 25 | 30 | 35 | 40 | 45 | 50  |
| 6  | 0 | 6  | 12 | 18 | 24 | 30 | 36 | 42 | 48 | 54 | 60  |
| 7  | 0 | 7  | 14 | 21 | 28 | 35 | 42 | 49 | 56 | 63 | 70  |
| 8  | 0 | 8  | 16 | 24 | 32 | 40 | 48 | 56 | 64 | 72 | 80  |
| 9  | 0 | 9  | 18 | 27 | 36 | 45 | 54 | 63 | 72 | 81 | 90  |
| 10 | 0 | 10 | 20 | 30 | 40 | 50 | 60 | 70 | 80 | 90 | 100 |

**Charla matemática** PRÁCTICAS Y PROCESOS MATEMÁTICOS ⑤

**Usa patrones** Explica cómo usar la tabla de multiplicar para hallar el dividendo desconocido de $\blacksquare \div 8 = 5$.

---

**Comparte y muestra** MATH BOARD

**Charla matemática** PRÁCTICAS Y PROCESOS MATEMÁTICOS ⑥

**Describe** por qué puedes restar 8 de 24 para hallar $24 \div 8$.

**1.** Usa la resta repetida para hallar $24 \div 8$. _____

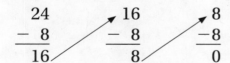

$$\begin{array}{ccc} 24 & 16 & 8 \\ -\ 8 & -\ 8 & -8 \\ \hline 16 & 8 & 0 \end{array}$$

Piensa: ¿Cuántas veces restas 8?

**Halla el factor y el cociente desconocidos.**

**2.** $8 \times \text{_____} = 56$ $\qquad 56 \div 8 = \text{_____}$ $\qquad$ ✔**3.** $\text{_____} \times 8 = 40$ $\qquad 40 \div 8 = \text{_____}$

**Halla el cociente.**

**4.** $18 \div 3 = \text{_____}$ $\qquad$ **5.** $\text{_____} = 48 \div 8$ $\qquad$ **6.** $56 \div 7 = \text{_____}$ $\qquad$ ✔**7.** $\text{_____} = 32 \div 8$

Nombre _____

## Por tu cuenta

**Halla el factor y el cociente desconocidos.**

**8.** $6 \times$ _____ $= 18$   $18 \div 6 =$ _____

**9.** $8 \times$ _____ $= 72$   _____ $= 72 \div 8$

**Halla el cociente.**

**10.** $28 \div 4 =$ _____

**11.** $42 \div 7 =$ _____

**12.** $8\overline{)64}$

**13.** $1\overline{)8}$

**Halla el número desconocido.**

**14.** $16 \div p = 8$

$p =$ _____

**15.** $t \div 8 = 2$

$t =$ _____

**16.** $64 \div \blacktriangle = 8$

$\blacktriangle =$ _____

**17.** $m \div 8 = 10$

$m =$ _____

**18.** $\blacktriangle \div 2 = 10$

$\blacktriangle =$ _____

**19.** $40 \div \blacksquare = 8$

$\blacksquare =$ _____

**20.** $25 \div k = 5$

$k =$ _____

**21.** $54 \div n = 9$

$n =$ _____

**22.** **PRÁCTICAS Y PROCESOS MATEMÁTICOS ②** **Relaciona símbolos y palabras** Escribe un problema que se pueda resolver con una de las operaciones de división de arriba.

_____

_____

**PRÁCTICAS Y PROCESOS MATEMÁTICOS ④** **Usa símbolos** **Álgebra** Escribe $+, -, \times$ o $\div$.

**23.** $6 \times 6 = 32 \bigcirc 4$

**24.** $12 \bigcirc 3 = 19 - 15$

**25.** $40 \div 8 = 35 \bigcirc 7$

**26.** _MÁS AL DETALLE_ Kyle tiene 4 paquetes de tarjeta de béisbol. Cada paquete tiene 12 tarjetas. Si Kyle quiere compartir las tarjetas equitativamente entre él y sus 7 amigos, ¿cuántas tarjetas de béisbol recibirá cada persona?

_____

## Resolución de problemas • Aplicaciones En el mundo

**Usa la tabla para resolver los problemas 27 y 28.**

27. **MÁS AL DETALLE**  Hay 32 personas que irán a acampar el fin de semana. Describe dos maneras diferentes en las cuales pueden dormir estas personas usando 4 tiendas de campaña.

_____

_____

_____

### Tamaños de tienda

| Tipo | Número de personas |
|------|--------------------|
| Cabaña | 10 |
| Vista | 8 |
| Sendero | 4 |

28. **PIENSA MÁS**  Hay 36 personas acampando en la reunión familiar de Max. Tienen tiendas de campaña tipo cabaña y tipo vista. ¿Qué número de cada tipo de tienda necesitan para que puedan dormir exactamente 36 personas si cada tienda se llena? Explícalo.

**ESCRIBE** *Matemáticas*
**Muestra tu trabajo**

_____

_____

_____

29. Josh reparte 64 bolsas de frutos secos en partes iguales entre 8 campistas. ¿Cuántas bolsas recibirá cada campista?

_____

30. **PIENSA MÁS**  Encierra en un círculo el factor y el cociente desconocidos.

$$8 \times \begin{array}{|c|} \hline 6 \\ 7 \\ 8 \\ \hline \end{array} = 48 \qquad \begin{array}{|c|} \hline 6 \\ 7 \\ 8 \\ \hline \end{array} = 48 \div 8$$

# Dividir entre 8

**Objetivo de aprendizaje** Usarás la resta repetida y la relación entre la multiplicación y la división para dividir entre 8.

## Halla el factor y el cociente desconocidos.

1. $8 \times \underline{\quad 4 \quad} = 32$ $\quad 32 \div 8 = \underline{\quad}$

2. $3 \times \underline{\quad} = 27$ $\quad 27 \div 3 = \underline{\quad}$

3. $8 \times \underline{\quad} = 8$ $\quad 8 \div 8 = \underline{\quad}$

4. $8 \times \underline{\quad} = 72$ $\quad 72 \div 8 = \underline{\quad}$

## Halla el cociente.

5. $\underline{\quad} = 24 \div 8$

6. $40 \div 8 = \underline{\quad}$

7. $\underline{\quad} = 56 \div 8$

8. $14 \div 2 = \underline{\quad}$

9. $8\overline{)64}$

10. $7\overline{)28}$

11. $8\overline{)16}$

12. $8\overline{)48}$

## Halla el número desconocido.

13. $72 \div \blacksquare = 9$

14. $25 \div \blacksquare = 5$

15. $24 \div a = 3$

16. $k \div 10 = 8$

$\blacksquare = \underline{\quad}$

$\blacksquare = \underline{\quad}$

$a = \underline{\quad}$

$k = \underline{\quad}$

## Resolución de problemas · En el mundo

17. Sesenta y cuatro estudiantes hacen una excursión. Hay 1 adulto por cada 8 estudiantes. ¿Cuántos adultos hay?

_____

18. El Sr. Chen gasta $32 en boletos para una obra de teatro. Si cada boleto cuesta $8, ¿cuántos boletos compra el Sr. Chen?

_____

19. **ESCRIBE** *Matemáticas* Describe qué estrategia usarías para dividir 48 entre 8.

_____

_____

## Repaso de la lección

**1.** La Sra. Wilke gasta $72 en tartas para la feria escolar. Cada tarta cuesta $8. ¿Cuántas tartas compra la Sra. Wilke para la feria escolar?

_____

**2.** Halla el factor y el cociente desconocidos.

$$8 \times \blacksquare = 40$$

$$40 \div 8 = \blacksquare$$

_____

## Repaso en espiral

**3.** Halla el producto.

$$(3 \times 2) \times 5$$

_____

**4.** Usa la propiedad conmutativa de la multiplicación para escribir un enunciado de multiplicación relacionado.

$$9 \times 4 = 36$$

_____

**5.** Halla el factor desconocido.

$$8 \times \blacksquare = 32$$

_____

_____

**6.** ¿Qué enunciado de multiplicación representa la matriz?

_____

_____

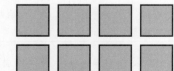

PRACTICA MÁS CON EL
Entrenador personal
en matemáticas

Nombre _____

# Dividir entre 9

**Pregunta esencial** ¿Qué estrategias puedes usar para dividir entre 9?

**Objetivo de aprendizaje** Usarás grupos iguales y la relación entre la multiplicación y la división para dividir entre 9.

## 🔑 Soluciona el problema En el mundo

La clase de Becket va de visita al acuario. Los 27 estudiantes de la clase se separan en 9 grupos iguales. ¿Cuántos estudiantes hay en cada grupo?

• ¿Debes hallar el número de grupos iguales o el número de estudiantes en cada grupo?

_____

### 🔑 De una manera Forma grupos iguales.

• Dibuja 9 círculos para mostrar 9 grupos.

• Dibuja 1 ficha en cada grupo.

• Sigue dibujando 1 ficha por vez hasta haber dibujado las 27 fichas.

Hay _____ fichas en cada grupo.

Entonces, hay _____ en cada grupo.

Puedes escribir 27 ÷ 9 = _____ o 9)‾27‾.

**Charla matemática**

PRÁCTICAS Y PROCESOS MATEMÁTICOS ❷

**Razona de forma cuantitativa** ¿De qué otra manera podrías resolver el problema?

## 🔑 De otras maneras

**A** Usa factores para hallar 27 ÷ 9.

Los factores de 9 son 3 y 3.

$$3 \times 3 = 9$$

factores    producto

Para dividir entre 9, usa los factores.

$27 \div 9 = s$

Divide entre 3.             $27 \div 3 = 9$

Luego vuelve a dividir entre 3.   $9 \div 3 = 3$

$27 \div 9 =$ _____

**B** Usa una operación de multiplicación relacionada.

$27 \div 9 = s$

$9 \times e = 27$     **Piensa:** ¿Qué número completa la operación de multiplicación?

$9 \times 3 = 27$

$27 \div 9 =$ _____  o  $9\overline{)27}$

---

• ¿Qué operación de multiplicación puedes usar para hallar 63 ÷ 9? _____

## Comparte y muestra  [MATH BOARD]

1. Dibuja fichas en los grupos para hallar 18 ÷ 9. _____

**Charla matemática**   PRÁCTICAS Y PROCESOS MATEMÁTICOS ③

Aplica ¿Cómo usarías factores para hallar 18 ÷ 9?

**Halla el cociente.**

2. _____ $= 45 \div 9$     3. $36 \div 6 =$ _____     4. $9 \div 1 =$ _____     ✓5. _____ $= 54 \div 9$

6. $7\overline{)28}$     7. $9\overline{)9}$     8. $5\overline{)40}$     ✓9. $9\overline{)36}$

## Por tu cuenta

**10.** _____ = 36 ÷ 4    **11.** _____ = 72 ÷ 9    **12.** 81 ÷ 9 = _____    **13.** _____ = 27 ÷ 9

**14.** $4\overline{)12}$    **15.** $9\overline{)63}$    **16.** $2\overline{)16}$    **17.** $5\overline{)25}$

**Halla el número desconocido.**

**18.** 64 ÷ 8 = $e$    **19.** 0 ÷ 9 = $g$    **20.** ■ = 20 ÷ 4    **21.** $s$ = 9 ÷ 9

$e$ = _____    $g$ = _____    ■ = _____    $s$ = _____

**PRÁCTICAS Y PROCESOS MATEMÁTICOS ②** Usa el razonamiento **Álgebra** **Completa la tabla.**

**22.**

| ÷ | 24 | 40 | 32 | 48 |
|---|----|----|----|----|
| 8 |    |    |    |    |

**23.**

| ÷ | 54 | 45 | 72 | 63 |
|---|----|----|----|----|
| 9 |    |    |    |    |

**24.** Los partidos de béisbol tienen 9 innings. La temporada pasada los Pequeños Tigres jugaron 72 innings. ¿Cuántos partidos jugaron los Pequeños Tigres el año pasado?

_____

**25.** **MÁS AL DETALLE** Sofía tiene dos peces nuevos. Da 4 bolitas de alimento a un pez y 5 al otro pez cada día. Si Sofía dio 72 bolitas a sus peces, ¿cuántos días hace que está alimentando a sus peces? Explícalo.

_____

_____

**26.** **PRÁCTICAS Y PROCESOS MATEMÁTICOS ④** Escribe una ecuación Cada camioneta que va al acuario lleva 9 estudiantes. Si los 63 estudiantes del tercer grado van al acuario, ¿qué operación de multiplicación puedes usar para hallar el número de camionetas que se necesitan?

_____

## Soluciona el problema  (En el mundo)

**27.** **PIENSA MÁS** Carlos tiene 28 peces cirujano azules y 17 peces cirujano amarillos en una pecera grande. Quiere separar los peces para ponerlos en 9 peceras más pequeñas con el mismo número de peces en cada una. ¿Cuántos peces cirujano debe poner Carlos en cada pecera pequeña?

**a.** ¿Qué debes hallar? _____

_____

**b.** ¿Por qué debes usar dos operaciones para resolver el problema? _____

_____

**c.** Escribe los pasos que seguirás para hallar cuántos peces cirujano debe poner Carlos en cada pecera pequeña.

**d.** Completa las oraciones.

Carlos tiene _____ peces cirujano

azules y _____ peces cirujano amarillos en una pecera grande.

Quiere separar los peces para

ponerlos en _____ peceras más pequeñas con el mismo número de peces en cada una.

Entonces, Carlos debe poner _____ peces en cada pecera pequeña.

**28.** **PIENSA MÁS** Completa la tabla para mostrar los cocientes.

| ÷ | 27 | 18 | 45 | 36 |
|---|----|----|----|----|
| 9 |    |    |    |    |

# Dividir entre 9

**Objetivo de aprendizaje** Usarás grupos iguales y la relación entre la multiplicación y la división para dividir entre 9.

**Halla el cociente.**

**1.** __4__ = 36 ÷ 9      **2.** 30 ÷ 6 = _____      **3.** _____ = 81 ÷ 9      **4.** 27 ÷ 9 = _____

**5.** 9 ÷ 9 = _____      **6.** _____ = 63 ÷ 7      **7.** 36 ÷ 6 = _____      **8.** _____ = 90 ÷ 9

**9.** $9\overline{)63}$      **10.** $9\overline{)18}$      **11.** $7\overline{)49}$      **12.** $9\overline{)45}$

**Halla el número desconocido.**

**13.** 48 ÷ 8 = $g$      **14.** $s$ = 72 ÷ 9      **15.** $m$ = 0 ÷ 9      **16.** 54 ÷ 9 = $n$

$g$ = _____      $s$ = _____      $m$ = _____      $n$ = _____

## Resolución de problemas

**17.** Un cajón de naranjas tiene bandejas en su interior y en cada bandeja caben 9 naranjas. Hay 72 naranjas en el cajón. Si todas las bandejas están llenas, ¿cuántas bandejas hay?

**18.** Iván tiene 45 tarjetas de béisbol nuevas. Las coloca en una carpeta en la que caben 9 tarjetas por página. ¿Cuántas páginas llena?

_____

**19.** ESCRIBE ▸*Matemáticas* Explica qué operaciones de división fueron las más fáciles de aprender.

_____

_____

## Repaso de la lección

1. Darci prepara una habitación para un banquete. Tiene 54 sillas. Coloca 9 sillas en cada mesa. ¿Cuántas mesas tienen 9 sillas?

2. El Sr. Robinson coloca 36 vasos en una mesa. Coloca el mismo número de vasos en 9 hileras. ¿Cuántos vasos coloca en cada hilera?

## Repaso en espiral

3. Jordan compra 2 libros de deportes por mes durante 9 meses. ¿Cuántos libros de deportes más debe comprar para llegar a 25 libros de deportes?

4. Halla el producto.

$$\begin{array}{r} 8 \\ \times\, 7 \\ \hline \end{array}$$

5. Adriana hizo 30 collares para mascotas para llevar a la feria de mascotas. Quiere exhibir 3 collares para mascotas en cada gancho. ¿Cuántos ganchos necesitará Adriana para exhibir los 30 collares para mascotas?

6. Carla empaca 4 cajas de libros. Cada caja tiene 9 libros. ¿Cuántos libros empaca Carla?

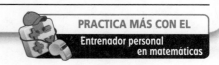

PRACTICA MÁS CON EL
Entrenador personal
en matemáticas

Nombre _____

# Resolución de problemas •
# Problemas de dos pasos

**Pregunta esencial** ¿Cómo puedes usar la estrategia *representar* para resolverproblemas de dos pasos?

**Objetivo de aprendizaje** Usarás la estrategia *representar* al escribir una ecuación que use un número desconocido para resolver problemas de dos pasos.

## 🔑 Soluciona el problema (En el mundo)

Madilyn compró 2 paquetes de bolígrafos y un cuaderno por $11. El cuaderno costó $3. Cada paquete de bolígrafos costó lo mismo. ¿Cuál es el precio de 1 paquete de bolígrafos?

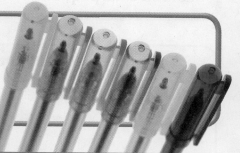

### Lee el problema

**¿Qué debo hallar?**

Debo hallar el precio de

1 paquete de _____.

**¿Qué información debo usar?**

Madilyn gastó _____ en

total. Compró _____ paquetes de

bolígrafos y _____ cuaderno.

El cuaderno costó _____.

**¿Cómo usaré la información?**

Usaré la información para

_____ el problema.

### Resuelve el problema

**Describe cómo representar el problema.**

Comienza con 11 fichas. Quita 3 fichas.

| costo total | | costo del cuaderno | | $b$, costo de 2 paquetes de bolígrafos |
|:---:|:---:|:---:|:---:|:---:|
| ↓ | | ↓ | | ↓ |
| _____ | − | _____ | = | $b$ |
| | | _____ | = | $b$ |

Ahora sé que 2 paquetes de bolígrafos cuestan _____.

Luego forma _____ grupos iguales con las 8 fichas que quedan.

| $b$, costo de 2 paquetes de bolígrafos | | número de paquetes | | $c$, costo de 1 paquete de bolígrafos |
|:---:|:---:|:---:|:---:|:---:|
| ↓ | | ↓ | | ↓ |
| $8 | ÷ | _____ | = | $c$ |
| | | _____ | = | $c$ |

Entonces, el precio de 1 paquete de bolígrafos

es _____.

**Charla matemática**

**PRÁCTICAS Y PROCESOS MATEMÁTICOS** ①

Entiende los problemas ¿Por qué debes usar dos operaciones para resolver el problema?

# 🔲 Haz otro problema

Chad compró 4 paquetes de camisetas. Le dio 5 camisetas a su hermano. Ahora Chad tiene 19 camisetas. ¿Cuántas camisetas había en cada paquete?

| **Lee el problema** | **Resuelve el problema** |
|---|---|
| **¿Qué debo hallar?** | **Describe cómo representar el problema.** |
| **¿Qué información debo usar?** | |
| **¿Cómo usaré la información?** | |

- ¿Cómo puedes usar la multiplicación y la resta para comprobar tu respuesta?

_____

_____

**Charla matemática**

**Aplica** ¿Qué otra estrategia podrías usar para resolver este problema?

Nombre _____

**Soluciona el problema**

√ Encierra en un círculo la pregunta.
√ Subraya los datos importantes.
√ Elige una estrategia que conozcas.

**1.** Mac compró 4 paquetes de carros de juguete. Luego su amigo le dio 9 carros más. Ahora Mac tiene 21 carros. ¿Cuántos carros había en cada paquete?

Usa fichas o la ilustración y escribe ecuaciones para representar el problema.

**Primero,** resta los carros que le dio el amigo de Mac.

| total de carros | | carros que le dieron a Mac | | c, carros que hay en 4 paquetes |
|:---:|:---:|:---:|:---:|:---:|
| ↓ | | ↓ | | ↓ |
| 21 | − | _____ | = | c |
| | | _____ | = | c |

**Luego,** divide para hallar cuántos carros había en cada paquete.

| c, carros en 4 paquetes | | número de paquetes | | p, número en cada paquete |
|:---:|:---:|:---:|:---:|:---:|
| ↓ | | ↓ | | ↓ |
| 12 | ÷ | _____ | = | p |
| | | _____ | = | p |

Entonces, había _____ carros en cada paquete.

**2.** PIENSA MÁS ¿Qué pasaría si Mac comprara 8 paquetes de barcos y le diera 3 barcos a su amigo? Si Mac tiene 13 barcos ahora, ¿cuántos barcos había en cada paquete?

_____

**3.** PIENSA MÁS Ryan regaló 7 de sus carros de juguete a un amigo. Luego compró 6 carros más. Ahora Ryan tiene 13 carros. ¿Cuántos carros tenía Ryan al principio?

_____

**4.** MÁS AL DETALLE Chloe compró 5 colecciones de libros. Cada colección tiene el mismo número de libros. Donó 9 de sus libros a la escuela. Ahora tiene 26 libros. ¿Cuántos libros había en cada colección?

_____

**5.** Hilda corta una cinta en 2 partes iguales. Luego corta 4 pulgadas de una de las partes. Esa parte ahora mide 5 pulgadas de longitud. ¿Cuál era la longitud de la cinta original?

_____

**6.** MÁS AL DETALLE Teanna tiene 2 cajas de lápices de colores. Una de las cajas tiene 20 lápices de colores y la otra caja tiene 16. Ella le regala a su hermano 3 de los lápices y quiere colocar los lápices de colores que le quedan en tres grupos iguales. ¿Cuántos lápices de colores colocará Teanna en cada grupo?

_____

ESCRIBE ▸ *Matemáticas*
**Muestra tu trabajo**

**7.** PRÁCTICAS Y PROCESOS MATEMÁTICOS ⑥ Rosa vio una película, hizo compras y comió en un restaurante. Ver la película no fue lo primero que hizo. Fue de compras justo después de comer. ¿En qué orden hizo Rosa esas actividades? **Explica** cómo lo sabes.

_____

_____

_____

_____

Entrenador personal en matemáticas

**8.** PIENSA MÁS ➕ Eleni compró tres paquetes de crayones. Cada paquete tiene el mismo número de crayones. Luego encontró 3 crayones en su escritorio. Eleni ahora tiene 24 crayones. ¿Cuántos crayones había en cada paquete que compró? Explica cómo resolviste el problema.

_____

_____

# Resolución de problemas • Problemas de dos pasos

**Objetivo de aprendizaje** Usarás la estrategia *representar* al escribir una ecuación que use un número desconocido para resolver problemas de dos pasos.

**Resuelve los problemas.**

**1.** Jack tiene 3 cajas de lápices. Cada caja contiene el mismo número de lápices. Su madre le da 4 lápices más. Ahora Jack tiene 28 lápices. ¿Cuántos lápices hay en cada caja?

**Piensa:** Puedo comenzar con 28 fichas y representar el problema.

_____ 8 lápices _____

**2.** La maestra de arte tiene 48 pinceles. Coloca 8 pinceles sobre cada mesa de su salón de clases. ¿Cuántas mesas hay en su salón de clases?

_____

**3.** Ricardo tiene 2 estuches de videojuegos con el mismo número de juegos en cada estuche. Le da 4 juegos a su hermano. A Ricardo le quedan 10 juegos. ¿Cuántos videojuegos había en cada estuche?

_____

**4.** Patty tiene $20 para gastar en regalos para sus amigos. Su madre le da $5 más. Si cada regalo cuesta $5, ¿cuántos regalos puede comprar?

_____

**5.** Joe tiene una colección de 35 películas en DVD. Le regalaron 8 de esas películas. Joe compró el resto de las películas durante 3 años. Si compró el mismo número de películas cada año, ¿cuántas películas compró Joe el año pasado?

_____

**8.** **ESCRIBE** ▶ *Matemáticas* Escribe un problema de división y explica cómo representarlo para resolverlo.

_____

_____

## Repaso de la lección

**1.** Gavin ahorró $16 para comprar paquetes de tarjetas de béisbol. Su padre le da $4 más. Si cada paquete de tarjetas cuesta $5, ¿cuántos paquetes puede comprar Gavin?

_____

**2.** Chelsea compra 8 paquetes de marcadores. Cada paquete contiene el mismo número de marcadores. Chelsea le da 10 marcadores a su hermano y le quedan 54 marcadores. ¿Cuántos marcadores había en cada paquete?

_____

## Repaso en espiral

**3.** Cada pie tiene 5 dedos. ¿Cuántos dedos tendrán 6 pies?

_____

**4.** Sophie hace 2 edredones por mes durante 5 meses. ¿Cuántos edredones más debe hacer para llegar a 16 edredones?

_____

**5.** Meredith practica piano durante 3 horas por semana. ¿Cuántas horas practicará en 8 semanas?

_____

**6.** Halla el factor desconocido.

$$9 \times \blacksquare = 36$$

_____

© Houghton Mifflin Harcourt Publishing Company

PRACTICA MÁS CON EL
**Entrenador personal en matemáticas**

# El orden de las operaciones

**Pregunta esencial** ¿Por qué existen reglas como la del orden de las operaciones?

**Objetivo de aprendizaje** Usarás el orden de las operaciones para resolver problemas.

## Investigar

**RELACIONA** Puedes usar lo que sabes sobre representar problemas de dos pasos para escribir una ecuación para describir y resolver un problema de dos pasos.

- Si resolvieras un problema de dos pasos siguiendo un orden diferente, ¿qué crees que pasaría?

_____

Usa órdenes diferentes para hallar $4 + 16 \div 2$.

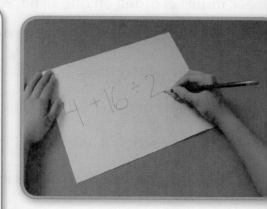

**A.** Haz una lista de todos los órdenes posibles que puedes usar para hallar el resultado de $4 + 16 \div 2$.

_____

**B.** Usa los órdenes de tu lista para hallar el resultado. Muestra los pasos que seguiste.

_____

_____

## Sacar conclusiones

1. ¿Cambió el resultado según el orden que usaste? _____

2. **(PRÁCTICAS Y PROCESOS MATEMÁTICOS ⑧) Saca conclusiones** Si un problema tiene más de un tipo de operación, ¿cómo afecta al resultado cambiar el orden en que resuelves las operaciones?

_____

3. Explica por qué es necesario establecer un orden de las operaciones que todos deban seguir.

_____

_____

Cuando resuelves un problema que tiene más de un tipo de operación, debes saber qué operación resolver primero. Un conjunto especial de reglas, llamado **orden de las operaciones**, indica el orden en que se hacen los cálculos de un problema.

**Primero,** multiplica y divide de izquierda a derecha.

**Luego,** suma y resta de izquierda a derecha.

Meghan compró 2 libros a $4 cada uno. Pagó con un billete de $10. ¿Cuánto dinero le quedó?

Puedes escribir $10 − 2 × $4 = $c$ para describir y resolver el problema.

**Usa el orden de las operaciones para resolver $10 − 2 × $4 = $c$.**

**PASO 1**

Multiplica de izquierda a derecha.

$$\$10 - 2 \times \$4 = c$$
$$\$10 - \quad \$8 = c$$

**PASO 2**

Resta de izquierda a derecha.

$$\$10 - \$8 = c$$
$$\$2 \quad = c$$

Entonces, a Meghan le quedaron _____

- ¿Tiene sentido tu respuesta? Explícalo.

_____

_____

_____

**PRÁCTICAS Y PROCESOS MATEMÁTICOS 7**

**Identifica relaciones**
¿Qué operación debes hacer primero para hallar 12 − 6 ÷ 2 y 12 ÷ 6 − 2? ¿Cuál es el resultado de cada problema?

**Comparte y muestra**

Escribe *correcto* si las operaciones están en el orden correcto.

Si no es así, escribe el orden correcto de las operaciones.

**1.** $4 + 5 \times 2$   multiplicar, sumar

_____

**2.** $8 \div 4 \times 2$   multiplicar, dividir

_____

**3.** $12 + 16 \div 4$   sumar, dividir

_____

**4.** $9 + 2 \times 3$   sumar, multiplicar

_____

**5.** $4 + 6 \div 3$   dividir, sumar

_____

**6.** $36 - 7 \times 3$   multiplicar, restar

_____

Nombre _____

**Sigue el orden de las operaciones para hallar el número desconocido.**
**Usa tu tablero de matemáticas.**

**7.** $63 \div 9 - 2 = f$

$f =$ _____

**8.** $7 - 5 + 8 = y$

$y =$ _____

**9.** $3 \times 6 - 2 = h$

$h =$ _____

**10.** $80 - 64 \div 8 = n$

$n =$ _____

**11.** $3 \times 4 + 6 = a$

$a =$ _____

**12.** $2 \times 7 \div 7 = c$

$c =$ _____

## Resolución de problemas • Aplicaciones

**PRÁCTICAS Y PROCESOS MATEMÁTICOS ④** **Escribe una ecuación** **Álgebra** **Usa los números para que la ecuación sea verdadera.**

**13.** 2, 6 y 5

_____ $+$ _____ $\times$ _____ $= 16$

**14.** 4, 12 y 18

_____ $-$ _____ $\div$ _____ $= 15$

**15.** 8, 9 y 7

_____ $\times$ _____ $-$ _____ $= 47$

**16.** 2, 4 y 9

_____ $\div$ _____ $+$ _____ $= 11$

**17.** ~~ESCRIBE~~ *Matemáticas* **Plantea un problema** Escribe un problema que se pueda resolver con $2 \times 5 \div 5$. Resuelve tu problema.

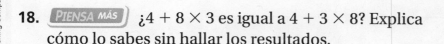

_____

_____

_____

**18.** PIENSA MÁS ¿$4 + 8 \times 3$ es igual a $4 + 3 \times 8$? Explica cómo lo sabes sin hallar los resultados.

_____

_____

_____

19. **PIENSA MÁS**  Para los números 19a a19d, elige Verdadero o Falso para cada ecuación.

19a.  $24 \div 3 + 5 = 13$      ○ Verdadero      ○ Falso

19b.  $5 + 2 \times 3 = 21$      ○ Verdadero      ○ Falso

19c.  $15 - 3 \div 3 = 14$      ○ Verdadero      ○ Falso

19d.  $18 \div 3 \times 2 = 12$      ○ Verdadero      ○ Falso

## Conectar con los Estudios Sociales

### Libro de ilustraciones

El Museo Eric Carle de Libros de Ilustraciones situado en Amherst, Massachusetts, es el primer museo de los Estados Unidos dedicado a los libros de ilustraciones. Los libros de ilustraciones inician a los niños en la lectura.

El museo tiene 3 galerías, una biblioteca, un café, un estudio de ilustración, un auditorio y una tienda. Las ilustraciones que están en exposición cambian cada 3 a 6 meses, según lo que dura el préstamo de las ilustraciones y lo frágiles que sean.

En la tabla se muestran los precios de algunos de los recuerdos que hay en la tienda del museo.

| Precios de los recuerdos | |
|---|---|
| **Recuerdo** | **Precio** |
| Marco con luciérnagas | $25 |
| Póster de la exposición | $10 |
| Tarjetas de oruga | $8 |
| Bolígrafos de oruga | $4 |
| Anotador con sol | $3 |

20. Kallon compró 3 tarjetas de oruga y 1 bolígrafo de oruga. ¿Cuánto gastó en recuerdos?

_____

21. **MÁS AL DETALLE**  Rocío y 4 amigos compraron 1 marco de luciérnagas para su maestro. Repartieron el costo en partes iguales. Luego Rocío compró un póster de la exposición. ¿Cuánto dinero gastó Rocío en total? Explícalo.

_____

_____

_____

# El orden de las operaciones

**Objetivo de aprendizaje** Usarás el orden de las operaciones para resolver problemas.

**Escribe *correcto* si las operaciones están en el orden correcto. Si no es así, escribe el orden correcto de las operaciones.**

**1.** $45 - 3 \times 5$   restar, multiplicar

_____ multiplicar, restar _____

**2.** $3 \times 4 \div 2$   dividir, multiplicar

_____

**3.** $5 + 12 \div 2$   dividir, sumar

_____

**4.** $7 \times 10 + 3$   sumar, multiplicar

_____

**Sigue el orden de las operaciones para hallar el número desconocido.**

**5.** $6 + 4 \times 3 = n$

$n =$ _____

**6.** $8 - 3 + 2 = k$

$k =$ _____

**7.** $24 \div 3 + 5 = p$

$p =$ _____

## Resolución de problemas  En el mundo

**8.** Shelley compró 3 cometas por $6 cada una. Le dio $20 al vendedor. ¿Cuánto cambio debería recibir Shelley?

_____

**9.** Tim tiene 5 manzanas y 3 bolsas con 8 manzanas en cada bolsa. ¿Cuántas manzanas tiene Tim en total?

_____

**10.** |ESCRIBE| *Matemáticas* Describe con tus propias palabras las reglas para el orden de las operaciones.

_____

_____

## Repaso de la lección

1. Natalie hace trajes de muñecas. Cada traje tiene 4 botones que cuestan 3¢ cada uno y una cremallera que cuesta 7¢. ¿Cuánto gasta en botones y una cremallera para cada traje?

_____

2. La madre de Leonardo le dio 5 bolsas. Cada bolsa tenía 6 bulbos de flores para plantar. Ha plantado todos los bulbos excepto 3. ¿Cuántos bulbos de flores ha plantado Leonardo?

_____

## Repaso en espiral

3. Cada piso del edificio de apartamentos de Will mide 9 pies de altura. Hay 10 pisos en el edificio. ¿Cuál es la altura del edificio de apartamentos?

_____

_____

4. Describe el patrón de la tabla.

| Mesas | 1 | 2 | 3 | 4 |
|-------|---|---|----|----|
| Sillas | 4 | 8 | 12 | 16 |

_____

_____

5. Para hacer adornos, Meg recortó 8 grupos de 7 copos de nieve cada uno. ¿Cuántos copos de nieve recortó Meg en total?

_____

6. Una camioneta pequeña puede llevar a 6 estudiantes. ¿Cuántas camionetas pequeñas se necesitan para llevar a 36 estudiantes en una excursión al museo de la música?

_____

© Houghton Mifflin Harcourt Publishing Company

PRACTICA MÁS CON EL
**Entrenador personal en matemáticas**

## ✓ Repaso y prueba del Capítulo 7

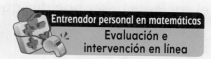

Entrenador personal en matemáticas
Evaluación e
intervención en línea

1. Ming repartió 35 canicas entre 7 amigos diferentes. Cada amigo recibió el mismo número de canicas. ¿Cuántas canicas le dió Ming a cada amigo?

$$35 \div 7 = a$$
$$7 \times a = 35$$

**(A)** 4        **(C)** 6

**(B)** 5        **(D)** 7

2. La señora Conner tiene 16 zapatos.

Elige un número de cada columna para demostrar la ecuación de división representada por el dibujo.

$$16 \div \frac{?}{\text{(divisor)}} = \frac{?}{\text{(cociente)}}$$

| Divisor | Cociente |
|---------|----------|
| ○ 1 | ○ 1 |
| ○ 2 | ○ 4 |
| ○ 4 | ○ 8 |
| ○ 16 | ○ 16 |

3. Veinte niños van a acampar. Trajeron 5 tiendas de campaña. El mismo número de niños duerme en cada tienda. ¿Cuántos niños duermen en cada tienda?

_____ niños

Opciones de evaluación
**Prueba del capítulo**

**4.** Encierra en un círculo un número para mostrar el factor y el cociente desconocidos que hacen que la ecuación sea verdadera.

$$4 \times \begin{array}{c} 6 \\ 7 \\ 8 \end{array} = 28 \qquad \begin{array}{c} 6 \\ 7 \\ 8 \end{array} = 28 \div 4$$

**5.** La señora Walters tiene 30 marcadores. Le da 10 marcadores a cada estudiante. ¿Cuántos estudiantes recibieron los marcadores?

$$\begin{array}{r} 30 \\ -10 \\ \hline 20 \end{array} \qquad \begin{array}{r} 20 \\ -10 \\ \hline 10 \end{array} \qquad \begin{array}{r} 10 \\ -10 \\ \hline 0 \end{array}$$

Escribe una ecuación de división para representar la resta repetida.

_____ ÷ _____ = _____

**6.** Completa la tabla para mostrar los cocientes.

| ÷ | 27 | 36 | 45 | 54 |
|---|----|----|----|----|
| 9 |    |    |    |    |

**7.** Para los números 7a a 7e, elige Verdadero o Falso para cada ecuación.

7a. $12 \div 6 = 2$  ○ Verdadero  ○ Falso

7b. $24 \div 6 = 3$  ○ Verdadero  ○ Falso

7c. $30 \div 6 = 6$  ○ Verdadero  ○ Falso

7d. $42 \div 6 = 7$  ○ Verdadero  ○ Falso

7e. $48 \div 6 = 8$  ○ Verdadero  ○ Falso

**8.** Alicia dice que $6 \div 2 + 5$ es lo mismo que $5 + 6 \div 2$.
¿Tiene razón Alicia? Explícalo.

_____

_____

_____

_____

_____

_____

**9.** Keith colocó 40 carros de juguete en 8 filas iguales. ¿Cuántos carros de juguete hay en cada fila?

_____ carros de juguete

**10.** Bella ganó $21 vendiendo pulseras. Quiere saber cuántas pulseras ha vendido. Bella usó esta recta numérica.

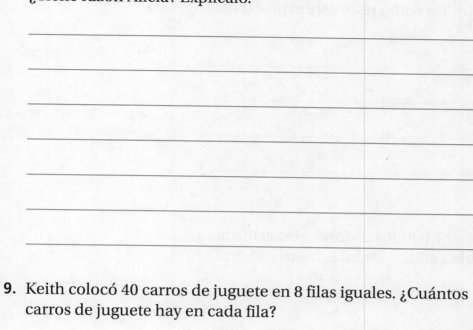

Escribe la ecuación representada por la recta numérica.

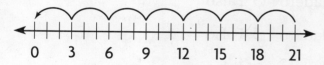

_____ ÷ _____ = _____

**11.** En cada mesa para merienda campestre pueden sentarse 6 personas. ¿Cuántas mesas para merienda campestre se necesitan para sentar 24 personas? Explica la estrategia que usas para resolver el problema.

_____

_____

_____

**12.** Finn compró 2 paquetes de adhesivos. Cada paquete tenía el mismo número de adhesivos. Un amigo le dió 4 adhesivos más. Ahora tiene 24 adhesivos en total. ¿Cuántos adhesivos había en cada paquete? Explica cómo resolviste el problema.

_____

_____

_____

_____

**13.** Ana usó 49 fresas para hacer 7 batidos de fresa. Usó el mismo número de fresas para cada batido. ¿Cuántas fresas usó Ana en cada batido?

_____ fresas

**14.** Para los números 14a a 14e, usa el orden de las operaciones. Elige Verdadero o Falso para cada ecuación.

14a.  $81 \div 9 + 2 = 11$ ○ Verdadero ○ Falso

14b.  $6 + 4 \times 5 = 50$ ○ Verdadero ○ Falso

14c.  $10 + 10 \div 2 = 15$ ○ Verdadero ○ Falso

14d.  $12 - 3 \times 2 = 6$ ○ Verdadero ○ Falso

14e.  $20 \div 4 \times 5 = 1$ ○ Verdadero ○ Falso

**15.** Una florería vende narcisos en ramos de 9. Vende 27 narcisos. ¿Cuántos ramos vendió la florería?

_____ ramos

**16.** **PIENSA MÁS** Aviva comenzó una tabla que muestra un patrón de división.

| ÷ | 20 | 30 | 40 | 50 |
|---|----|----|----|----|
| 10 | | | | |
| 5 | | | | |

### Parte A

Completa la tabla.

Compara los cocientes cuando divides entre 10 y cuando divides entre 5. Describe el patrón que ves en los cocientes.

_____

_____

### Parte B

Halla el cociente, *a*.

$70 \div 10 = a$

$a =$ _____

¿Cómo podrías usar *a* para hallar el valor de *n*? Halla el valor de *n*.

$70 \div 5 = n$

$n =$ _____

_____

_____

**17.** Ben necesita 2 naranjas para hacer un vaso de jugo de naranja. Si las naranjas vienen en bolsas de 10, ¿cuántos vasos de jugo de naranja puede hacer usando una bolsa de naranjas?

_____ vasos

18. Para los números 18a a 18e, elige Verdadero o Falso para cada ecuación.

18a. $0 \div 9 = 0$      ○ Verdadero    ○ Falso

18b. $9 \div 9 = 1$      ○ Verdadero    ○ Falso

18c. $27 \div 9 = 4$      ○ Verdadero    ○ Falso

18d. $54 \div 9 = 6$      ○ Verdadero    ○ Falso

18e. $90 \div 9 = 9$      ○ Verdadero    ○ Falso

19. Ellen hace cestas de regalos para cuatro amigas. Tiene 16 premios que quiere dividir en partes iguales entre las cestas. ¿Cuántos premios debe poner en cada cesta?

_____ premios

20. **MÁS AL DETALLE** Emily compra un conejo de mascota. Necesita comprar artículos para su conejo en la tienda de mascotas.

**Parte A**

Emily compra una jaula y 2 bols y gasta $54. La jaula cuesta $40. Cada bol tiene igual valor. ¿Cuál es el precio de un bol? Explica los pasos que usaste para resolver el problema.

_____

_____

_____

**Parte B**

Emily también compra comida y juguetes para su conejo. Compra una bolsa de comida y gasta $20. Compra 2 juguetes que cuestan $3 cada uno. Escribe una ecuación para describir el total que Emily gasta en comida y juguetes. Explica cómo usar el orden de las operaciones para resolver la ecuación.

_____

_____

_____

# Glosario

## A

**a. m.** A.M. Se usa para indicar una hora entre la medianoche y el mediodía.

**ángulo** angle Figura formada por dos semirrectas que tienen un extremo común
*Ejemplo:*

### Origen de la palabra

La palabra *ángulo* proviene de la raíz latina *angulus*, que significa "curva pronunciada".

**ángulo recto** right angle Ángulo que forma una esquina cuadrada
*Ejemplo:*

**área** area Medida de la cantidad de cuadrados de una unidad que se necesitan para cubrir una superficie
*Ejemplo:*

Área = 6 unidades cuadradas

**arista** edge Segmento que se forma donde se encuentran dos caras

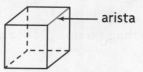

arista

## C

**capacidad** capacity Cantidad que puede contener un recipiente
*Ejemplo:*
1 litro = 1,000 mililitros

**cara** face Polígono que es una superficie plana de un cuerpo geométrico

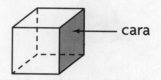

cara

**centímetro (cm)** centimeter (cm) Unidad del sistema métrico que se usa para medir la longitud o la distancia
*Ejemplo:*

1 cm

**cilindro** cylinder Objeto tridimensional que tiene forma de lata
*Ejemplo:*

**círculo circle** Figura plana, cerrada y redonda
*Ejemplo:*

**clave key** Parte de un mapa o una gráfica que explica los símbolos

**cociente quotient** Resultado de una división que no incluye el residuo
*Ejemplo:* 8 ÷ 4 = 2
└─cociente

**comparar compare** Describir si los números son iguales entre sí o si uno es menor o mayor que el otro

**cono cone** Figura tridimensional que acaba en una punta y tiene una base plana y redonda
*Ejemplo:*

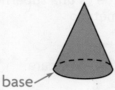

base

**contar salteado skip count** Patrón de contar hacia adelante o hacia atrás
*Ejemplo:* 5, 10, 15, 20, 25, 30,...

**cuadrado square** Cuadrilátero que tiene dos pares de lados paralelos, cuatro lados de la misma longitud y cuatro ángulos rectos
*Ejemplo:*

**cuadrado de una unidad unit square** Cuadrado cuya longitud de lado mide 1 unidad y se usa para medir el área

**cuadrilátero quadrilateral** Polígono que tiene cuatro lados y cuatro ángulos
*Ejemplo:*

**cuarto de hora quarter hour** 15 minutos
*Ejemplo:* Entre las 4:00 y las 4:15 hay un cuarto de hora.

**cuartos fourths**

Estos son cuartos.

**cubo cube** Figura tridimensional que tiene seis caras cuadradas del mismo tamaño
*Ejemplo:*

**cuerpo geométrico solid shape** *Ver* figura tridimensional

**datos data** Información recopilada sobre personas o cosas

**decágono decagon** Polígono que tiene diez lados y diez ángulos
*Ejemplo:*

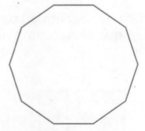

**denominador denominator** Parte de una fracción que está debajo de la línea de fracción y que indica cuántas partes iguales hay en el entero o en el grupo
*Ejemplo:* $\frac{3}{4}$ ← denominador

**diagrama de puntos line plot** Gráfica que registra cada uno de los datos en una recta numérica
*Ejemplo:*

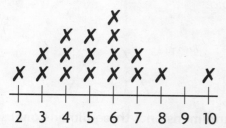

**Altura de plántulas de frijoles al centímetro más próximo**

**diagrama de Venn Venn diagram** Diagrama que muestra las relaciones entre conjuntos de cosas
*Ejemplo:*

**Números de 2 dígitos     Números pares**

35     17     29     12     10     8     6     4

**diferencia difference** Resultado de una resta
*Ejemplo:* 6 − 4 = 2
$\uparrow$ diferencia

**dígitos digits** Los símbolos 0, 1, 2, 3, 4, 5, 6, 7, 8 y 9

**dividendo dividend** Número que se divide en una división
*Ejemplo:* 35 ÷ 5 = 7
$\uparrow$ dividendo

**dividir divide** Separar en grupos iguales; operación inversa de la multiplicación

**división division** Proceso de repartir una cantidad de objetos para hallar cuántos grupos se pueden formar o cuántos objetos habrá en cada grupo; operación inversa de la multiplicación

**divisor divisor** Número entre el cuál se divide el dividendo
*Ejemplo:* 35 ÷ 5 = 7
$\uparrow$ divisor

**dólar dollar** Papel moneda que tiene un valor de 100 centavos. Un dólar equivale a 100 monedas de 1¢.
*Ejemplo:*

**E**

**ecuación equation** Enunciado numérico en el que se usa el signo de la igualdad para mostrar que dos cantidades son iguales
*Ejemplos:*
3 + 7 = 10
4 − 1 = 3
6 × 7 = 42
8 ÷ 2 = 4

**encuesta survey** Método de recopilar información

**entero whole** Todas las partes de una figura o grupo
*Ejemplo:*

$\frac{2}{2} = 1$

Esto es un entero.

**enunciado numérico number sentence** Enunciado que incluye números, signos de operaciones y un signo de mayor que, menor que o igual a
*Ejemplo:* 5 + 3 = 8

**equivalente equivalent** Dos o más conjuntos que indican la misma cantidad

**escala scale** Números que están ubicados a una distancia fija entre sí en una gráfica que ayudan a rotular esa gráfica

**esfera sphere** Figura tridimensional que tiene la forma de una pelota redonda
*Ejemplo:*

**estimación** estimate Número cercano a una cantidad exacta

**estimar** estimate Hallar la cantidad aproximada de algo

**experimento** experiment Prueba que se realiza para hallar o descubrir algo

**extremo** endpoint Puntos que se encuentran en los límites de un segmento

**factor** factor Número que se multiplica por otro para obtener un producto
*Ejemplos:* $3 \times 8 = 24$

$\qquad\quad\uparrow\quad\uparrow$
$\qquad$ factor  factor

**figura abierta** open shape Figura que comienza en un punto pero no termina en ese mismo punto
*Ejemplos:*

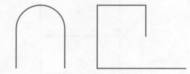

**figura bidimensional** two-dimensional shape Figura que solamente tiene longitud y ancho
*Ejemplo:*

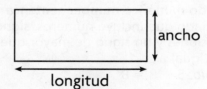

**figura cerrada** closed shape Figura que comienza en un punto y termina en el mismo punto
*Ejemplos:*

**figura plana** plane shape Figura en un plano que está formada por curvas, segmentos o ambos
*Ejemplo:*

**figura tridimensional** three-dimensional shape Figura que tiene longitud, ancho y altura
*Ejemplo:*

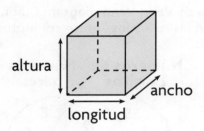

**forma desarrollada** expanded form Manera de escribir los números de forma que muestren el valor de cada uno de los dígitos
*Ejemplo:* $721 = 700 + 20 + 1$

**forma en palabras** word form Manera de escribir los números usando palabras
*Ejemplo:* La forma en palabras de 212 es doscientos doce.

**forma normal** standard form Manera de escribir los números con los dígitos del 0 al 9 de forma que cada dígito ocupe un valor posicional
*Ejemplo:* 345  ← forma normal

**fracción** fraction Número que indica una parte de un entero o una parte de un grupo
*Ejemplos:*

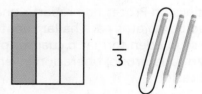

## Origen de la palabra

Una *fracción* suele ser una parte de un entero que está roto en trozos. *Fracción* proviene de la palabra latina *frangere*, que significa "romper".

**fracción mayor que 1 fraction greater than 1** Fracción cuyo numerador es mayor que su denominador
*Ejemplos:*

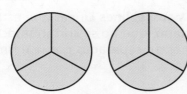

$\frac{6}{3}$  $\frac{2}{1}$

**fracción unitaria unit fraction** Fracción que tiene un número 1 como numerador
*Ejemplos:* $\frac{1}{2}$  $\frac{1}{3}$  $\frac{1}{4}$

**fracciones equivalentes equivalent fractions** Dos o más fracciones que indican la misma cantidad
*Ejemplo:*

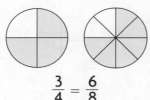

$$\frac{3}{4} = \frac{6}{8}$$

**pictografía picture graph** Gráfica en la que se usan dibujos para mostrar y comparar información
*Ejemplo:*

| Cómo vamos a la escuela ||
|---|---|
| A pie | ✳ ✳ ✳ |
| En bicicleta | ✳ ✳ ✳ ✳ |
| En autobús | ✳ ✳ ✳ ✳ ✳ ✳ |
| En carro | ✳ ✳ |
| Clave: Cada ✳ = 10 estudiantes. ||

**gráfica de barras bar graph** Gráfica que muestra datos por medio de barras
*Ejemplo:*

**gráfica de barras horizontales horizontal bar graph** Gráfica de barras en la que las barras van de izquierda a derecha
*Ejemplo:*

**gráfica de barras verticales vertical bar graph** Gráfica de barras en la que las barras van de abajo hacia arriba

**gramo (g) gram (g)** Unidad del sistema métrico que se usa para medir la masa;
1 kilogramo = 1,000 gramos

**grupos iguales equal groups** Grupos que tienen la misma cantidad de objetos

**hexágono hexagon** Polígono que tiene seis lados y seis ángulos
*Ejemplos:*

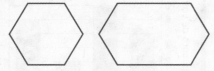

**hora (h) hour (hr)** Unidad que se usa para medir el tiempo; en una hora, el horario de un reloj analógico se mueve de un número al siguiente; 1 hora = 60 minutos

**horario hour hand** Manecilla más corta de un reloj analógico

**igual a (=) equal to** Que tiene el mismo valor
*Ejemplo:* 4 + 4 es igual a 3 + 5.

**impar odd** Número entero que tiene un 1, 3, 5, 7 ó 9 en el lugar de las unidades

**kilogramo (kg) kilogram (kg)** Unidad del sistema métrico que se usa para medir la masa; 1 kilogramo = 1,000 gramos

**lado side** Segmento recto de un polígono

**línea line** Trayectoria recta que se extiende infinitamente en direcciones opuestas
*Ejemplo:*

**Origen de la palabra**

La palabra *línea* proviene de *lino*, un hilo que se fabrica con las fibras de la planta de lino. En la Antigüedad, se sostenía el hilo tirante para marcar una línea recta entre dos puntos.

**línea cronológica time line** Dibujo que muestra cuándo y en qué orden se producen los sucesos

**líneas paralelas parallel lines** Líneas que están en el mismo plano, que no se cortan nunca y que siempre están separadas por la misma distancia
*Ejemplo:*

**líneas perpendiculares perpendicular lines** Líneas que se intersecan y forman ángulos rectos
*Ejemplo:*

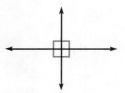

**líneas secantes intersecting lines** Líneas que se cruzan o se cortan
*Ejemplo:*

**litro (l) liter (L)** Unidad del sistema métrico que se usa para medir la capacidad y el volumen de un líquido; 1 litro = 1,000 mililitros

**longitud length** Medida de la distancia entre dos puntos

**masa** *mass* Cantidad de materia que hay en un objeto

**matriz** *array* Conjunto de objetos agrupados en hileras y columnas
*Ejemplo:*

columna

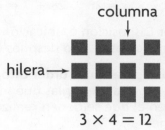

hilera →

$3 \times 4 = 12$

**mayor que (>)** *greater than* Símbolo que se usa para comparar dos números cuando el número mayor se da primero
*Ejemplo:* 6 > 4 se lee así: "seis es mayor que cuatro".

**media hora** *half hour* 30 minutos
*Ejemplo:* Entre las 4:00 y las 4:30 hay media hora.

**medianoche** *midnight* 12:00 de la noche

**mediodía** *noon* 12:00 del día

**menor que (<)** *less than* Símbolo que se usa para comparar dos números cuando el número menor se da primero
*Ejemplo:* 3 < 7 se lee así: "tres es menor que siete".

**metro (m)** *meter (m)* Unidad del sistema métrico que se usa para medir la longitud o la distancia; 1 metro = 100 centímetros

**mililitro (ml)** *milliliter (mL)* Unidad del sistema métrico que se usa para medir la capacidad y el volumen de un líquido

**minutero** *minute hand* Manecilla más larga de un reloj analógico

**minuto (min)** *minute (min)* Unidad que se usa para medir cantidades cortas de tiempo; en un minuto, el minutero de un reloj analógico se mueve de una marca a la siguiente

**mitades** *halves*

Estas son mitades.

**moneda de 5¢** *nickel* Moneda que tiene un valor equivalente a 5 monedas de 1¢; 5¢
*Ejemplo:*

**moneda de 10¢** *dime* Moneda que tiene un valor equivalente a 10 monedas de 1¢; 10¢
*Ejemplo:*

**moneda de 25¢** *quarter* Moneda que tiene un valor equivalente a 25 monedas de 1¢; 25¢
*Ejemplo:*

**moneda de 50¢** *half dollar* Moneda que tiene un valor equivalente a 50 monedas de 1¢; 50¢
*Ejemplo:*

**multiplicación** *multiplication* Proceso de hallar la cantidad total de objetos que hay en dos o más grupos; operación inversa de la división

**multiplicar** *multiply* Combinar grupos iguales para hallar cuántos hay en total; operación inversa de la división

**múltiplo multiple** Número que es el producto de dos números naturales
*Ejemplos:*

$$\begin{array}{cccc} 6 & 6 & 6 & 6 \\ \times\ 1 & \times\ 2 & \times\ 3 & \times\ 4 \\ \hline 6 & 12 & 18 & 24 \end{array}$$

← números naturales

← múltiplos de 6

**numerador numerator** Parte de una fracción que está arriba de la línea de fracción y que indica cuántas partes se cuentan
*Ejemplo:* $\frac{3}{4}$ ← numerador

**número entero whole number** Uno de los números 0, 1, 2, 3, 4,... El conjunto de números enteros es infinito

**número natural counting number** Número entero que se puede usar para contar un conjunto de objetos (1, 2, 3, 4...)

**números compatibles compatible numbers** Números con los que es fácil hacer cálculos mentales

**octágono octagon** Polígono que tiene ocho lados y ocho ángulos
*Ejemplos:*

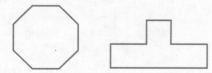

**octavos eighths**

Estos son octavos.

**operaciones inversas inverse operations** Operaciones opuestas u operaciones que se cancelan entre sí, como la suma y la resta o la multiplicación y la división

**operaciones relacionadas related facts** Conjunto de enunciados numéricos relacionados de suma y resta o multiplicación y división
*Ejemplos:* $4 \times 7 = 28$ $\quad 28 \div 4 = 7$
$\quad\quad\quad\ 7 \times 4 = 28$ $\quad 28 \div 7 = 4$

**orden order** Disposición o ubicación particular de números o cosas, uno después de otro

**orden de las operaciones order of operations** Conjunto especial de reglas que indican el orden en el que se deben realizar las operaciones

**p. m. P.M.** Se usa para indicar una hora después del mediodía y antes de la medianoche

**par even** Número entero que tiene un 0, 2, 4, 6 u 8 en el lugar de las unidades

**partes iguales equal parts** Partes que tienen exactamente el mismo tamaño

**patrón pattern** Conjunto ordenado de números u objetos en el que el orden ayuda a predecir el siguiente número u objeto
*Ejemplos:*
2, 4, 6, 8, 10

**pentágono pentagon** Polígono que tiene cinco lados y cinco ángulos
*Ejemplos:*

**perímetro** *perimeter* Distancia del contorno de una figura
*Ejemplo:*

**pie** *foot (ft)* Unidad del sistema usual que se usa para medir la longitud o la distancia; 1 pie = 12 pulgadas

**plano** *plane* Superficie plana que se extiende infinitamente en todas las direcciones
*Ejemplo:*

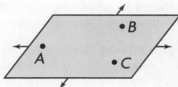

**polígono** *polygon* Figura plana y cerrada que tiene lados rectos que son segmentos
*Ejemplos:*

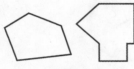

polígonos

no son polígonos

---

**Origen de la palabra**

¿Has pensado alguna vez que un ***polígono*** parece estar formado por varias rodillas flexionadas? De allí proviene su nombre. *Poli-* viene de la palabra griega *polys*, que significa "muchos". La terminación *-gono* viene de la palabra griega *gony*, que significa "rodilla".

---

**prisma rectangular** *rectangular prism* Figura tridimensional que tiene seis caras que son todas rectángulos
*Ejemplo:*

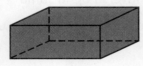

**producto** *product* Resultado de una multiplicación
*Ejemplo:* 3 × 8 = 24
└──producto

**propiedad asociativa de la multiplicación** **Associative Property of Multiplication** Propiedad que dice que cambiar el modo en que se agrupan los factores no cambia el producto
*Ejemplo:*
(3 × 2) × 4 = 24
3 × (2 × 4) = 24

**propiedad asociativa de la suma** **Associative Property of Addition** Propiedad que dice que cambiar el modo en que se agrupan los sumandos no cambia la suma
*Ejemplo:*
4 + (2 + 5) = 11
(4 + 2) + 5 = 11

**propiedad conmutativa de la multiplicación** **Commutative Property of Multiplication** Propiedad que dice que dos factores se pueden multiplicar en cualquier orden y el producto que se obtiene es el mismo
*Ejemplo:* 2 × 4 = 8
4 × 2 = 8

**propiedad conmutativa de la suma** **Commutative Property of Addition** Propiedad que dice que dos números se pueden sumar en cualquier orden y la suma que se obtiene es la misma
*Ejemplo:* 6 + 7 = 13
7 + 6 = 13

**propiedad de agrupación de la multiplicación** **Grouping Property of Multiplication** *Ver* propiedad asociativa de la multiplicación

**propiedad de agrupación de la suma** **Grouping Property of Addition** *Ver* propiedad asociativa de la suma

**propiedad de identidad de la multiplicación** **Identity Property of Multiplication** Propiedad que dice que el producto de cualquier número por 1 es ese número
*Ejemplos:* 5 × 1 = 5
1 × 8 = 8

**propiedad de identidad de la suma Identity Property of Addition** Propiedad que dice que cuando se suma cero a un número, el resultado es ese número
*Ejemplo:* 24 + 0 = 24

**propiedad de orden de la multiplicación Order Property of Multiplication** *Ver* propiedad conmutativa de la multiplicación

**propiedad de orden de la suma Order Property of Addition** *Ver* propiedad conmutativa de la suma

**propiedad del cero de la multiplicación Zero Property of Multiplication** Propiedad que dice que el producto de cero y cualquier número es cero
*Ejemplo:* 0 × 6 = 0

**propiedad distributiva Distributive Property** Propiedad que dice que multiplicar una suma por un número es lo mismo que multiplicar cada sumando por ese número y después sumar los productos
*Ejemplo:*   5 × 8 = 5 × (4 + 4)
5 × 8 = (5 × 4) + (5 × 4)
5 × 8 = 20 + 20
5 × 8 = 40

**pulgada (pulg) inch (in.)** Unidad del sistema usual que se usa para medir la longitud o la distancia ; 1 pie = 12 pulgadas

**punto point** Posición o ubicación exacta

**punto decimal decimal point** Símbolo que se usa para separar la posición de los dólares de la posición de los centavos
*Ejemplo:* $4.52
                    ↑__ punto decimal

**reagrupar regroup** Intercambiar cantidades de valores equivalentes para volver a escribir un número
*Ejemplo:* 5 + 8 = 13 unidades o 1 decena y 3 unidades

**recta numérica number line** Recta donde se pueden ubicar números
*Ejemplo:*

**rectángulo rectangle** Cuadrilátero que tiene dos pares de lados paralelos, dos pares de lados de la misma longitud y cuatro ángulos rectos
*Ejemplo:*

**redondear round** Reemplazar un número por otro que indique una cantidad aproximada

**reloj analógico analog clock** Herramienta que sirve para medir el tiempo en la cual dos manecillas se mueven alrededor de un círculo para mostrar las horas y los minutos
*Ejemplo:*

**reloj digital digital clock** Reloj que muestra la hora en horas y minutos con dígitos
*Ejemplo:*

**residuo remainder** Cantidad que sobra cuando un número no se puede dividir en partes iguales

**resta subtraction** Proceso de hallar cuántos objetos sobran cuando se quita un número de objetos de un grupo; proceso de hallar la diferencia cuando se comparan dos grupos; operación inversa de la suma

**resultados results** Respuestas de una encuesta

**rombo rhombus** Cuadrilátero que tiene dos pares de lados paralelos y cuatro lados de la misma longitud
*Ejemplo:*

## S

**segmento line segment** Parte de una línea que incluye dos puntos, llamados extremos, y todos los puntos entre ellos
*Ejemplo:*

**semirrecta ray** Parte de una línea que tiene un extremo y que continúa infinitamente en una dirección
*Ejemplo:*

**sextos sixths**

Estos son sextos.

**signo de la igualdad (=) equal sign** Símbolo que se usa para mostrar que dos números tienen el mismo valor
*Ejemplo:* 384 = 384

**símbolo de centavo (¢) cent sign** Símbolo que significa *centavo*
*Ejemplo:* 53¢

**suma addition** Proceso de hallar la cantidad total de objetos cuando se unen dos o más grupos de objetos; operación inversa de la resta

**suma sum** Resultado de una suma
*Ejemplo:* 6 + 4 = 10
        └── suma

**sumando addend** Cualquiera de los números que se suman en una operación de suma
*Ejemplos:* 2 + 3 = 5

        sumando    sumando

## T

**tabla de conteo tally table** Tabla en la que se usan marcas de conteo para registrar datos
*Ejemplo:*

| Deporte favorito | |
|---|---|
| **Deporte** | **Conteo** |
| Fútbol | 卌 ||| |
| Béisbol | ||| |
| Fútbol americano | 卌 |
| Básquetbol | 卌 | |

**tabla de frecuencias frequency table** Tabla en la que se usan números para registrar datos
*Ejemplo:*

| Color favorito | |
|---|---|
| **Color** | **Número** |
| Azul | 10 |
| Verde | 8 |
| Rojo | 7 |
| Amarillo | 4 |

**tercios thirds**

Estos son tercios.

**tiempo transcurrido elapsed time** Tiempo que transcurre desde el comienzo de una actividad hasta su finalización

**trapecio** **trapezoid** Cuadrilátero que tiene exactamente un par de lados paralelos
*Ejemplo:*

**triángulo** **triangle** Polígono que tiene tres lados y tres ángulos
*Ejemplos:*

**unidad cuadrada** **square unit** Unidad que se usa para medir el área en pies cuadrados, metros cuadrados, etc.

**valor posicional** **place value** Valor de cada uno de los dígitos de un número, según el lugar que ocupa en el número

**vértice** **vertex** Punto en el que se encuentran dos semirrectas de un ángulo o dos (o más) segmentos en una figura plana o donde se encuentran tres o más aristas en un cuerpo geométrico
*Ejemplos:*

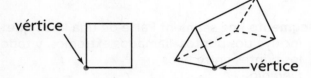

vértice          vértice

**volumen líquido** **liquid volume** Cantidad de líquido que hay en un recipiente

# Índice

© Houghton Mifflin Harcourt Publishing Company

**E**

© Houghton Mifflin Harcourt Publishing Company

# Tabla de medidas

## SISTEMA MÉTRICO | SISTEMA USUAL

### Longitud

1 centímetro (cm) = 10 milímetros (mm)

1 decímetro (dm) = 10 centímetros (cm)

1 metro (m) = 100 centímetros

1 metro (m) = 10 decímetros

1 kilómetro (km) = 1,000 metros

1 pie = 12 pulgadas (pulg)

1 yarda (yd) = 3 pies o 36 pulgadas

1 milla (mi) = 1,760 yardas o 5,280 pies

### Capacidad y volumen de un líquido

1 litro (L) = 1,000 mililitros (mL)

1 pinta (pt) = 2 tazas (tz)

1 cuarto (ct) = 2 pintas

1 galón (gal) = 4 cuartos

### Masa/Peso

1 kilogramo (kg) = 1,000 gramos (g)

1 libra (lb) = 16 onzas (oz)

## TIEMPO

1 minuto (min) = 60 segundos (seg)

1 hora (h) = 60 minutos

1 día = 24 horas

1 semana (sem) = 7 días

1 año (a) = 12 meses (m), o unas 52 semanas

1 año = 365 días

1 año bisiesto = 366 días

1 década = 10 años

1 siglo = 100 años

## DINERO

1 moneda de 1¢ = 1 centavo (¢)

1 moneda de 5¢ = 5 centavos

1 moneda de 10¢ = 10 centavos

1 moneda de 25¢ = 25 centavos

1 moneda de 50¢ = 50 centavos

1 dólar ($) = 100 centavos

## SIGNOS

< es menor que

> es mayor que

= es igual a